O. Beyer/H. Hackel/V. Pieper/J. Tiedge

Wahrscheinlichkeitsrechnung und mathematische Statistik

Wahrscheinlichkeitsrechnung und mathematische Statistik

Von Prof. Dr. Otfried Beyer
Horst Hackel
Prof. Dr. Volkmar Pieper
Prof. Dr. Jürgen Tiedge

8., durchgesehene Auflage

B. G. Teubner Stuttgart · Leipzig 1999

Das Lehrwerk wurde 1972 begründet und wird herausgegeben von:
Prof. Dr. Otfried Beyer, Prof. Dr. Horst Erfurth,
Prof. Dr. Christian Großmann, Prof. Dr. Horst Kadner,
Prof. Dr. Karl Manteuffel, Prof. Dr. Manfred Schneider,
Prof. Dr. Günter Zeidler

Verantwortlicher Herausgeber dieses Bandes:
Prof. Dr. Horst Erfurth

Autoren:
Prof. Dr. Otfried Beyer
E-mail: **imst@uni-magdeburg.de**

Horst Hackel
E-mail: **imst@uni-magdeburg.de**

Prof. Dr. Volkmar Pieper

Prof. Dr. Jürgen Tiedge
E-mail: **juergen.tiedge@wasserwirtschaft.fh-magdeburg.de**

Gedruckt auf chlorfrei gebleichtem Papier.

Die Deutsche Bibliothek – CIP-Einheitsaufnahme

Wahrscheinlichkeitsrechnung und mathematische Statistik /
von Otfried Beyer . . . [Verantw. Hrsg. dieses Bd.: Horst Erfurth]. –
8., durchges. Aufl. – Stuttgart ; Leipzig : Teubner, 1999
   (Mathematik für Ingenieure und Naturwissenschaftler)
   ISBN 978-3-519-00229-1   ISBN 978-3-322-94870-0 (eBook)
   DOI 10.1007/978-3-322-94870-0

Umschlaggestaltung: E. Kretschmer, Leipzig

Vorwort zur 7. Auflage

Die vorliegende Auflage ist eine vollständige Überarbeitung unseres 1976 erstmalig erschienenen Lehrbuches. Zum einen werden mit dieser Neubearbeitung die in langjähriger interdisziplinärer Tätigkeit in Forschung und Lehre gewonnenen Erfahrungen und Erkenntnisse den Anwendern der Stochastik zur Verfügung gestellt. Zum anderen ist es notwendig, den im Laufe der Zeit geänderten Erfordernissen und Möglichkeiten der Stochastik Rechnung zu tragen. Die ursprüngliche Zielstellung, die Darstellung eines breiten Spektrums der Wahrscheinlichkeitsrechnung und mathematischen Statistik in Form eines auch für das Selbststudium geeigneten Lehrbuches, wurde weiterhin beibehalten. Dabei sind gewisse Teilbereiche gestrafft (z. B. die beschreibende Statistik) und andere erweitert worden (z. B. die speziellen Verteilungen). Besonderen Wert haben wir auf praxisrelevante motivierende Beispiele für die behandelten Fragestellungen gelegt. Manche Änderung ergab sich aus der Entwicklung der Rechentechnik und den dadurch gewonnenen Möglichkeiten einer umfangreichen numerischen Berechnung.
Den Mitarbeiterinnen und Mitarbeitern des Instituts für Mathematische Stochastik der Otto-von-Guericke-Universität Magdeburg danken wir für viele Anregungen und Hinweise. Unser besonderer Dank gilt Herrn Dr. B. Thiele für seine umfangreiche Unterstützung bei der Gestaltung und Frau K. Altenkirch für ihre gewissenhafte und stetige Arbeit bei der Anfertigung der reproduktionsreifen Druckvorlage. Für Schreibarbeiten danken wir Frau K. Behrend, Köthen. Nicht zuletzt danken wir dem verantwortlichen Herausgeber und dem Verlag, insbesondere Herrn J. Weiß, für die verständnisvolle gute Zusammenarbeit.
Die Autoren sind für jeden Hinweis und jede Anregung dankbar.

Magdeburg, im August 1995   O. Beyer, H. Hackel, V. Pieper, J. Tiedge

Vorwort zur 8. Auflage

In der 8., durchgesehenen Auflage wurden kleinere Ergänzungen und Berichtigungen vorgenommen. Für Hinweise und Anregungen bedanken wir uns herzlich. Die Autoren sind für weitere Hinweise dankbar.
Im Mai 1996 verstarb der Mitautor dieses Buches, unser Kollege Prof. Dr. rer. nat. habil. Volkmar Pieper, nach langer schwerer Krankheit. Auch in seinem Sinne werden wir das Buch weiterführen.

Magdeburg, im Dezember 1998   O. Beyer, H. Hackel, J. Tiedge

Inhalt

1 Einleitung

In zunehmendem Maße werden in vielen Bereichen des gesellschaftlichen Lebens mathematische Verfahren angewandt, die in das Gebiet der Wahrscheinlichkeitsrechnung und mathematischen Statistik – gemeinsam mit ihren Anwendungsgebieten werden sie heute auch unter dem Oberbegriff *Stochastik* zusammengefaßt – gehören. Die Ursache dafür ist nicht zuletzt in der raschen Entwicklung der Wissenschaften, die sich mit Problemen der Natur, der Technik, der Wirtschaft und der Gesellschaft beschäftigen, zu suchen. Alle diese Wissenschaftsgebiete stellen der Wahrscheinlichkeitsrechnung und mathematischen Statistik ständig neue, zahlreichere und umfangreichere Aufgaben, die entweder mit den schon vorhandenen Methoden gelöst werden können oder Anlaß zu neuen theoretischen Untersuchungen geben. Begünstigt wird diese Tendenz auch durch die Entwicklung der Rechentechnik; denn erst durch dieses Hilfsmittel wurde es möglich, viele Probleme bis zum numerischen Resultat zu bearbeiten.

Die Bedürfnisse der Praxis sind schon immer wesentliche Triebkräfte der Entwicklung der Wahrscheinlichkeitsrechnung und mathematischen Statistik gewesen.

Die Anfänge der Entwicklung der Wahrscheinlichkeitsrechnung, die im 17. und 18. Jahrhundert liegen, entstanden aus der Behandlung von Aufgaben, die im Zusammenhang mit Glücksspielen gestellt wurden. Die Bearbeitung derartiger Aufgaben, u. a. durch B. Pascal und P. de Fermat, führte zur Klärung wichtiger Grundbegriffe der Wahrscheinlichkeitsrechnung und zu Untersuchungen über eine Erweiterung der Anwendungsgebiete der erzielten Ergebnisse. Es wurde der Begriff des zufälligen Ereignisses geprägt und durch P.S. Laplace die klassische Definition der Wahrscheinlichkeit gegeben. Der weitere Ausbau der Wahrscheinlichkeitsrechnung im 19. Jahrhundert ist eng verbunden mit der Enwicklung der Naturwissenschaften. In dieser Zeit bildete sich der Begriff der Zufallsgröße heraus. Eine der bekanntesten Verteilungen einer Zufallsgröße, die Normalverteilung, leitete C.F. Gauß im Zusammenhang mit seiner Theorie der Beobachtungsfehler her. Erst Anfang der dreißiger Jahre dieses Jahrhunderts gelang es dann A.N. Kolmogorow, die Wahrscheinlichkeitsrechnung axiomatisch zu begründen und dadurch einen entscheidenden Impuls im Hinblick auf die mathematischen Grundlagen der Wahrscheinlichkeitsrechnung zu geben.

Im 18. Jahrhundert begann sich die Statistik als selbständige wissenschaftliche Disziplin zu entwickeln. Sie diente dazu, die den Zustand eines Staates charakterisierenden Merkmale zu beschreiben. Aus dem lateinischen Wort Status, Zustand, entwickelte sich damals der Begriff Statistik. Lange war ihr Wirken auf dieses Arbeitsgebiet beschränkt. Aufbauend auf den Verfahren der beschreibenden Statistik setzte unter Verwendung der Methoden der Wahrscheinlichkeitsrechnung im ersten Drittel dieses Jahrhunderts die Entwicklung der mathematischen Statistik ein. Dazu haben K. Pearson, R.A. Fisher, J. Neyman und A. Wald wesentliche Beiträge geleistet.

Die Begründung für den Einsatz von Methoden der Wahrscheinlichkeitsrechnung und mathematischen Statistik ergibt sich aus dem Charakter der untersuchten Erscheinungen. Diese sind zwar unter wohldefinierten Bedingungen mehrfach reproduzierbar, werden andererseits durch eine Vielzahl weiterer Einflüsse bestimmt, die entweder noch nicht bekannt oder nicht erfaßbar sind. Solche Einflüsse werden als Zufallseinflüsse bezeichnet. Die erzielten Ergebnisse variieren in gewissen Grenzen. So wird z. B. die Qualität von Erzeugnissen auch unter möglichst stabilen Produktionsbedingungen und bei weitgehend homogenem Rohstoff trotzdem in gewissen Grenzen variieren. Diese Schwankung ist auf das Wirken von Zufallseinflüssen zurückzuführen.

Die Voraussetzungen für den Einsatz stochastischer Methoden sind bei Massenerscheinungen, wie sie z. B. in der modernen Industrieproduktion auftreten, gegeben. Unter Massenerscheinungen werden Vorgänge verstanden, die unter dem Einwirken von zufälligen Einflüssen in Gesamtheiten stattfinden, die aus einer großen Anzahl von gleichberechtigten Elementen bestehen. Aufgabe der Wahrscheinlichkeitsrechnung ist es, Gesetzmäßigkeiten derartiger Massenerscheinungen zu untersuchen. Die Wahrscheinlichkeitsrechnung ist zugleich das theoretische Fundament der mathematischen Statistik. Diese liefert Verfahren, um an Hand von Stichproben, d. h. von konkretem Zahlenmaterial, Aufschlüsse über betrachtete Zufallsgrößen zu erhalten.

Aussagen, die mit Methoden der Wahrscheinlichkeitsrechnung und mathematischen Statistik gewonnen wurden, drücken objektive Eigenschaften der untersuchten Erscheinungen aus. Durch sie werden objektiv existierende Beziehungen zwischen Erscheinungen der Wirklichkeit widergespiegelt. Mit anderen Worten: Die Gültigkeit des Kausalprinzips erstreckt sich auch auf zufällige Erscheinungen. Dabei können wahrscheinlichkeitstheoretische Aussagen die Vorstufe zur Aufdeckung von Kausalzusammenhängen sein. Es wird so oft möglich, die Ursachen von Massenerscheinungen Schritt für Schritt nachzuweisen. Andererseits ist es häufig aus prinzipiellen Gründen sinnvoll – das ist z. B. in der modernen Physik der Fall –, ausschließlich wahrscheinlichkeitstheoretische Aussagen zu treffen und mit ihrer Hilfe die jeweiligen Erscheinungen zu erkennen.

Es ist das Ziel des vorliegenden Buches, dem Anwender der Mathematik, insbesondere dem Ingenieur, Naturwissenschaftler und Ökonomen, eine Einführung in die Grundbegriffe der Wahrscheinlichkeitsrechnung und mathematischen Statistik zu geben. Es soll ihm dadurch ermöglicht werden,

- einfache Fragestellungen der Praxis, zu deren Beantwortung die Methoden der Wahrscheinlichkeitsrechnung und mathematischen Statistik erforderlich sind, selbständig bearbeiten zu können,

- seine Kenntnisse auf dem Gebiet der Wahrscheinlichkeitsrechnung und mathematischen Statistik unter Verwendung von anderen Lehrbüchern und Monographien erweitern und vertiefen zu können,

- sich notwendige Voraussetzungen zur sich ständig erweiternden interdisziplinären Zusammenarbeit zu schaffen,

- eine Grundlage zum Verständnis wichtiger Anwendungsgebiete kennenzulernen.

Beweise werden nur dann gegeben, wenn sie der Vertiefung des Verständnisses dienen. Durch Beispiele werden wesentliche Begriffe und Aussagen erläutert.

2 Wahrscheinlichkeitsrechnung

In diesem Kapitel wollen wir uns mit Grundbegriffen der Wahrscheinlichkeitsrechnung beschäftigen.

Mit den Begriffen *zufälliges Ereignis* und *Wahrscheinlichkeit eines zufälligen Ereignisses* werden wir uns in den Abschnitten 2.1 und 2.2 vertraut machen.

Bei der Bearbeitung eines Problems mit Methoden der Wahrscheinlichkeitsrechnung kommen wir von der Modellierung des entsprechenden Versuchs über die Ermittlung und Verknüpfung der erforderlichen zufälligen Ereignisse zur Berechnung der gesuchten Wahrscheinlichkeit. Um wichtige Seiten eines solchen mathematischen Modells besser erkennen und aufdecken zu können, werden gern *Hilfsmodelle* eingesetzt. Beispiele von Modellen dieser Art sind das „Werfen eines Würfels", das „Werfen einer Münze", das „Ziehen einer Kugel aus einer Urne, in der Kugeln verschiedener Farbe in bestimmten Anteilen enthalten sind". Nicht zuletzt weil der Leser von diesen einfachen Modellen eine Vorstellung hat und die entsprechenden Versuche ohne große Mühe selbst durchführen kann, wollen wir neue Begriffe – soweit möglich – mit ihrer Hilfe erläutern.

Der Abschnitt 2.3 dient dann der Erklärung des Begriffs *Zufallsgröße* und der Darstellung von Möglichkeiten zur Charakterisierung von Zufallsgrößen durch Wahrscheinlichkeitsverteilungen und Momente. Außerdem wird auf spezielle Verteilungen eingegangen, die für die Bearbeitung von Problemen der Praxis bedeutsam sind.

2.1 Zufällige Ereignisse

2.1.1 Begriff des zufälligen Ereignisses

Zum besseren Verständnis wollen wir von einem Beispiel ausgehen:

Ein Würfel wird geworfen. Das Ergebnis eines jeden Wurfes ist uns vor Durchführung des Versuches unbekannt. Wir wissen lediglich, daß in seinem Ergebnis eine der Augenzahlen 1, 2, 3, 4, 5, 6 oben liegen wird. Von den Bedingungen, unter denen der Versuch abläuft, ist nur ein Teil, der sogenannte feste Komplex von Bedingungen, bekannt. Wir definieren deshalb:

> **Definition 2.1:** *Ein Versuch, dessen Ergebnis im Bereich gewisser Möglichkeiten ungewiß ist und der unter Beibehaltung eines festen Komplexes von Bedingungen beliebig oft wiederholbar ist, wird als* **zufälliger Versuch** *bezeichnet.*

Wir wollen festhalten:

1. Durch den festen Komplex von Bedingungen werden nicht alle Einflüsse erfaßt – häufig ist das gar nicht möglich oder nicht erforderlich –, die auf das Ergebnis des Versuchs Auswirkungen haben. Daraus resultieren dann aber auch die verschiedenen Versuchsergebnisse. Überlegen Sie selbst, welche erfaßbaren oder nichterfaßbaren Einflüsse u. a. auf das Ergebnis des oben genannten Würfelversuchs Auswirkungen haben!

2. Aus der Forderung der Wiederholbarkeit der Versuche ergibt sich erst die Möglichkeit zur Untersuchung der Gesetzmäßigkeiten von zufälligen Erscheinungen.

Nun wollen wir folgende Definition angeben:

> **Definition 2.2:** *Ein Ergebnis eines zufälligen Versuchs wird als* **zufälliges Ereignis** *bezeichnet.*[1]

Ein zufälliges Ereignis ist also gekennzeichnet durch die Möglichkeit – nicht die Notwendigkeit! – seines Eintretens im Ergebnis eines gewissen zufälligen Versuchs.

Zufällige Ereignisse werden wir in der Regel mit großen lateinischen Buchstaben (z. B. $A, B, C, \ldots$) bezeichnen, die bei Erfordernis noch mit einem Index versehen werden. Zu ihrer Veranschaulichung werden wir Punktmengen z. B. auf der Zahlengeraden oder in der Zahlenebene heranziehen, wobei die konkrete Bedeutung des jeweiligen zufälligen Ereignisses in den Hintergrund treten kann. Schließlich werden wir im folgenden an Stelle von einem „zufälligen Ereignis" kurz von einem „Ereignis" sprechen, wenn keine Mißverständnisse auftreten können.

In der Tabelle 2.1 sind Beispiele für zufällige Versuche und einige mögliche zufällige Ereignisse zusammengestellt.

Zufällige Ereignisse lassen sich auch mit Hilfe der Rechentechnik nachbilden. So existieren z. B. in modernen Programmiersprachen Prozeduren, die nach einer gegebenen Vorschrift Zahlen aus dem Intervall $[0, 1)$ berechnen. Diese vermitteln den Eindruck völliger Regellosigkeit im Intervall $[0, 1)$. Es sind die sogenannten Pseudozufallszahlen. Mit diesen Pseudozufallszahlen läßt sich z. B. der Versuch „Werfen eines Würfels" simulieren. Zu diesem Zweck wird das Intervall $[0, 1)$ in sechs gleich große Intervalle der Länge $\frac{1}{6}$ eingeteilt. Einer Pseudozufallszahl, die im Intervall $[\frac{1}{6}, \frac{2}{6})$ liegt, wird dann das zufällige Ereignis „Würfeln der Zahl 2" zugeordnet. In analoger Weise läßt sich auch der zufällige Versuch „Werfen von zwei Würfeln" nachbilden. Dazu verwenden wir ein rechteckiges Schema, wobei die Seiten wiederum in sechs gleiche Teile der Länge $\frac{1}{6}$ eingeteilt sind. Die Inter-

---

[1] Eine Präzisierung erfolgt im Abschnitt 2.2.3.

Bei-spiel	zufälliger Versuch	Beispiele für Ereignisse
2.1	Werfen eines Würfels	A_k ... „Die Augenzahl k wird geworfen" ($k = 1, 2, \ldots, 6$); B ... „Eine gerade Augenzahl wird geworfen"; C ... „Es wird mindestens die Augenzahl 3 geworfen".
2.2	Werfen einer Münze	A ... „Zahl liegt oben"; B ... „Wappen liegt oben".
2.3	dreimaliges Werfen einer Münze	A ... „Zahl liegt dreimal oben"; B ... „Wappen liegt zweimal oben".
2.4	Erfassung der Anzahl der Telefonanrufe, die während einer Stunde auf einer bestimmten Leitung eintreffen	A_k ... „Es erfolgen genau k Anrufe" ($k = 0, 1, \ldots$); B ... „Es erfolgen nicht mehr als 3 Anrufe"; C ... „Es erfolgen mindestens 5 Anrufe".
2.5	Ermittlung der Laufzeit eines Typs von PKW-Reifen unter vorgegebenen Bedingungen	A_{55000} ... „Die Laufzeit eines PKW-Reifens ist gleich 55000 km"; B_{30000} ... „Die Laufzeit eines PKW-Reifens ist mindestens gleich 30000 km".
2.6	Erfassung der Anzahl der Ausschußteile von n auf einer bestimmten Maschine während einer Schicht produzierten Teile	A_k ... „In der Schicht treten genau k Ausschußteile auf" ($k = 0, 1, \ldots, n$); B_s ... „In der Schicht treten nicht mehr als s Ausschußteile auf" ($s = 0, 1, 2, \ldots, n$).
2.7	Ermittlung der CO-Konzentration in einer Stadt zu einem bestimmten Zeitpunkt	$A_{0.6}$ ... „Die CO-Konzentration beträgt 0.6 mg/m^3 "; B_{10} ... „Die CO-Konzentration überschreitet den festgelegten Grenzwert von 10 mg/m^3 nicht"; $C_{7;10}$ ... „Die CO-Konzentration ist größer als 7 mg/m^3 und überschreitet 10mg/m^3 nicht".

Tabelle 2.1: Beispiele für zufällige Ereignisse

valle auf der horizontalen Seite werden als Ergebnisse bezogen auf den ersten Würfel und die Intervalle auf der vertikalen Seite als Ergebnisse bezogen auf den zweiten Würfel interpretiert. Im Bild 2.1 ist das zufällige Ereignis „Die Summe der Augenzahlen beträgt maximal 4" durch die schraffierte Fläche dargestellt.

Aus dieser Veranschaulichung erkennen wir, daß ein zufälliges Ereignis als Menge aufgefaßt werden kann. Dementsprechend können wir neben der oben angewandten verbalen Darstellung zur Beschreibung der Ereignisse auch die Symbolik der Mengenlehre heranziehen.

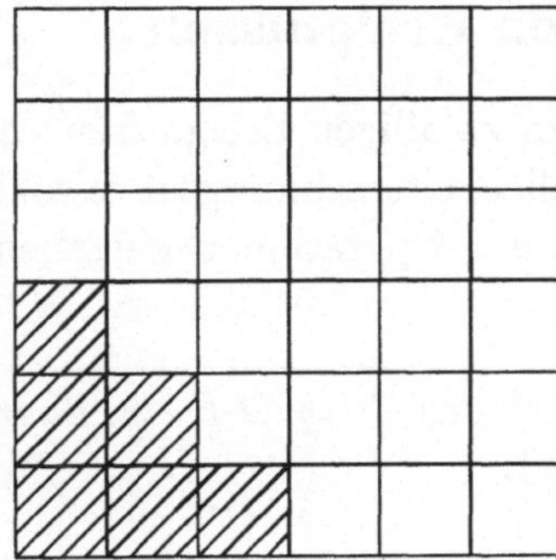

Bild 2.1: Graphische Darstellung des Ereignisses „Die Summe der Augenzahlen beträgt maximal 4"

Dazu einige Beispiele:

Beispiel 2.1 (Fortsetzung):

$$A_k = \{k\} \ (k = 1, 2, \ldots, 6);$$
$$B = \{2, 4, 6\};$$
$$C = \{3, 4, 5, 6\}. \quad \lhd$$

Beispiel 2.7 (Fortsetzung):

$$A_{0.6} = \{0.6\};$$
$$B_{10} = \{x \mid 0 \le x \le 10\} = [0, 10];$$
$$C_{7;10} = \{x \mid 7 < x \le 10\} = (7, 10]. \quad \lhd$$

Abschließend wollen wir zwei Ereignisse betrachten, die als Grenzfälle von zufälligen Ereignissen aufgefaßt werden können.

Definition 2.3: *Ein Ereignis, das im Ergebnis jeder Wiederholung eines zufälligen Versuchs eintritt, wird als* **sicheres Ereignis** *bezeichnet. Ein Ereignis, das im Ergebnis jeder Wiederholung eines zufälligen Versuchs niemals eintritt, wird als* **unmögliches Ereignis** *bezeichnet.*

Das sichere Ereignis kennzeichnen wir mit dem Symbol Ω und das unmögliche mit dem Symbol $\emptyset$.

Beispiel 2.1 (Fortsetzung): Beim Würfeln mit einem Würfel ist z. B.
- das Werfen irgendeiner der möglichen Augenzahlen ein sicheres Ereignis:
  $\Omega \ldots$ „Werfen einer der 6 möglichen Augenzahlen"
  oder
  $\Omega = \{1, 2, 3, 4, 5, 6\};$

- das gleichzeitige Werfen zweier Augenzahlen ein unmögliches Ereignis:
  $\emptyset \ldots$ „Gleichzeitiges Werfen zweier Augenzahlen". $\quad \lhd$

2.1.2   Relationen zwischen zufälligen Ereignissen

Dieser Abschnitt wird uns mit Relationen zwischen zufälligen Ereignissen vertraut machen. Für das Verständnis der Wahrscheinlichkeitsrechnung ist es wichtig, daß sich der Leser mit den neuen Begriffen und Operationen eingehend auseinandersetzt.

> **Definition 2.4:** *Tritt mit dem Ereignis A stets auch das Ereignis B ein, dann* **zieht das Ereignis A das Ereignis B nach sich**.
> *Schreibweise:* $A \subseteq B$ (Bild 2.2).

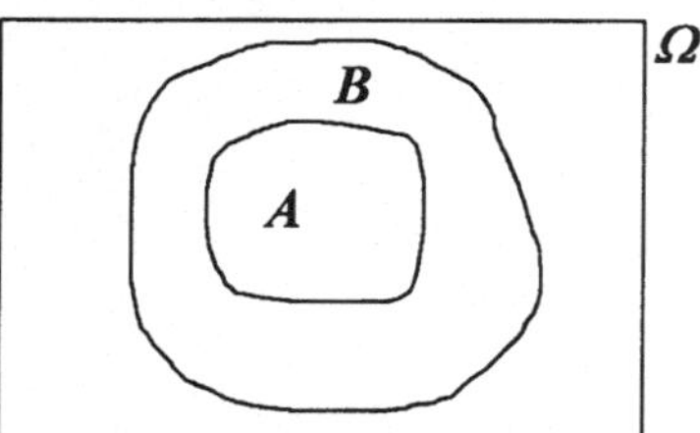

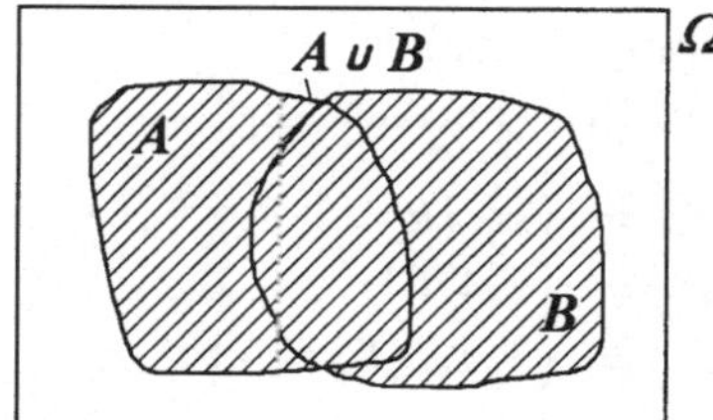

Bild 2.2: Ereignis A zieht Ereignis B nach sich: $A \subseteq B$

Bild 2.3: Summe der Ereignisse A, B: $A \cup B$

Im Beispiel 2.1 zieht z. B. das Ereignis A_4 das Ereignis B nach sich: $A_4 \subseteq B$.

> **Definition 2.5:** *Zieht das Ereignis A das Ereignis B und das Ereignis B das* *Ereignis A nach sich, dann werden die beiden Ereignisse als* **gleich** *bezeichnet.* *Wir können also schreiben:*
> $A = B$ *genau dann, wenn* $A \subseteq B$ *und* $B \subseteq A$ *gilt.*

> **Definition 2.6:** *Tritt ein Ereignis C genau dann ein, wenn mindestens eines* *der beiden Ereignisse A, B eintritt, dann wird das Ereignis C als die* **Summe** **der Ereignisse** *A, B bezeichnet.*
> *Schreibweise:* $C = A \cup B$ (Bild 2.3).

Beispiel 2.1 (Fortsetzung): Beim Würfeln mit einem Würfel betrachten wir die Ereignisse:

> $A\ldots$ „Es wird entweder die Augenzahl 2 oder die Augenzahl 4 geworfen";
>
> $D\ldots$ „Es wird entweder die Augenzahl 2 oder die Augenzahl 6 geworfen";
>
> $B\ldots$ „Es wird eine gerade Augenzahl geworfen",

die unter Verwendung der Schreibweise der Mengenlehre auch so festgehalten werden können: $A = \{2, 4\};$ $D = \{2, 6\};$ $B = \{2, 4, 6\}$. Dann gilt:
$B = A \cup D.$ ◁

Die Definition der Summe können wir auf mehr als zwei Ereignisse erweitern:

> **Definition 2.7:** *Tritt ein Ereignis C bzw. D genau dann ein, wenn mindestens eines der endlich vielen Ereignisse A_i ($i = 1, 2, \ldots, n$) bzw. abzählbar unendlich vielen Ereignisse B_i ($i = 1, 2, \ldots$) eintritt, dann heißt das Ereignis C bzw. D* **Summe der Ereignisse** A_i ($i = 1, 2, \ldots, n$) *bzw.* B_i ($i = 1, 2, \ldots$).
> *Schreibweise:* $C = \bigcup\limits_{i=1}^{n} A_i \quad$ bzw. $\quad D = \bigcup\limits_{i=1}^{\infty} B_i$.

Überzeugen Sie sich selbst, daß für beliebige Ereignisse A, B und C folgende Relationen gelten:

$$A \cup A = A; \quad A \cup \Omega = \Omega; \quad A \cup \emptyset = A;$$
$$A \cup B = B \cup A; \qquad\qquad\qquad \text{(Kommutativgesetz)}$$
$$A \cup (B \cup C) = (A \cup B) \cup C = A \cup B \cup C . \quad \text{(Assoziativgesetz)}$$

> **Definition 2.8:** *Tritt ein Ereignis C genau dann ein, wenn sowohl das Ereignis A als auch das Ereignis B eintreten, dann wird das Ereignis C als das* **Produkt der Ereignisse** A, B *bezeichnet.*
> *Schreibweise:* $C = A \cap B$ (Bild 2.4).

Beispiel 2.8: Beim Würfeln mit 2 unterscheidbaren Würfeln werden die folgenden Ereignisse betrachtet:

$A \ldots$ „Mit dem einen Würfel wird die Augenzahl 6 geworfen";
$B \ldots$ „Mit dem anderen Würfel wird die Augenzahl 6 geworfen";
$C \ldots$ „Mit beiden Würfeln wird jeweils die Augenzahl 6 geworfen".

Dann gilt: $\quad C = A \cap B.$ ◁

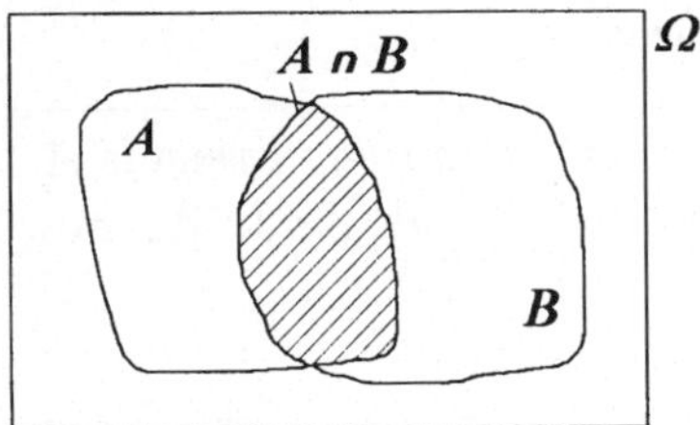

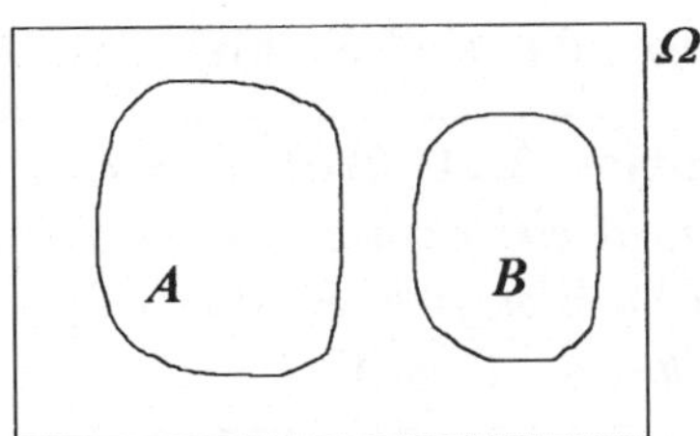

Bild 2.4: Produkt der Ereignisse A, B: $A \cap B$

Bild 2.5: Die Ereignisse A, B schließen einander aus: $A \cap B = \emptyset$

Die Definition des Produktes können wir ebenfalls auf mehr als zwei Ereignisse erweitern:

Definition 2.9: *Tritt ein Ereignis C bzw. D genau dann ein, wenn alle der endlich vielen Ereignisse A_i ($i = 1, 2, \ldots, n$) bzw. abzählbar unendlich vielen Ereignisse B_i ($i = 1, 2, \ldots$) eintreten, dann heißt das Ereignis C bzw. D* **Produkt der Ereignisse** A_i ($i = 1, 2, \ldots, n$) *bzw.* B_i ($i = 1, 2, \ldots$).
Schreibweise: $C = \bigcap\limits_{i=1}^{n} A_i \quad$ bzw. $\quad D = \bigcap\limits_{i=1}^{\infty} B_i.$

Überzeugen Sie sich auch hier selbst, daß für beliebige Ereignisse A, B und C folgende Relationen gelten:

$$A \cap A = A; \quad A \cap \Omega = A; \quad A \cap \emptyset = \emptyset;$$

$$A \cap B = B \cap A; \qquad\qquad\qquad\qquad \text{(Kommutativgesetz)}$$

$$A \cap (B \cap C) = (A \cap B) \cap C = A \cap B \cap C; \quad \text{(Assoziativgesetz)}$$

$$A \cap (B \cup C) = (A \cap B) \cup (A \cap C); \qquad \text{(Distributivgesetz)}$$

$$A \cup (B \cap C) = (A \cup B) \cap (A \cup C). \qquad \text{(Distributivgesetz)}$$

Definition 2.10: *Zwei Ereignisse A und B werden als* **einander ausschließend** *(auch: als* **unvereinbar**) *bezeichnet, wenn ihr gleichzeitiges Eintreten unmöglich ist. In Formeln:* $A \cap B = \emptyset$ (Bild 2.5).

Beispiel 2.1 (Fortsetzung): Beim Würfeln mit einem Würfel werden folgende Ereignisse betrachtet:

$$A_2 = \{2\}; \quad B = \{2, 4, 6\}; \quad E = \{1, 3, 5\}.$$

Die Ereignisse A_2, E sind unvereinbar; ebenso die Ereignisse B, E:

$$A_2 \cap E = \emptyset; \quad B \cap E = \emptyset.$$

Demgegenüber sind die Ereignisse A_2, B vereinbar: $\quad A_2 \cap B = A_2.$ $\quad \triangleleft$

Definition 2.11: *Tritt ein Ereignis C genau dann ein, wenn das Ereignis A, aber nicht gleichzeitig das Ereignis B eintritt, dann wird C als die* **Differenz** *von A zu B bezeichnet* (Bild 2.6).
Schreibweise: $C = A \backslash B.$

Überprüfen Sie, daß $A = A \backslash B$, falls $A \cap B = \emptyset$ gilt!

Definition 2.12: *Das Ereignis $\Omega \backslash A$ wird als das zu dem Ereignis A* **komplementäre** *(auch:* **entgegengesetzte**) **Ereignis** $\overline{A}$ *bezeichnet.*
Schreibweise: $\overline{A} = \Omega \backslash A$ (Bild 2.7).

Das Ereignis $\overline{A}$ tritt also genau dann ein, wenn das Ereignis A nicht eintritt.

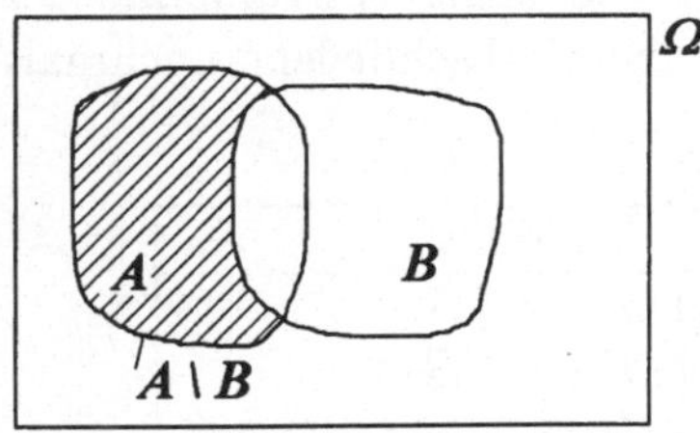

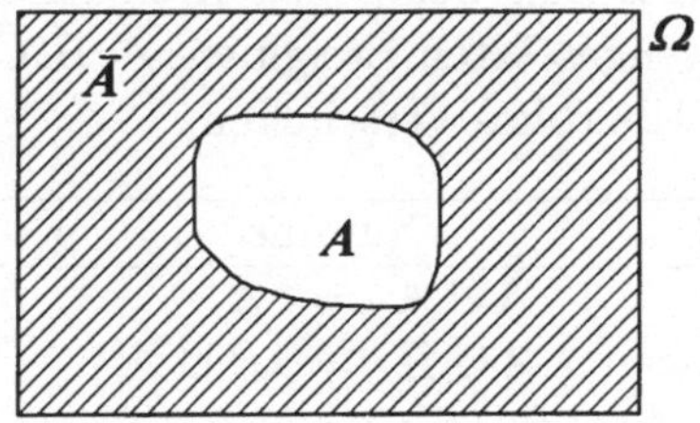

Bild 2.6: Differenz der Ereignisse
A, B: $A \setminus B$

Bild 2.7: Ereignis $\overline{A}$ komplementär
zu Ereignis A: $\overline{A} = \Omega \setminus A$

Beispiel 2.9: Ein Erzeugnis wird auf Fehlerfreiheit untersucht. Die beiden Ereignisse

A ... „Das Erzeugnis ist fehlerfrei";
B ... „Das Erzeugnis ist fehlerhaft"

sind zueinander entgegengesetzt. Es gilt: $A \cap B = \emptyset$ und $A \cup B = \Omega$.   ◁

> **Definition 2.13:** *Die Ereignisse A_i $(i = 1, \dots, n)$ bilden ein* **vollständiges System von Ereignissen**, *wenn im Ergebnis eines Versuchs genau eines von ihnen eintreten muß.*[2]

Diese Ereignisse erfüllen also folgende Relationen:

$$\bigcup_{i=1}^{n} A_i = \Omega; \quad A_i \cap A_j = \emptyset; \quad i \neq j, \quad (i, j = 1, \dots, n) \, .$$

Beispiel 2.1 (Fortsetzung): Wir betrachten beim Würfeln mit einem Würfel die Ereignisse A_k ... „Augenzahl k wird geworfen" $(k = 1, \dots, 6)$.

Diese bilden ein vollständiges System von Ereignissen.   ◁

Beispiel 2.10: In einer Werksabteilung arbeiten 3 Maschinen. Zu einem beliebigen Zeitpunkt t wird ermittelt, wie viele dieser Maschinen in Betrieb sind. Von Interesse sind die Ereignisse

A_i ... „Die i-te Maschine arbeitet zum Zeitpunkt t" $(i = 1, 2, 3)$;
B_k ... „Zum Zeitpunkt t arbeiten genau k Maschinen" $(k = 0, 1, 2, 3)$.

Die Ereignisse B_k bilden ein vollständiges System von Ereignissen, die Ereignisse A_i aber nicht.   ◁

---

[2]Der Begriff des vollständigen Systems von Ereignissen ist auf abzählbar unendlich viele Ereignisse übertragbar.

Durch die Gegenüberstellung entsprechender Eigenschaften der Summe und des Produkts von beliebigen Ereignissen $A, B, C, \ldots$ und unter Hinzunahme der entgegengesetzten Ereignisse $\overline{A}, \overline{B}, \overline{C}, \ldots$ wollen wir uns abschließend nochmals einen Überblick verschaffen:

Summe		Produkt	
$A \cup A$	$= A$	$A \cap A$	$= A$
$A \cup B$	$= B \cup A$	$A \cap B$	$= B \cap A$
$A \cup (B \cup C)$	$= (A \cup B) \cup C$	$A \cap (B \cap C)$	$= (A \cap B) \cap C$
$A \cup \overline{A}$	$= \Omega$	$A \cap \overline{A}$	$= \emptyset$
$A \cup \emptyset$	$= A$	$A \cap \Omega$	$= A$
$A \cup \Omega$	$= \Omega$	$A \cap \emptyset$	$= \emptyset$
$A \cup (B \cap C)$	$= (A \cup B) \cap (A \cup C)$		
$A \cap (B \cup C)$	$= (A \cap B) \cup (A \cap C)$		
$\overline{A \cap B}$	$= \overline{A} \cup \overline{B}$		
$\overline{A \cup B}$	$= \overline{A} \cap \overline{B}$		

In der obigen Übersicht sind Beziehungen angegeben, die den Zusammenhang zwischen Summen-, Produkt- und Komplementbildung bei zwei Ereignissen beinhalten. Diese gelten auch für unendlich viele Ereignisse:
Sind $A_1, A_2, \ldots$ zufällige Ereignisse, dann gelten die *de Morganschen*[3] *Formeln:*

$$\overline{\bigcap_{i=1}^{\infty} A_i} = \bigcup_{i=1}^{\infty} \overline{A_i};$$

$$\overline{\bigcup_{i=1}^{\infty} A_i} = \bigcap_{i=1}^{\infty} \overline{A_i}.$$

Für das Rechnen mit Ereignissen sind auch die nachfolgenden Beziehungen sehr zweckmäßig. Für die Ereignisse A, B gilt:

$$A \backslash B = A \cap \overline{B};$$
$$A = (A \cap B) \cup (A \cap \overline{B});$$
$$A \cup B = (A \cap \overline{B}) \cup (A \cap B) \cup (\overline{A} \cap B).$$

Veranschaulichen Sie sich diese Formeln!
Wenn wir uns entschieden haben, ein praktisches Problem mit Methoden der Wahrscheinlichkeitsrechnung zu bearbeiten, kommt es darauf an, nach der Festlegung des entsprechenden zufälligen Versuchs die notwendigen zufälligen Ereignisse zu definieren und anschließend unter Verwendung der angegebenen Relationen die erforderlichen Verknüpfungen der Ereignisse durchzuführen.

---

[3]Augustus de Morgan (1806-1873), englischer Mathematiker.

An zwei Beispielen wollen wir das Vorgehen zeigen.

Beispiel 2.11: Die störungsfreie Arbeit eines Systems während der Zeit t wird durch die störungsfreie Arbeit seiner Elemente i ($i = 1, 2, \ldots, n$) während der Zeit t gewährleistet. Die störungsfreie Arbeit des Systems ist durch die der Elemente auszudrücken, und zwar dafür, daß

a) der Ausfall eines Elementes den Ausfall des Systems nach sich zieht;

b) erst der Ausfall aller Elemente den Ausfall des Systems nach sich zieht.

Lösung: Die Lösung dieser Aufgabe werden wir in 2 Schritten vornehmen. Während wir beim 1. Schritt die interessierenden Ereignisse erfassen, werden wir beim 2. Schritt – er ist für die Teilaufgaben getrennt durchzuführen – die Ereignisse entsprechend der Aufgabenstellung verknüpfen.

1. Schritt:

S ... „Das System arbeitet während der Zeit t";

A_i ... „Das i-te Element arbeitet während der Zeit t" ($i = 1, 2, \ldots, n$).

2. Schritt:

Den Tatbestand erfassen wir bei der Teilaufgabe a) bzw. Teilaufgabe b) symbolisch durch eine Reihenschaltung (Bild 2.8) bzw. Parallelschaltung (Bild 2.9) der n Elemente und erhalten dann bei

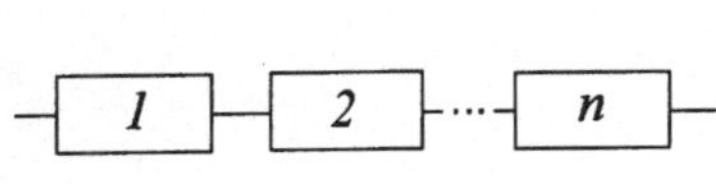

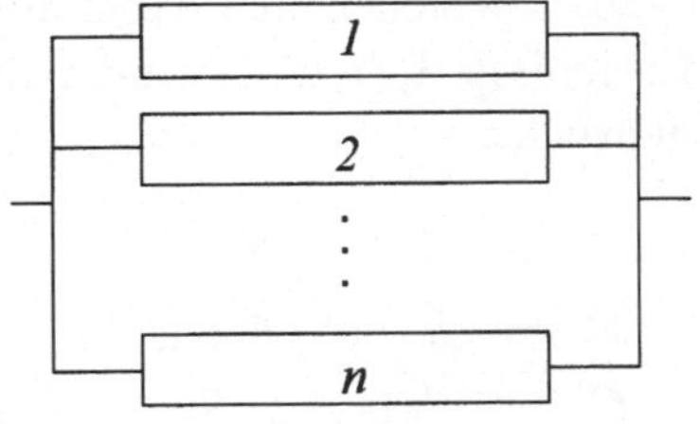

Bild 2.8: Reihenschaltung von n Elementen

Bild 2.9: Parallelschaltung von n Elementen

- Teilaufgabe a)

$$S = A_1 \cap A_2 \cap \ldots \cap A_n = \bigcap_{i=1}^{n} A_i$$

und mit Hilfe der de Morganschen Formel:

$$\overline{S} = \overline{A}_1 \cup \overline{A}_2 \cup \ldots \cup \overline{A}_n = \bigcup_{i=1}^{n} \overline{A}_i.$$

- Teilaufgabe b)

$$S = A_1 \cup A_2 \cup \ldots \cup A_n = \bigcup_{i=1}^{n} A_i$$

und mit Hilfe der de Morganschen Formel:

$$\overline{S} = \overline{A}_1 \cap \overline{A}_2 \cap \ldots \cap \overline{A}_n = \bigcap_{i=1}^{n} \overline{A}_i.$$

Drücken Sie das Ergebnis in Worten aus! $\lhd$

Beispiel 2.12: In einem Kraftwerk soll eine Störung durch drei Kontrollsignale angezeigt werden. Diese unterliegen selbst einer gewissen Störanfälligkeit. Es sollen Aussagen über die Sicherheit des Signalsystems in einer bestimmten Zeit t gemacht werden.

Lösung:
1. Folgende Ereignisse sind von Interesse:
$\quad$ $S_i \ldots$ „Das i-te Signal funktioniert" ($i = 1, 2, 3$) ;
$\quad$ $A \ldots$ „Alle 3 Signale funktionieren ";
$\quad$ $B \ldots$ „Kein Signal funktioniert";
$\quad$ $C \ldots$ „Mindestens ein Signal funktioniert";
$\quad$ $D \ldots$ „Genau ein Signal funktioniert".
Die Angaben beziehen sich dabei auf die o.g. Zeit.
2. Die Ereignisse A, B, C, D werden durch die Verknüpfung der Ereignisse S_1, S_2, S_3 ausgedrückt:

$$\begin{aligned}
A &= S_1 \cap S_2 \cap S_3; \\
B &= \overline{S}_1 \cap \overline{S}_2 \cap \overline{S}_3; \\
C &= S_1 \cup S_2 \cup S_3 \qquad \text{oder auch} \\
C &= \overline{B} = \overline{\overline{S}_1 \cap \overline{S}_2 \cap \overline{S}_3} = S_1 \cup S_2 \cup S_3; \\
D &= (S_1 \cap \overline{S}_2 \cap \overline{S}_3) \cup (\overline{S}_1 \cap S_2 \cap \overline{S}_3) \cup (\overline{S}_1 \cap \overline{S}_2 \cap S_3). \quad \lhd
\end{aligned}$$

2.1.3   Das Ereignisfeld

> **Definition 2.14:** *Enthält ein System von Ereignissen eines zufälligen Versuchs alle in Verbindung mit diesem Versuch interessierenden Ereignisse und führt die Anwendung der im Abschnitt 2.1.2 angegebenen Relationen auf diese Ereignisse immer wieder auf ein Ereignis dieses Systems, dann wird dieses System* **Ereignisfeld** *genannt und mit $\mathfrak{E}$ bezeichnet*[4].

Im folgenden wollen wir wichtige Eigenschaften eines Ereignisfeldes zusammenstellen:

---

[4]Vgl. Abschnitt 2.2.3.

1. Das Ereignisfeld $\mathfrak{E}$ enthält als Element das sichere Ereignis Ω und das unmögliche Ereignis $\emptyset$: $\Omega \in \mathfrak{E}, \emptyset \in \mathfrak{E}$.

2. Sind die Ereignisse A und B Elemente des Ereignisfeldes $\mathfrak{E}$, dann sind es auch deren Summe $A \cup B$ und deren Produkt $A \cap B$:

$$A \in \mathfrak{E}, \quad B \in \mathfrak{E} \to A \cup B \in \mathfrak{E}, \quad A \cap B \in \mathfrak{E}.$$

3. Mit dem Ereignis A ist auch dessen Komplement $\overline{A}$ Element des Ereignisfeldes $\mathfrak{E}$:

$$A \in \mathfrak{E} \to \overline{A} \in \mathfrak{E}.$$

4. Mit den Ereignissen A_i $(i = 1, 2, \ldots)$ sind auch deren Summe und Produkt Elemente des Ereignisfeldes $\mathfrak{E}$:

$$A_i \in \mathfrak{E} \; (i = 1, 2, \ldots) \to \bigcup_{i=1}^{\infty} A_i \in \mathfrak{E}, \quad \bigcap_{i=1}^{\infty} A_i \in \mathfrak{E}.$$

Beispiel 2.13: Interessieren wir uns beim Würfeln mit einem Würfel nur für die Ereignisse

$B \ldots$ „Würfeln einer geraden Augenzahl“;

$A \ldots$ „Würfeln einer ungeraden Augenzahl“,

dann bilden diese beiden Ereignisse unter Hinzunahme des sicheren und des unmöglichen Ereignisses ein Ereignisfeld $\mathfrak{E}$. Überprüfen Sie diese Aussage an Hand der in Abschnitt 2.1.2 angegebenen Relationen! ◁

Zur Darstellung der Ereignisse eines Ereignisfeldes $\mathfrak{E}$ hat sich die Einführung der Begriffe *atomares Ereignis* und *zusammengesetztes Ereignis* bewährt.

Definition 2.15: *Ein Ereignis $A \in \mathfrak{E}$ wird als* **atomares Ereignis** *bezeichnet, wenn kein Ereignis $B \in \mathfrak{E}$ mit den Eigenschaften $B \neq \emptyset$ und $B \neq A$ existiert, so daß das Ereignis B das Ereignis A nach sich zieht.*

Es ist offensichtlich, daß ein Ereignis $A \in \mathfrak{E}$ genau dann atomar ist, wenn es sich nicht als Summe von Ereignissen des Ereignisfeldes $\mathfrak{E}$ darstellen läßt, die vom unmöglichen Ereignis $\emptyset$ und vom Ereignis A verschieden sind. Diese Erläuterung führt uns sofort zum Begriff *zusammengesetztes Ereignis*.

Definition 2.16: *Ein Ereignis $A \in \mathfrak{E}$ wird als* **zusammengesetztes Ereignis** *bezeichnet, wenn es sich als Summe von verschiedenen atomaren Ereignissen des betrachteten Ereignisfeldes darstellen läßt.*

Beispiel 2.14: Interessieren wir uns beim Würfeln mit einem Würfel im Gegensatz zum Beispiel 2.13 für alle möglichen Versuchsergebnisse, so sind die Ereignisse

$$A_k = \{k\} \dots \text{„Werfen der Augenzahl } k\text{"} \quad (k = 1, 2, \dots, 6)$$

atomare Ereignisse des in diesem Fall betrachteten Ereignisfeldes. Demgegenüber ist z. B. das Ereignis

$$B = \{2, 4, 6\} \dots \text{„Werfen einer geraden Augenzahl"}$$

in diesem Ereignisfeld ein zusammengesetztes Ereignis; denn: $B = A_2 \cup A_4 \cup A_6$. Dagegen ist in dem im Beispiel 2.13 betrachteten Ereignisfeld das Ereignis B ein atomares Ereignis. $\triangleleft$

2.1.4 Aufgaben

Lösen Sie die folgenden Aufgaben:

2.1 A bzw. B sei das Ereignis, daß von 5 Meßgeräten genau 3 bzw. mindestens 3 intakt sind. Was bedeuten dann die Ereignisse: $A \cap B$, $A \cup B$, $\overline{A}$ und $\overline{B}$?

2.2 Auf 20 Kärtchen steht jeweils eine der Zahlen 1 bis 20. Nach sorgfältiger Mischung dieser Karten wird eine willkürlich gewählt. Wir betrachten folgende zufälligen Ereignisse:

A... „Die gezogene Zahl ist höchstens gleich 12";

B... „Die gezogene Zahl ist mindestens gleich 8";

C... „Die gezogene Zahl ist gerade";

D... „Die gezogene Zahl ist ein Vielfaches von 3".

a) Beschreiben Sie die Ereignisse $A \cap C$, $B \cap C \cap D$, $B \cup D$, $(A \cup B) \cap D$, $\overline{B} \cap C$ und $(\overline{A} \cup B) \cap C \cap \overline{D}$ mit Worten!

b) Drücken Sie die folgenden zufälligen Ereignisse durch die Ereignisse A, B, C, D (und ihre Komplemente) aus:

F... „Die gezogene Zahl ist eine aus der Menge $\{1, 3, 5, 7\}$";

G... „Die gezogene Zahl ist gerade und größer als 12";

H... „Die gezogene Zahl ist gerade und kleiner als 8, oder sie ist ungerade
          und größer als 12".

2.3 Eine Münze wird dreimal geworfen. Das Ereignis A_i bedeute, daß beim i-ten Wurf „Zahl" oben liegt ($i = 1, 2, 3$). Geben Sie mit Hilfe der A_i Gleichungen für folgende Ereignisse an:
a) „Zahl" liegt genau zweimal oben; b) „Zahl" liegt höchstens einmal oben!

2.4 Zeigen Sie, daß die zufälligen Ereignisse $A \cap B$, $\overline{A} \cap B$, $A \cap \overline{B}$ und $\overline{A \cup B}$ ein vollständiges System von Ereignissen bilden!

2.5 Auf einer Maschine werden in einer Zeiteinheit 4 Teile hergestellt. A_i sei das Ereignis, daß das i-te Stück ($i = 1, 2, 3, 4$) fehlerfrei ist. Man erfasse formelmäßig folgende Ereignisse:
a) alle vier Teile sind fehlerfrei;
b) genau ein Teil ist fehlerhaft;
c) höchstens ein Teil ist fehlerhaft;
d) mindestens ein Teil ist fehlerfrei.

2.6 Eine Anlage besteht aus 4 Kesseln, 2 Turbinen und 2 Generatoren. A_i ($i = 1, 2, 3, 4$) bzw. B_j ($j = 1, 2$) bzw. C_k ($k = 1, 2$) seien die Ereignisse, daß der i-te Kessel bzw. die j-te Turbine bzw. der k-te Generator arbeitsfähig sind. Die Arbeitsfähigkeit der Anlage (Ereignis D) ist gewährleistet, wenn mindestens ein Kessel und mindestens ein Block aus Turbine und Generator arbeitsfähig sind, wobei jeder der beiden Blöcke arbeitsfähig ist, wenn jeweils Arbeitsfähigkeit von Turbine und Generator vorliegt. Drücken Sie die Ereignisse D und $\overline{D}$ durch die Ereignisse A_i, B_j und C_k aus!

2.2 Wahrscheinlichkeit

Bei der Untersuchung von Problemen mit Methoden der Wahrscheinlichkeitsrechnung ist es nicht ausreichend, wenn wir die im Ergebnis eines Versuches auftretenden interessierenden Ereignisse angeben. Wir werden die Zufälligkeit ihres Eintretens, den Grad der Bestimmtheit, in irgendeiner Art quantifizieren müssen, um Aussagen über Gesetzmäßigkeiten der betrachteten Ereignisse machen zu können.

2.2.1 Relative Häufigkeit

Wir wollen ein Ereignis A eines Ereignisfeldes $\mathfrak{E}$ betrachten und den Grad der Bestimmtheit seines Eintretens quantifizieren. Intuitiv wird sich dafür die *absolute* oder die *relative Häufigkeit* des Auftretens der interessierenden Ereignisse anbieten. Dazu werden wir den entsprechenden Versuch mehrmals wiederholen und feststellen, wie häufig das Ereignis A dabei eingetreten ist.

Definition 2.17: *Ist bei n unabhängigen Wiederholungen eines zufälligen Versuchs ein Ereignis A eines Ereignisfeldes $\mathfrak{E}$ $h_n(A)$-mal eingetreten, dann wird $h_n(A)$ als* **absolute Häufigkeit des Ereignisses** A *und der Quotient* $H_n(A) = \dfrac{h_n(A)}{n}$ *als* **relative Häufigkeit des Ereignisses** A *in n Versuchen bezeichnet.*

Anmerkung: Zufällige Versuche, die sich gegenseitig nicht beeinflussen, werden als *unabhängig* bezeichnet.

Beispiel 2.15: Beim Würfeln mit einem homogenen Würfel interessieren wir uns für folgende Ereignisse:

A ...„Werfen der Augenzahl 2“;

B ...„Es wird mindestens die Augenzahl 4 geworfen“;

C ...„Werfen einer geraden Augenzahl“.

Der Würfel wurde $n = 100$ mal geworfen. Dabei traten die Augenzahlen i mit den folgenden absoluten Häufigkeiten h_i ($i = 1, 2, 3, 4, 5, 6$) auf:

i	1	2	3	4	5	6
h_i	13	20	11	19	21	16

Damit gilt für die relative Häufigkeit der betrachteten Ereignisse:

$$H_n(A) = \tfrac{20}{100} = 0.2, \quad H_n(B) = \tfrac{19+21+16}{100} = 0.56 \quad \text{und} \quad H_n(C) = \tfrac{20+19+16}{100} = 0.55.$$

Außerdem lassen sich z. B. die relativen Häufigkeiten

$$H_n(\overline{A}) \;=\; \frac{80}{100} = 0.8 \quad \text{und}$$

$$H_n(A \cup B) \;=\; \frac{20 + 56}{100} = \frac{20}{100} + \frac{56}{100} = H_n(A) + H_n(B)$$

berechnen.
Wir weisen darauf hin, daß

$$H_n(B \cup C) \neq H_n(B) + H_n(C) = 0.56 + 0.55$$

gilt, da die relative Häufigkeit des Ereignisses $B \cap C$ in beiden relativen Häufig-keiten 0.56 und 0.55 berücksichtigt wird. Es muß gelten:

$$H_n(B \cup C) = H_n(B) + H_n(C) - H_n(B \cap C) = 0.56 + 0.55 - 0.35. \quad \triangleleft$$

Es ist offensichtlich, daß bei n Wiederholungen eines Versuches die relative Häufigkeit eines Ereignisses A die Werte $0, \frac{1}{n}, \frac{2}{n}, \ldots, \frac{n-1}{n}, 1$ annehmen kann. Welcher Wert sich in einer konkreten Versuchsreihe ergibt, kann aus den in Abschnitt 2.1.1 angegebenen Gründen nicht mit Bestimmtheit vorausgesagt werden. Er ist vom Zufall abhängig und schwankt dementsprechend, wenn mehrere Versuchsreihen zu je n Versuchen durchgeführt werden. Nun wollen wir uns den aus Beispiel 2.15 ersichtlichen Eigenschaften der relativen Häufigkeit zuwenden.
Eigenschaften der relativen Häufigkeit:
1. Für jedes Ereignis $A \in \mathfrak{E}$ gilt:

$$0 \leq H_n(A) \leq 1 \,. \tag{2.1}$$

Wenn $A = \emptyset$, also A bei diesen n Versuchen nicht eintreten kann, dann wird $H_n(A) = 0$ sein. Andererseits ist $H_n(A) = 1$, wenn $A = \Omega$, also bei diesen n Versuchen stets eintritt.
2. Für das sichere Ereignis gilt:

$$H_n(\Omega) = 1 \,. \tag{2.2}$$

3. Wir betrachten die Ereignisse $A, B \in \mathfrak{E}$, für die $A \cap B = \emptyset$ gilt, d. h., sie sind unvereinbar. Dann gilt:

$$H_n(A \cup B) = H_n(A) + H_n(B) \,. \tag{2.3}$$

Folgerungen:
1. Für die relative Häufigkeit $H_n(\overline{A})$ des zu dem Ereignis $A \in \mathfrak{E}$ entgegenge-setzten Ereignisses $\overline{A} \in \mathfrak{E}$ gilt:

$$H_n(\overline{A}) = 1 - H_n(A) \,. \tag{2.4}$$

2. Für beliebige Ereignisse $A, B \in \mathfrak{E}$ gilt:

$$H_n(A \cup B) = H_n(A) + H_n(B) - H_n(A \cap B) \, . \tag{2.5}$$

Anmerkungen:
1. Aus $H_n(A) = 1$ bzw. $H_n(A) = 0$ darf niemals geschlossen werden, daß A sicheres bzw. unmögliches Ereignis ist; denn wir müssen immer bedenken, daß $H_n(A)$ auf der Basis von n Versuchen berechnet wurde. Bei einer $(n + 1)$-ten Wiederholung des Versuches besteht die Möglichkeit, daß in dessen Ergebnis das Ereignis A nicht eintritt bzw. eintritt.
2. Mit Hilfe der relativen Häufigkeit wird jedem Ereignis $A \in \mathfrak{E}$ eine Zahl $H_n(A)$ zugeordnet. Wir können also sagen, daß mit der Zuordnung $A \to H_n(A)$ auf $\mathfrak{E}$ eine Funktion definiert wird, die die genannten Eigenschaften besitzt.
Stabilität der relativen Häufigkeit:
Wie wir schon oben andeuteten, ist $H_n(A)$ eine Größe, die vom Zufall abhängt. Ist die Anzahl n der Wiederholungen eines Versuchs klein, dann kann sich $H_n(A)$ von Versuchsreihe zu Versuchsreihe stark ändern. Es zeigt sich aber, daß $H_n(A)$ für hinreichend großes n „in der Nähe" einer für das Ereignis A konstanten Zahl zwischen 0 und 1 bleibt, d.h., daß $H_n(A)$ für das Ereignis A eine gewisse Stabilität aufweist (Bild 2.10).

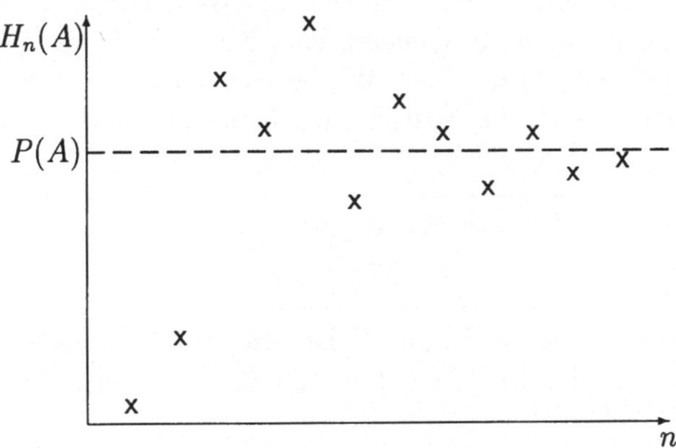

Bild 2.10: Zur Stabilität der relativen Häufigkeit

Wir können vermuten, daß es für das Ereignis A tatsächlich eine Konstante gibt, die unabhängig von der Versuchsreihe eine Quantifizierung seiner „Zufälligkeit" gestattet. Wir werden diese als die *Wahrscheinlichkeit* $P(A)$ des Ereignisses A erklären. Die relative Häufigkeit $H_n(A)$ können wir als Näherungswert oder Schätzung der Wahrscheinlichkeit $P(A)$ des Ereignisses A auffassen, der um so besser ist, je häufiger der Versuch wiederholt wird. Die nachfolgende Zusammenstellung über Ergebnisse von Münzwürfen (vgl. [GNE]) verschafft uns eine

Vorstellung von der Stabilität der relativen Häufigkeit:

	Anzahl der Würfe	Anzahl des Auftretens des Ereignisses „Wappen"	relative Häufigkeit
Buffon[5]	4 040	2 048	0.5069
K. Pearson[6]	12 000	6 019	0.5016
K. Pearson	24 000	12 012	0.5005

2.2.2 Der Wahrscheinlichkeitsbegriff

In diesem Abschnitt wollen wir den Begriff der Wahrscheinlichkeit $P(A)$ eines zufälligen Ereignisses A näher charakterisieren. Dabei werden uns die bei der Erklärung des Begriffs der relativen Häufigkeit eines Ereignisses gewonnenen Erkenntnisse wertvoll sein.

2.2.2.1 Axiomatischer Aufbau der Wahrscheinlichkeitsrechnung

Beim axiomatischen Aufbau der Wahrscheinlichkeitsrechnung gehen wir von einem Ereignisfeld $\mathfrak{E}$ aus und definieren eine Funktion P, die jedem Ereignis $A \in \mathfrak{E}$ eine reelle Zahl $P(A)$ zuordnet. Wir bezeichnen $P(A)$ als die *Wahrscheinlichkeit des Ereignisses A*. Sie wird im einzelnen durch die folgenden Axiome charakterisiert:

Axiom 1: *Für jedes Ereignis $A \in \mathfrak{E}$ gilt:*
$$0 \leq P(A) \leq 1. \tag{2.6}$$

Der Definitionsbereich der Funktion P ist also das Ereignisfeld $\mathfrak{E}$, während der Wertebereich das abgeschlossene Intervall $[0, 1]$ oder eine Teilmenge dieses Intervalls reeller Zahlen ist.

Axiom 2: *Es gilt:*
$$P(\Omega) = 1. \tag{2.7}$$

Axiom 3: *Schließen die Ereignisse $A \in \mathfrak{E}$ und $B \in \mathfrak{E}$ einander aus $(A \cap B = \emptyset)$, dann gilt:*
$$P(A \cup B) = P(A) + P(B). \tag{2.8}$$

---

[5]Compte de Buffon (1707-1788), französischer Mathematiker.
[6]Karl Pearson (1857-1936), englischer Mathematiker.

Mit Hilfe des Prinzips der vollständigen Induktion läßt sich die Aussage des Axioms 3 auf endlich viele Ereignisse $A_i \in \mathfrak{E}$ ($i = 1, 2, \ldots, n$), die paarweise einander ausschließen, übertragen. Das ist aber nicht für abzählbar unendlich viele Ereignisse möglich. Deshalb ist es sinnvoll, ein viertes Axiom zu formulieren.

Axiom 4: *Schließen die Ereignisse $A_i \in \mathfrak{E}$ ($i = 1, 2, \ldots$) paarweise einander aus ($A_i \cap A_j = \emptyset$, $i \neq j$ ($i, j = 1, 2, \ldots$)), dann gilt:*

$$P\left(\bigcup_{i=1}^{\infty} A_i\right) = \sum_{i=1}^{\infty} P(A_i). \tag{2.9}$$

Während die Axiome 1–3 direkte Abstraktionen der Eigenschaften der relativen Häufigkeit von Ereignissen darstellen, ist das Axiom 4 eine sinnvolle Ergänzung. Betrachten wir nun einige Folgerungen aus obigen Axiomen. Wir wollen sie als Sätze formulieren und auch die Beweise angeben, da sie geeignet sind, das Rechnen mit Wahrscheinlichkeiten zu üben.

Satz 2.1: *Die Wahrscheinlichkeit des unmöglichen Ereignisses ist Null:*
$$P(\emptyset) = 0. \tag{2.10}$$

Beweis: Da $\emptyset \in \mathfrak{E}$, existiert $P(\emptyset)$. Mit $A \neq \emptyset$ und $A \in \mathfrak{E}$ ist auch $A \cup \emptyset = A \in \mathfrak{E}$. Wegen $A \cap \emptyset = \emptyset$ gilt dann nach Axiom 3: $P(A \cup \emptyset) = P(A) + P(\emptyset) = P(A)$. Daraus folgt $P(\emptyset) = 0$. $\quad\square$

Satz 2.2: *Mit $A \in \mathfrak{E}$ ist auch $\overline{A} \in \mathfrak{E}$, und es gilt:*
$$P(\overline{A}) = 1 - P(A). \tag{2.11}$$

Beweis: Auf Grund der Eigenschaften von $\mathfrak{E}$ ist mit $A \in \mathfrak{E}$ auch $\overline{A} \in \mathfrak{E}$. Demzufolge existiert nach Axiom 1 $P(\overline{A})$. Wegen $A \cup \overline{A} = \Omega$ und $A \cap \overline{A} = \emptyset$ ergibt sich aus den Axiomen 2 und 3:

$$P(A \cup \overline{A}) = P(A) + P(\overline{A}) = P(\Omega) = 1$$

und damit

$$P(\overline{A}) = 1 - P(A). \quad\square$$

Satz 2.3: *Für beliebige Ereignisse $A \in \mathfrak{E}$ und $B \in \mathfrak{E}$ gilt:*
$$P(A \cup B) = P(A) + P(B) - P(A \cap B). \tag{2.12}$$

Beweis: Die Summe $A \cup B$ läßt sich mit

$$A \cup B = (A \cap \overline{B}) \cup (A \cap B) \cup (\overline{A} \cap B)$$

als Summe von drei paarweise einander ausschließenden Ereignissen darstellen. Damit gilt nach Axiom 3:

$$P(A \cup B) = P(A \cap \overline{B}) + P(A \cap B) + P(\overline{A} \cap B).$$

Wegen $A = (A \cap B) \cup (A \cap \overline{B})$ gilt ebenfalls nach Axiom 3 $P(A) = P(A \cap B) + P(A \cap \overline{B})$. Daraus folgt:

$$P(A \cap \overline{B}) = P(A) - P(A \cap B).$$

In analoger Weise läßt sich

$$P(\overline{A} \cap B) = P(B) - P(A \cap B)$$

zeigen. Setzen wir die beiden letzten Beziehungen in die Formel zur Berechnung von $P(A \cup B)$ ein, so ergibt sich:

$$P(A \cup B) = P(A) + P(B) - P(A \cap B). \quad \square$$

Falls die Ereignisse A und B unvereinbar sind, ist (2.12) identisch mit Axiom 3.

Satz 2.4: *Bilden die Ereignisse $A_i \in \mathfrak{E}$ ($i = 1, 2, \ldots, n$) ein vollständiges System von Ereignissen, dann gilt:*

$$\sum_{i=1}^{n} P(A_i) = 1. \tag{2.13}$$

Beweis: Für die Ereignisse A_i ($i = 1, 2, \ldots, n$) gilt:

$$\bigcup_{i=1}^{n} A_i = \Omega \quad \text{mit} \quad A_i \cap A_j = \emptyset \quad (i \neq j, \quad i, j = 1, 2, \ldots, n).$$

Demzufolge ergibt sich mit Axiom 2:

$$P\left(\bigcup_{i=1}^{n} A_i\right) = P(\Omega) = 1,$$

und weiterhin mit Axiom 3:

$$P\left(\bigcup_{i=1}^{n} A_i\right) = \sum_{i=1}^{n} P(A_i) = 1$$

und damit die Aussage. $\square$

> **Satz 2.5:** *Zieht das Ereignis $A \in \mathfrak{E}$ das Ereignis $B \in \mathfrak{E}$ nach sich, also $A \subseteq B$, dann gilt:*
> $$P(A) \leq P(B). \tag{2.14}$$

Beweis: Wird das Ereignis B als Summe zweier unvereinbarer Ereignisse dargestellt:

$$B = A \cup (B \cap \overline{A}),$$

wobei mit $A \in \mathfrak{E}$ und $B \in \mathfrak{E}$ auch $(B \cap \overline{A}) \in \mathfrak{E}$ ist, dann folgt aus Axiom 3:

$$P(B) = P(A) + P(B \cap \overline{A}).$$

Da nach Axiom 1 $P(B \cap \overline{A}) \geq 0$ ist, folgt die Aussage des Satzes. □

2.2.2.2 Der klassische Wahrscheinlichkeitsbegriff

Den klassischen Wahrscheinlichkeitsbegriff werden wir zur Berechnung von Wahrscheinlichkeiten heranziehen, wenn ein Versuch nur endlich viele, gleichmögliche atomare Ereignisse hat. Das ist z. B. beim Würfeln mit einem idealen Würfel – ein Würfel homogen im Material mit gleichen Kantenlängen – der Fall. Wir wollen den klassischen Wahrscheinlichkeitsbegriff – hier als Folgerung aus dem axiomatischen Aufbau der Wahrscheinlichkeitsrechnung – etwas ausführlicher darstellen.

Als Ausgangspunkt zu seiner Erklärung dient das Laplacesche Ereignisfeld.

> **Definition 2.18:** *Erfüllt ein Ereignisfeld $\mathfrak{E}$ folgende zusätzliche Forderungen:*
> *1. Das Ereignisfeld $\mathfrak{E}$ ist endlich, d. h., seine Grundlage bilden endlich viele atomare Ereignisse A_i $(i = 1, 2, \ldots, m)$;*
> *2. die atomaren Ereignisse A_i $(i = 1, 2, \ldots, m)$ sind gleichmöglich,*
> *dann wird es als* **Laplacesches**[7] **Ereignisfeld** *bezeichnet.*

Jedes Ereignis A $(A \neq \emptyset)$ des Laplaceschen Ereignisfeldes können wir als Summe der atomaren Ereignisse darstellen, die das Ereignis A nach sich ziehen.

Erfolgt z. B. im Beispiel 2.14 das Würfeln mit einem idealen Würfel, dann sind die Ereignisse A_i atomare Ereignisse, und es gilt:

$$B = A_2 \cup A_4 \cup A_6.$$

Um nach der Charakterisierung des Laplaceschen Ereignisfeldes den klassischen Wahrscheinlichkeitsbegriff erklären zu können, suchen wir zuerst auf der Grundlage des axiomatischen Aufbaus der Wahrscheinlichkeitsrechnung die Wahrscheinlichkeit eines atomaren Ereignisses, die ja für alle atomaren Ereignisse gleich ist. Wir wollen sie mit p bezeichnen, also $P(A_i) = p$ $(i = 1, 2, \ldots, m)$.

---

[7]Pierre Simon Laplace (1749 – 1827), französischer Mathematiker.

Aus den Axiomen 2 und 3 ergibt sich (Warum?)

$$P\left(\bigcup_{i=1}^{m} A_i\right) = \sum_{i=1}^{m} P(A_i) = m \cdot p = 1$$

und daraus

$$P(A_i) = p = \frac{1}{m} \quad (i = 1, 2, \ldots, m), \tag{2.15}$$

d. h., die Wahrscheinlichkeit für das Eintreten eines jeden atomaren Ereignisses A_i $(i = 1, 2, \ldots, m)$ ist gleich dem Kehrwert der Anzahl der atomaren Ereignisse. Betrachten wir nun ein beliebiges Ereignis A des Laplaceschen Ereignisfeldes $\mathfrak{E}$, dann läßt es sich in folgender Art darstellen:

$$A = \bigcup_{i=1}^{k} A_i,$$

wobei über alle atomaren Ereignisse A_i $(i = 1, \ldots, k)$ summiert wird, die das Ereignis A nach sich ziehen, d. h. für das Eintreten von A günstig sind. Damit ergibt sich für die Wahrscheinlichkeit $P(A)$ des Ereignisses A nach Axiom 3:

$$P(A) = P\left(\bigcup_{i=1}^{k} A_i\right) = \sum_{i=1}^{k} P(A_i) = \frac{k}{m}. \tag{2.16}$$

Wir sind nun in der Lage, die sogenannte **klassische Definition der Wahrscheinlichkeit** anzugeben.

Definition 2.19: *Die Wahrscheinlichkeit $P(A)$ des Ereignisses $A \in \mathfrak{E}$, wobei $\mathfrak{E}$ ein Laplacesches Ereignisfeld ist, errechnet sich zu*

$$P(A) = \frac{k}{m} = \frac{\text{Anzahl der atomaren Ereignisse } A_i \in \mathfrak{E}, \text{ für die } A_i \subseteq A}{\text{Anzahl der atomaren Ereignisse } A_i \in \mathfrak{E}}.$$

In der Literatur werden die atomaren Ereignisse $A_i \in \mathfrak{E}$ auch als *mögliche* und diejenigen, die das Ereignis A nach sich ziehen, als *günstige* Ereignisse bezeichnet, so daß die obige Definition häufig auch wie folgt gegeben wird:

$$P(A) = \frac{k}{m} = \frac{\text{Anzahl der für das Eintreten von } A \text{ günstigen Ereignisse}}{\text{Anzahl der möglichen Ereignisse}}.$$

Beispiel 2.16: Ein Fernsprechteilnehmer will eine Telefonnummer wählen. Er vergaß jedoch die letzte Ziffer und wählte sie „auf gut Glück" aus. Gesucht wird die Wahrscheinlichkeit dafür, daß er die richtige Nummer gewählt hat.

Lösung: A sei das zufällige Ereignis, daß die richtige Ziffer gewählt wurde. Der Teilnehmer kann beliebig aus 10 Ziffern auswählen; daher ist die Anzahl der atomaren Ereignisse gleich 10. Diese Ereignisse sind gleichmöglich. Für das Eintreten des Ereignisses A erweist sich eines dieser Ereignisse als günstig. Die gesuchte Wahrscheinlichkeit ist damit gleich $P(A) = 1/10$.   ◁

Die Berechnung der Anzahl der günstigen und die der möglichen Ereignisse erfolgt häufig mit Methoden der Kombinatorik.

In der statistischen Physik ist die Untersuchung von Besetzungszahlen ein Beispiel für die Anwendung der klassischen Definition der Wahrscheinlichkeit. Da auf sie hier nicht näher eingegangen werden kann, sei z. B. auf [GNE], [DRT] verwiesen.

Beispiel 2.17: Eine Lieferung von 30 Erzeugnissen enthält durch ein Versehen des Lieferanten 6 fehlerhafte Stücke. Willkürlich werden nacheinander und ohne Zurücklegen 4 Erzeugnisse ausgewählt. Wie groß ist die Wahrscheinlichkeit dafür, daß unter den ausgewählten Erzeugnissen genau 2 fehlerhafte Stücke sind?

Lösung: Mit A ... „Genau zwei fehlerhafte Stücke" gilt:

$$P(A) = \frac{\binom{6}{2} \cdot \binom{24}{2}}{\binom{30}{4}} = 0.1511. \quad ◁$$

Wir hatten gesehen, daß die klassische Definition der Wahrscheinlichkeit dann anwendbar ist, wenn der Versuch endlich viele gleichmögliche atomare Ereignisse hat. Nicht selten tritt aber der Fall auf, daß im Ergebnis eines Versuchs unendlich viele gleichmögliche Ergebnisse eintreten können. In diesem Fall kann in gleicher Weise wie beim Laplaceschen Ereignisfeld ein Wahrscheinlichkeitsbegriff, der Begriff der *geometrischen Wahrscheinlichkeit*, aufgebaut werden.

Beispiel 2.18: Bei dem Kinderspiel „Schweinestechen" wird zuerst ein Schwein S (Flächeninhalt F_S) aufgezeichnet. Dann versucht ein Kind, dessen Augen verbunden wurden, mit einem Bleistift einen Körperteil des Schweines, z. B. das Ohr s, zu treffen. Wir nehmen an, daß das Schwein in jedem Fall getroffen wird, und zwar jedes Teilstück gleichen Flächeninhalts mit derselben Wahrscheinlichkeit, d. h., das Treffen jedes Punktes von S ist gleichmöglich. Gefragt wird nach der Wahrscheinlichkeit, daß das Ohr des Schweines (Flächeninhalt F_s) getroffen wird. Wenn wir das Ereignis „Treffen des Ohres" mit A bezeichnen, dann liegt es nahe, seine Wahrscheinlichkeit $P(A)$ mit Hilfe des Quotienten aus F_s und F_S zu erklären.   ◁

Damit können wir – entsprechend der klassischen Definition der Wahrscheinlichkeit – die Definition der geometrischen Wahrscheinlichkeit angeben.

Definition 2.20: *Die Wahrscheinlichkeit $P(A)$, daß ein zufällig aus einem Gebiet S (Flächeninhalt F_S) ausgewählter Punkt in einem Gebiet $s \subseteq S$ (Flächeninhalt F_s) liegt (Ereignis A), ist gegeben durch*

$$P(A) = \frac{F_s}{F_S}. \tag{2.17}$$

Sie wird **geometrische Wahrscheinlichkeit** *genannt.*

Bemerkung: Diese Berechnungsmöglichkeit für Wahrscheinlichkeiten läßt sich in analoger Weise für geometrische Gebilde im ein- bzw. höherdimensionalen Fall anwenden, wenn wir voraussetzen, daß alle Punkte „gleichberechtigt" sind.

2.2.3   Ergänzende Betrachtungen

Wie wir oben schon andeuteten, besteht zwischen den Begriffen „zufälliges Ereignis" und „Menge" und auch zwischen entsprechenden Relationen ein enger Zusammenhang. Wir verwenden den Mengenbegriff als mathematisches Modell zufälliger Ereignisse. Die zur Charakterisierung des sicheren Ereignisses benutzte Menge bezeichnen wir als Menge Ω aller *Elementarereignisse* des zufälligen Versuchs. Damit deuten wir an, daß in dieser „Grundmenge" alle denkbaren „Elementarausgänge" des zufälligen Versuchs zusammengefaßt sind. Jedes zufällige Ereignis wird als eine gewisse Untermenge von Ω interpretiert.

Einem Ereignisfeld $\mathfrak{E}$ entspricht dann ein gewisses System von Untermengen, das die Struktur einer sogenannten σ-Algebra besitzt.

Beispiel 2.19: Beim Würfeln mit einem Würfel ist $\Omega = \{1, 2, 3, 4, 5, 6\}$ die Menge der Elementarereignisse. Wir betrachten dazu zwei mögliche Systeme von Untermengen, die die Eigenschaften einer σ-Algebra besitzen:
1. Das System von Untermengen von Ω $\{\emptyset, A, B, \Omega\}$ mit $B = \{2, 4, 6\}$ und $A = \{1, 3, 5\}$ entspricht als σ-Algebra einem Ereignisfeld, wobei A und B atomare Ereignisse dieses Ereignisfeldes sind.
2. Die Potenzmenge $\mathfrak{P}(\Omega)$ der Menge der Elementarereignisse entspricht als σ-Algebra einem Ereignisfeld, wobei hier die sechs einelementigen Untermengen $\{1\}, \{2\}, \dots, \{6\}$ atomare Ereignisse sind.
Überprüfen Sie, daß $\mathfrak{P}(\Omega)$ 2^6 Ereignisse enthält! $\lhd$

Die Wahrscheinlichkeit $P(A)$ eines Ereignisses $A \in \mathfrak{E}$ wird durch eine Mengenfunktion P auf $\mathfrak{E}$ erklärt. Sie hat folgende Eigenschaften, wobei $A, B, A_i \ (i = 1, 2, \dots) \in \mathfrak{E}$ gilt:
1. $0 \leq P(A) \leq 1$;
2. $P(\Omega) = 1$;
3. $P(A \cup B) = P(A) + P(B), \ A \cap B = \emptyset$;

4. $P\left(\bigcup_{i=1}^{\infty} A_i\right) = \sum_{i=1}^{\infty} P(A_i), \quad A_i \cap A_j = \emptyset, \quad i \neq j \quad (i,j = 1,2,\ldots).$

Im Sinne der Maßtheorie werden das Tupel $[\Omega, \mathfrak{E}]$ als *meßbarer Raum*, die Mengenfunktion P als *Wahrscheinlichkeitsmaß* und das Tupel $[\Omega, \mathfrak{E}, P]$ als *Wahrscheinlichkeitsraum* bezeichnet.

Damit kann das Axiomensystem von A.N. Kolmogorow[8], das die Grundlage des axiomatischen Aufbaus der Wahrscheinlichkeitsrechnung bildet, wie folgt angegeben werden:

1. *Die Elemente einer gegebenen Menge Ω werden als mögliche „Elementarausgänge" eines zufälligen Versuchs aufgefaßt. Jedes Element wird als Elementarereignis und Ω als Menge der Elementarereignisse bezeichnet.*

2. *Die Elemente eines Systems von Untermengen $\mathfrak{E}$ von Ω, das die Struktur einer σ-Algebra besitzt, werden als zufällige Ereignisse bezeichnet.*

3. *Für jedes Element $A \in \mathfrak{E}$ ist durch ein auf $\mathfrak{E}$ gegebenes Wahrscheinlichkeitsmaß seine Wahrscheinlichkeit $P(A)$ gegeben.*

Dem Leser, der sich eingehender mit diesen Fragen beschäftigen will, seien u. a. [FIS], [REN] empfohlen.

2.2.4 Bedingte Wahrscheinlichkeiten, unabhängige Ereignisse

2.2.4.1 Bedingte Wahrscheinlichkeiten

Wir wollen von einem Beispiel ausgehen:

Beispiel 2.20: An $n = 1000$ Fahrzeugen wurde das Auftreten folgender Ereignisse erfaßt:

$A \ldots$ „erhöhter Kraftstoffverbrauch" ;

$B \ldots$ „Mängel an der Ventileinstellung" ;

$C \ldots$ „Mängel an der Beleuchtung" .

Dabei wurden die absoluten Häufigkeiten: $h_{1000}(A) = 200$, $h_{1000}(B) = 100$, $h_{1000}(C) = 300$, $h_{1000}(A \cap B) = 80$, $h_{1000}(A \cap C) = 63$ beobachtet.

Zwischen den Ereignissen A, B gibt es offensichtlich Zusammenhänge, es besteht *Abhängigkeit*, während dies zwischen den Ereignissen A, C nicht der Fall sein wird. Wie läßt sich dieser Sachverhalt der Abhängigkeit zwischen A, B ausdrücken?

Lösung: Die Abhängigkeit zwischen erhöhtem Kraftstoffverbrauch und einem Mangel an der Ventileinstellung läßt sich durch den Anteil der Fahrzeuge mit erhöhtem Kraftstoffverbrauch an den Fahrzeugen mit Mängeln in der Ventileinstellung ausdrücken. Dies geschieht durch die bedingte relative Häufigkeit von

---

[8]Andrej Nicolajewitsch Kolmogorow (1903 – 1987), russischer Mathematiker.

A, wenn bekannt ist, daß B bereits eingetreten ist:

$$H_{1000}(A \mid B) = \frac{80}{100} = \frac{h_{1000}(A \cap B)}{h_{1000}(B)} = \frac{H_{1000}(A \cap B)}{H_{1000}(B)} = 0.8,$$

da die Bezugsgröße nur die 100 Fahrzeuge mit Mängeln in der Ventileinstellung sind, d. h., unter Fahrzeugen mit Mängeln in der Ventileinstellung haben 80% einen erhöhten Kraftstoffverbrauch. Dagegen sind es unter allen Fahrzeugen nur 20%:

$$H_{1000}(A \mid B) = 0.8 \neq 0.2 = H_{1000}(A). \quad \triangleleft$$

Durch die nachfolgende Definition übertragen wir den im Beispiel 2.20 betrachteten Sachverhalt auf Wahrscheinlichkeiten.

Definition 2.21: *Gegeben seien die Ereignisse A, $B \in \mathfrak{E}$, und es gelte $P(B) > 0$. Dann wird*

$$P(A \mid B) = \frac{P(A \cap B)}{P(B)} \tag{2.18}$$

als die **bedingte Wahrscheinlichkeit** *des Ereignisses A unter der Bedingung des Ereignisses B bezeichnet.*

Die bedingte Wahrscheinlichkeit $P(A \mid B)$ wird also als Quotient zweier bekannter Wahrscheinlichkeiten definiert.

Beispiel 2.21: In einer Urne befinden sich 4 weiße und 6 rote Kugeln. Aus der Urne wird zweimal „auf gut Glück" je eine Kugel entnommen, die nicht wieder zurückgelegt wird. Gesucht wird die Wahrscheinlichkeit für das Auftreten einer weißen Kugel beim 2. Versuch (Ereignis A), wenn beim 1. Versuch eine rote Kugel gezogen wurde (Ereignis B). Wir haben also die bedingte Wahrscheinlichkeit $P(A \mid B)$ zu bestimmen. Ist B bereits eingetreten, so verbleiben noch insgesamt 9 Kugeln in der Urne, von denen 4 weiß sind.
Somit ergibt sich $P(A \mid B) = 4/9$. $\quad \triangleleft$

Anmerkungen:

1. Im allgemeinen sind die bedingten Wahrscheinlichkeiten $P(A \mid B)$ und $P(B \mid A)$ voneinander verschieden. Auf Grund der Definition der bedingten Wahrscheinlichkeit besteht zwischen ihnen die Beziehung $P(B \mid A)P(A) = P(A \mid B)P(B)$.
2. Für die bedingte Wahrscheinlichkeit $P(A \mid B)$ für festes $B \in \mathfrak{E}$ und beliebiges $A \in \mathfrak{E}$ gelten dieselben Rechenregeln wie für die unbedingte Wahrscheinlichkeit $P(A)$. Versuchen Sie selbst, diese Eigenschaften nachzuweisen!
3. Im Beispiel 2.21 konnte die bedingte Wahrscheinlichkeit ohne direkte Verwendung der Formel (2.18) berechnet werden. Diese direkt von der Interpretation ausgehende Berechnung ist in vielen Fällen zweckmäßig.

Die zentrale Bedeutung der bedingten Wahrscheinlichkeit findet ihren Ausdruck in der Multiplikationsregel, der Formel von der totalen Wahrscheinlichkeit und der Bayesschen Formel.

Multiplikationsregel für Wahrscheinlichkeiten

Durch Auflösen von (2.18) erhalten wir

$$P(A \cap B) = P(A \mid B)P(B). \tag{2.19}$$

In Definition 2.21 war $P(B) > 0$ vorausgesetzt worden. Nehmen wir $P(B) = 0$ an, so ergibt sich wegen $A \cap B \subseteq B$ und der daraus resultierenden Relation $P(A \cap B) \leq P(B)$ die Aussage: $P(A \cap B) = 0$. Für diesen speziellen Fall ist das Aufstellen einer gesonderten Berechnungsformel für die Wahrscheinlichkeiten $P(A \cap B)$ demzufolge nicht erforderlich.

Auf Grund der Vertauschbarkeit der Ereignisse A und B in (2.19) können wir zur Berechnung der Wahrscheinlichkeit auch folgende Formel angeben:

$$P(A \cap B) = P(B \mid A)P(A). \tag{2.20}$$

(2.19) bzw. (2.20) bezeichnen wir als *Multiplikationsregel für Wahrscheinlichkeiten*.

Für die in Beispiel 2.21 erklärten Ereignisse A und B ergibt sich für die Wahrscheinlichkeit ihres gleichzeitigen Eintretens nach (2.19):

$$P(A \cap B) = \frac{4}{9} \cdot \frac{6}{10} = \frac{4}{15}.$$

Die mehrfache Anwendung der Multiplikationsregel für zwei Ereignisse gibt uns die Möglichkeit, die Wahrscheinlichkeit des Produktes von mehr als zwei Ereignissen zu bestimmen. Wir wollen uns auf den Fall von drei Ereignissen A, B, C eines Ereignisfeldes $\mathfrak{E}$ beschränken, wobei wir immer voraussetzen wollen, daß auftretende bedingte Wahrscheinlichkeiten erklärt sind:

$$\begin{aligned}
P(A \cap B \cap C) &= P(A \mid B \cap C)P(B \cap C) \\
&= P(A \mid B \cap C)P(B \mid C)P(C). \tag{2.21}
\end{aligned}$$

Versuchen Sie, diese Multiplikationsregel auf das Produkt von n zufälligen Ereignissen $A_1, A_2, \ldots, A_n$ eines Ereignisfeldes $\mathfrak{E}$ zu übertragen und anschließend mit Hilfe des Prinzips der vollständigen Induktion zu beweisen!

Formel für die totale Wahrscheinlichkeit und Bayessche Formel

Die Formel der totalen Wahrscheinlichkeit und die Bayessche Formel wollen wir an den folgenden zwei Beispielen kennenlernen:

Beispiel 2.22: In einem Betrieb wird ein bestimmtes Erzeugnis auf vier Maschinen hergestellt. Die gesamte Produktion der vier Maschinen wird in einem Lager erfaßt, in dem eine Unterscheidung der Erzeugnisse hinsichtlich ihrer Fertigung auf den einzelnen Maschinen nicht möglich ist. Wir wollen die Wahrscheinlichkeit dafür berechnen, daß ein dem Lager entnommenes Erzeugnis nicht den Qualitätsanforderungen entspricht. Die nachfolgende Übersicht gibt den Anteil jeder Maschine an der Gesamtproduktion und den dabei auftretenden Ausschußanteil an:

Maschine	Anteil (%)	Ausschuß (%)
1	40	1
2	30	2
3	20	4
4	10	5

Lösung: Zur Beantwortung der Fragestellung führen wir folgende Ereignisse ein:

A_i ... „Das Erzeugnis wurde auf Maschine i ($i = 1, 2, 3, 4$) gefertigt";

B ... „Das dem Lager entnommene Erzeugnis entspricht nicht den Qualitätsanforderungen".

Die Wahrscheinlichkeiten $P(A_i)$ können wir aus der obigen Übersicht ablesen. Die Ereignisse A_i ($i = 1, 2, 3, 4$) bilden ein vollständiges System von Ereignissen, d. h.,

$$\bigcup_{i=1}^{4} A_i = \Omega \quad \text{und} \quad A_i \cap A_j = \emptyset, \quad i \neq j \quad (i, j = 1, 2, 3, 4).$$

Es gilt weiterhin:

$$\begin{aligned} B = B \cap \Omega &= B \cap (A_1 \cup A_2 \cup A_3 \cup A_4) \\ &= (B \cap A_1) \cup (B \cap A_2) \cup (B \cap A_3) \cup (B \cap A_4). \end{aligned}$$

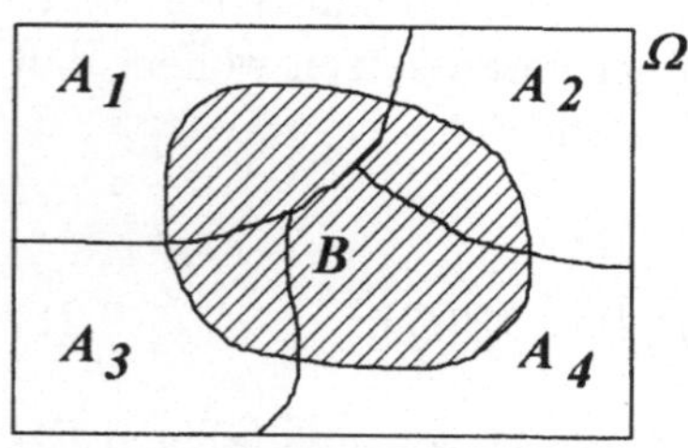

Bild 2.11: Veranschaulichung von
$B = B \cap (A_1 \cup A_2 \cup A_3 \cup A_4)$

Da die Ereignisse A_i ($i = 1, 2, 3, 4$) paarweise einander ausschließen, gilt dasselbe auch für die Ereignisse $B \cap A_i$ ($i = 1, 2, 3, 4$). Damit erhalten wir für die Wahrscheinlichkeit $P(B)$ des gesuchten Ereignisses B:

$$P(B) = P\left(\bigcup_{i=1}^{4} (B \cap A_i)\right) = \sum_{i=1}^{4} P(B \cap A_i).$$

Mit (2.19) formen wir um:

$$P(B) = \sum_{i=1}^{4} P(B \cap A_i) = \sum_{i=1}^{4} P(B \mid A_i)P(A_i).$$

Nun können wir die Wahrscheinlichkeit $P(B)$ aus den Wahrscheinlichkeiten $P(A_i)$ und $P(B \mid A_i)$ $(i = 1, 2, 3, 4)$, die sich aus der Aufgabenstellung ergeben, berechnen:

$$
\begin{aligned}
P(A_1) &= 0.4; & P(B \mid A_1) &= 0.01; & P(A_3) &= 0.2; & P(B \mid A_3) &= 0.04; \\
P(A_2) &= 0.3; & P(B \mid A_2) &= 0.02; & P(A_4) &= 0.1; & P(B \mid A_4) &= 0.05; \\
P(B) &= \multicolumn{7}{l}{0.01 \cdot 0.4 + 0.02 \cdot 0.3 + 0.04 \cdot 0.2 + 0.05 \cdot 0.1 = 0.023. \quad \lhd}
\end{aligned}
$$

Beispiel 2.23: In der in Beispiel 2.22 geschilderten Situation wurde dem Lager ein Teil entnommen und festgestellt, daß es nicht den Qualitätsanforderungen entspricht (Ereignis B ist eingetreten). Wir wollen jetzt die Wahrscheinlichkeit dafür ermitteln, daß ein dem Lager entnommenes und nicht den Qualitätsanforderungen entsprechendes Erzeugnis auf der i-ten Maschine $(i = 1, 2, 3, 4)$ gefertigt wurde, d. h., wir suchen die Wahrscheinlichkeiten $P(A_i \mid B)$ $(i = 1, 2, 3, 4)$. *Lösung:* Wir gehen von der Relation

$$P(B \mid A_i)P(A_i) = P(A_i \mid B)P(B) \quad (i = 1, 2, 3, 4)$$

aus und lösen diese nach der gesuchten Wahrscheinlichkeit $P(A_i \mid B)$ auf:

$$P(A_i \mid B) = \frac{P(B \mid A_i)P(A_i)}{P(B)} \quad (i = 1, 2, 3, 4).$$

Setzen wir nun den im Beispiel 2.22 für $P(B)$ ermittelten Ausdruck ein, so erhalten wir:

$$P(A_i \mid B) = \frac{P(B \mid A_i)P(A_i)}{\sum\limits_{k=1}^{4} P(B \mid A_k)P(A_k)} \quad (i = 1, 2, 3, 4).$$

Mit den Werten aus Beispiel 2.22 berechnen wir schließlich:

$$
\begin{aligned}
P(A_1 \mid B) &= \frac{0.01 \cdot 0.4}{0.023} = 0.174; \\[2mm]
P(A_2 \mid B) &= \frac{0.02 \cdot 0.3}{0.023} = 0.261; \\[2mm]
P(A_3 \mid B) &= \frac{0.04 \cdot 0.2}{0.023} = 0.348; \\[2mm]
P(A_4 \mid B) &= \frac{0.05 \cdot 0.1}{0.023} = 0.217. \quad \lhd
\end{aligned}
$$

In den obigen Beispielen lernten wir typische Fälle für die Anwendung der Formel für die totale Wahrscheinlichkeit und der Bayesschen Formel kennen, die wir nun allgemein formulieren wollen:

> **Satz 2.6:** *Bilden die Ereignisse A_i $(i = 1, 2, \ldots, n)$ eines Ereignisfeldes $\mathfrak{E}$ ein vollständiges System von Ereignissen, gilt $P(A_i) > 0$ $(i = 1, 2, \ldots, n)$, und ist das Ereignis B ein weiteres Element des Ereignisfeldes $\mathfrak{E}$, dann gilt:*
>
> $$P(B) = \sum_{i=1}^{n} P(B \mid A_i) P(A_i) \tag{2.22}$$
>
> **(Formel für die totale Wahrscheinlichkeit)**;
>
> $$P(A_i \mid B) = \frac{P(B \mid A_i) P(A_i)}{\sum\limits_{k=1}^{n} P(B \mid A_k) P(A_k)} \quad (i = 1, 2, \ldots, n) \tag{2.23}$$
>
> **(Bayessche[9] Formel)**.

Die Beweise dieser Formeln werden entsprechend dem Vorgehen in den Beispielen 2.22, 2.23 geführt. Versuchen Sie, diese Beweise zu erbringen!

Im Zusammenhang mit der Bayesschen Formel werden die Wahrscheinlichkeiten $P(A_i)$ $(i = 1, 2, \ldots, n)$ auch als *a-priori-Wahrscheinlichkeiten* und die Wahrscheinlichkeiten $P(A_i \mid B)$ $(i = 1, 2, \ldots, n)$ als *a-posteriori-Wahrscheinlichkeiten* bezeichnet.

2.2.4.2 Unabhängige Ereignisse

Im allgemeinen unterscheiden sich die unbedingte Wahrscheinlichkeit $P(A)$ eines Ereignisses A und die bedingte Wahrscheinlichkeit $P(A \mid B)$ desselben Ereignisses A unter der Bedingung eines Ereignisses B. Wir wollen nun den Fall betrachten, daß beide Wahrscheinlichkeiten gleich sind und keines der beiden Ereignisse das unmögliche Ereignis ist, d. h. $P(A \mid B) = P(A)$. Wir wollen diese Fragestellung am schon im Beispiel 2.20 behandelten Problem für relative Häufigkeiten betrachten.

Beispiel 2.20 (Fortsetzung): Der Quotient

$$H_{1000}(A \mid C) = \frac{63}{300} = \frac{h_{1000}(A \cap C)}{h_{1000}(C)} = \frac{H_{1000}(A \cap C)}{H_{1000}(C)} = 0.21$$

---

[9]Thomas Bayes (1702 – 1763), englischer Theologe.

drückt den Anteil der Fahrzeuge mit erhöhtem Kraftstoffverbrauch unter den Fahrzeugen mit Mängeln an der Beleuchtung aus. Bezugsbasis sind hierbei nicht alle 1000 Fahrzeuge, sondern nur die 300 Fahrzeuge, bei denen C eingetreten ist. $H_{1000}(A\,|\,C)$ ist entsprechend die bedingte relative Häufigkeit von A, wenn bekannt ist, daß C bereits eingetreten ist. Die Unabhängigkeit zwischen A, C findet ihren Ausdruck hier in der näherungsweisen Übereinstimmung von

$$H_{1000}(A\,|\,C) = 0.21 \approx 0.2 = H_{1000}(A).$$

Unter allen Fahrzeugen haben 20% einen erhöhten Kraftstoffverbrauch, unter den Fahrzeugen mit Mängeln an der Beleuchtung sind es 21%. Ordnen wir diesen geringfügigen Unterschied der Zufälligkeit aus der Beobachtung dieser Fahrzeuggesamtheit zu, so sind beide Anteile als gleich anzusehen. Dieser Sachverhalt der *Unabhängigkeit* findet sich auch in der näherungsweisen Gültigkeit der *Multiplikationsregel* wieder:

$$H_{1000}(A \cap C) = 0.063 \approx 0.06 = 0.2 \cdot 0.3 = H_{1000}(A) \cdot H_{1000}(C).$$

Die relative Häufigkeit für das Eintreten des Ereignisses A ändert sich also nicht unter der Bedingung des Ereignisses C. Mit anderen Worten: Das Eintreten des Ereignisses A wird nicht von dem Eintreten von C beeinflußt, d. h., das Eintreten des Ereignisses A ist unabhängig vom Eintreten des Ereignisses C. ◁
Diese Überlegungen sind Grundlage für die folgende Definition:

> **Definition 2.22:** *Ist für die Elemente A und B eines Ereignisfeldes $\mathfrak{E}$ die Relation*
>
> $$P(A\,|\,B) = P(A) \qquad (2.24)$$
>
> *erfüllt, dann heißt das* **Ereignis A unabhängig vom Ereignis B.**

Beispiel 2.24: Eine Münze wird zweimal geworfen. Das Auftreten von „Wappen" im zweiten Versuch (Ereignis A) ist unabhängig davon, ob im ersten Versuch „Zahl" auftrat (Ereignis B), d. h.

$$P(A) = P(A\,|\,B) = \frac{1}{2}. \quad ◁$$

Versuchen Sie unter Verwendung von (2.19) zu beweisen, daß aus der Unabhängigkeit des Ereignisses A vom Ereignis B auch die Unabhängigkeit des Ereignisses B vom Ereignis A folgt. Diese Symmetrieeigenschaft kommt auch in der **Multiplikationsregel für unabhängige Ereignisse** zum Ausdruck:
Die Wahrscheinlichkeit des Produktes zweier unabhängiger Ereignisse A und B eines Ereignisfeldes $\mathfrak{E}$ ist gleich dem Produkt der Wahrscheinlichkeiten dieser Ereignisse:

$$P(A \cap B) = P(A)\,P(B). \qquad (2.25)$$

Anmerkungen:

1. Mit (2.25) wird oft die Unabhängigkeit der Ereignisse A und B definiert. Es besteht Äquivalenz zur Definition 2.22, falls $P(B) > 0$ gilt.

2. Vor der Anwendung von (2.25) müssen wir uns vergewissern, ob die auftretenden Ereignisse unabhängig sind. Das geschieht häufig durch Betrachtungen, die von der Interpretation des Begriffs der Unabhängigkeit ausgehen.

3. Die Aussage der Multiplikationsregel ist nicht nur – wie bisher vorausgesetzt – für den Fall gültig, daß die Wahrscheinlichkeiten der Ereignisse A und B von Null verschieden sind, sondern auch dann, wenn eines von ihnen die Wahrscheinlichkeit Null hat. Warum?

Wir wollen nun den Begriff der Unabhängigkeit von Ereignissen zuerst auf drei und dann auf endlich viele Ereignisse erweitern.

Definition 2.23: *Die* **Ereignisse** A, B, C *eines Ereignisfeldes* $\mathfrak{E}$ *heißen* **unabhängig** (*auch* **vollständig unabhängig**), *wenn die folgenden Relationen erfüllt sind:*

$$
\begin{aligned}
P(A \cap B \cap C) &= P(A)P(B)P(C)\,; & (2.26)\\
P(A \cap B) &= P(A)P(B)\,; & (2.27)\\
P(A \cap C) &= P(A)P(C)\,; & (2.28)\\
P(B \cap C) &= P(B)P(C)\,. & (2.29)
\end{aligned}
$$

Gelten nur die Relationen (2.27) – (2.29), *dann werden die Ereignisse* A, B, C **paarweise unabhängig** *genannt.*

Aus der paarweisen Unabhängigkeit der Ereignisse A, B, C dürfen wir nicht auf deren vollständige Unabhängigkeit schließen.

Ganz analog wird die vollständige Unabhängigkeit von n Ereignissen definiert:

Definition 2.24: *Die* **Ereignisse** A_i ($i = 1, 2, \ldots, n$) *eines Ereignisfeldes* $\mathfrak{E}$ *heißen* **unabhängig** (*auch* **vollständig unabhängig**), *wenn für jedes* $k \in \{2, 3, \ldots, n\}$ *und beliebige natürliche Zahlen* $1 \le i_1 < \ldots < i_k \le n$ *die Relation gilt:*

$$
P\left(\bigcap_{s=1}^{k} A_{i_s}\right) = \prod_{s=1}^{k} P(A_{i_s}). \qquad (2.30)
$$

Auch hier dürfen wir nicht aus der paarweisen Unabhängigkeit der Ereignisse A_i ($i = 1, 2, \ldots, n$) auf deren vollständige Unabhängigkeit schließen.

Überlegen Sie, wieviel Bedingungen erfüllt sein müssen, daß n Ereignisse eines Ereignisfeldes vollständig unabhängig sind!

2.2.5 Beispiele und Aufgaben

Wir wollen wieder einige ausführliche Beispiele angeben.

Beispiel 2.25: Zwei Schützen schießen unbeeinflußt voneinander auf eine Zielscheibe. Es ist bekannt, daß der erste mit einer Wahrscheinlichkeit von 0.7 und der zweite mit einer Wahrscheinlichkeit von 0.8 trifft. Wie groß ist die Wahrscheinlichkeit, daß wenigstens einer der Schützen die Zielscheibe trifft?

Lösung: Es hat sich bewährt, die Lösung derartiger Aufgaben in folgende Schritte zu gliedern.

Im 1. Schritt werden zunächst die interessierenden Ereignisse aufgeschrieben:

A ... „Der 1. Schütze trifft die Scheibe";

B ... „Der 2. Schütze trifft die Scheibe";

C ... „Mindestens ein Schütze trifft die Scheibe".

Aus der Aufgabe sind die Wahrscheinlichkeiten $P(A) = 0.7$ und $P(B) = 0.8$ bekannt; gesucht ist die Wahrscheinlichkeit $P(C)$.

Im 2. Schritt gilt es, das Ereignis C durch die Ereignisse A und B auszudrücken:

$$C = A \cup B.$$

Wir halten außerdem fest, daß $A \cap B \neq \emptyset$.

Im 3. Schritt ermitteln wir nun $P(C)$. Es gilt:

$$P(C) = P(A) + P(B) - P(A \cap B).$$

Die Ereignisse A und B sind offensichtlich unabhängig. Damit ergibt sich mit (2.25)

$$P(C) = P(A) + P(B) - P(A)P(B).$$

Im 4. Schritt ergibt sich schließlich durch Einsetzen der Zahlenwerte die gesuchte Wahrscheinlichkeit:

$$P(C) = 0.94.$$

Ein anderer Lösungsweg benutzt die Unabhängigkeit von $\overline{A}, \overline{B}$:

$$P(C) = 1 - P(\overline{C}) = 1 - P(\overline{A} \cap \overline{B}) = 1 - P(\overline{A})P(\overline{B}) = 0.94. \quad \triangleleft$$

Beispiel 2.26: Aus einem Behälter, der drei rote und zwei schwarze Kugeln enthält, nehmen zwei Personen abwechselnd und ohne Zurücklegen je eine Kugel heraus. Man erfasse formelmäßig das Ereignis, daß der beginnende Spieler als erster eine rote Kugel zieht und berechne die zugehörige Wahrscheinlichkeit!

Lösung:

A_i ... „Die i-te gezogene Kugel ist rot" $(i = 1, 2, 3)$;

B ... „Der beginnende Spieler zieht als erster eine rote Kugel".

Mit
$$B = A_1 \cup (\overline{A}_1 \cap \overline{A}_2 \cap A_3)$$

gilt
$$P(B) = P(A_1) + P(\overline{A}_1)P(\overline{A}_2 \,|\, \overline{A}_1)P(A_3 \,|\, \overline{A}_1 \cap \overline{A}_2)$$
$$P(B) = \frac{3}{5} + \frac{2}{5} \cdot \frac{1}{4} \cdot \frac{3}{3} = 0.7 \quad \triangleleft$$

Beispiel 2.27: Ein Schütze gibt auf eine Zielscheibe vier unabhängige Schüsse ab. Die Trefferwahrscheinlichkeit betrage für jeden Schuß 0.5. Gesucht wird die Wahrscheinlichkeit dafür, daß der Schütze bei vier Schüssen genau k Treffer erzielt ($k = 0, 1, 2, 3, 4$).

Lösung:

1. Wir erfassen folgende Ereinisse:

   $A_i \ldots$ „Der i-te Schuß ist ein Treffer" ($i = 1, 2, 3, 4$);

   $B_k \ldots$ „Unter 4 Schüssen werden genau k Treffer erzielt" ($k = 0, 1, 2, 3, 4$).

   Laut Aufgabenstellung sind die Ereignisse $A_1, \ldots, A_4$ unabhängig, und es gilt $P(A_i) = 0.5$ für $i = 1, 2, 3, 4$.

2. Wir drücken die Ereignisse B_k mit Hilfe der A_i aus:

$$
\begin{aligned}
B_0 &= \overline{A}_1 \cap \overline{A}_2 \cap \overline{A}_3 \cap \overline{A}_4; \\
B_1 &= (A_1 \cap \overline{A}_2 \cap \overline{A}_3 \cap \overline{A}_4) \cup (\overline{A}_1 \cap A_2 \cap \overline{A}_3 \cap \overline{A}_4) \\
&\quad \cup (\overline{A}_1 \cap \overline{A}_2 \cap A_3 \cap \overline{A}_4) \cup (\overline{A}_1 \cap \overline{A}_2 \cap \overline{A}_3 \cap A_4); \\
B_2 &= (A_1 \cap A_2 \cap \overline{A}_3 \cap \overline{A}_4) \\
&\quad \cup (A_1 \cap \overline{A}_2 \cap A_3 \cap \overline{A}_4) \cup \ldots \cup (\overline{A}_1 \cap \overline{A}_2 \cap A_3 \cap A_4); \\
B_3 &= (A_1 \cap A_2 \cap A_3 \cap \overline{A}_4) \cup \ldots \cup (\overline{A}_1 \cap A_2 \cap A_3 \cap A_4); \\
B_4 &= A_1 \cap A_2 \cap A_3 \cap A_4.
\end{aligned}
$$

3. Unter Anwendung von (2.26) und (2.8) erhalten wir

$$
\begin{aligned}
P(B_0) &= P(\overline{A}_1 \cap \overline{A}_2 \cap \overline{A}_3 \cap \overline{A}_4) = P(\overline{A}_1)P(\overline{A}_2)P(\overline{A}_3)P(\overline{A}_4), \\
&= 0.5^4 = 0.0625; \\
P(B_1) &= P(A_1 \cap \overline{A}_2 \cap \overline{A}_3 \cap \overline{A}_4) + \ldots + P(\overline{A}_1 \cap \overline{A}_2 \cap \overline{A}_3 \cap A_4), \\
&= \binom{4}{1} \cdot 0.5 \cdot 0.5^3 = 0.25; \\
P(B_2) &= P(A_1 \cap A_2 \cap \overline{A}_3 \cap \overline{A}_4) + \ldots + P(\overline{A}_1 \cap \overline{A}_2 \cap A_3 \cap A_4) \\
&= \binom{4}{2} \cdot 0.5^2 \cdot 0.5^2 = 6 \cdot 0.5^2 \cdot 0.5^2 = 0.375; \\
P(B_3) &= P(A_1 \cap A_2 \cap A_3 \cap \overline{A}_4) + \ldots + P(\overline{A}_1 \cap A_2 \cap A_3 \cap A_4) \\
&= \binom{4}{3} \cdot 0.5^3 \cdot 0.5 = 0.25; \\
P(B_4) &= P(A_1 \cap A_2 \cap A_3 \cap A_4) = \binom{4}{4} \cdot 0.5^4 = 0.0625.
\end{aligned}
$$

Anmerkung: Wir benutzten hier die Tatsache, daß bei Unabhängigkeit der Ereignisse A_i ($i = 1, 2, 3, 4$) auch deren Komplemente bzw. beliebige Kombinationen von Ereignissen A_i und $\overline{A}_j$ ($i, j = 1, 2, 3, 4;\ i \neq j$) unabhängig sind (Multiplikationsregel, vgl. Aufgabe 2.9).
Die bei der Berechnung der Wahrscheinlichkeiten der Ereignisse B_k auftretenden Binomialkoeffizienten geben die jeweilige Anzahl der paarweise unvereinbaren, gleichwahrscheinlichen Summanden an. ◁
Lösen Sie folgende Aufgaben:

2.7 Zwölf verschiedene Bücher werden auf gut Glück in ein Regal gestellt. Bestimmen Sie die Wahrscheinlichkeit, daß drei bestimmte Bücher
a) in einer vorgegebenen Reihenfolge;
b) in beliebiger Reihenfolge
nebeneinander stehen!

2.8 In einem Betrieb trifft eine Sendung von 50 Bauelementen ein, von denen 4 defekt sind. Aus dieser Sendung werden 3 Bauelemente zufällig ausgewählt und überprüft.
a) Wie groß ist die Wahrscheinlichkeit dafür, daß alle 3 Bauelemente brauchbar sind?
b) Wie groß ist die Wahrscheinlichkeit dafür, daß eines oder mehrere Bauelemente brauchbar sind?

2.9 Es ist zu zeigen, daß aus der Unabhängigkeit der Ereignisse A, B die Unabhängigkeit der Paare von Ereignissen $A, \overline{B};\ \overline{A}, B;\ \overline{A}, \overline{B}$ folgt!

2.10 Zeigen Sie die Richtigkeit folgender Aussage: Sind die zufälligen Ereignisse A und B mit $P(A) > 0$ und $P(B) > 0$ unvereinbar, dann sind sie nicht voneinander unabhängig!

2.11 Die Bauelemente b_1, b_2, b_3 fallen mit den Wahrscheinlichkeiten 0.05 bzw. 0.08 bzw. 0.10 unabhängig voneinander aus.
a) Mit welcher Wahrscheinlichkeit fällt folgende Schaltung aus?

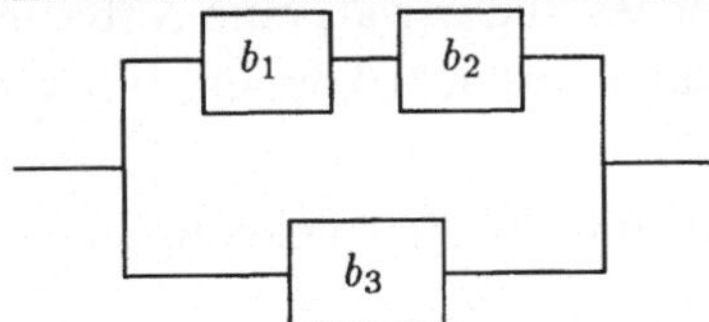

b) Wieviel Bauelemente der Sorte b_3 muß man mindestens parallel dazuschalten, damit die Schaltung höchstens mit der Wahrscheinlichkeit $2 \cdot 10^{-4}$ ausfällt?

2.12 In einer Urne befinden sich gut durchgemischt 20 rote, 30 grüne und 50 gelbe Kugeln. Wie groß ist die Wahrscheinlichkeit dafür, daß bei zwei aufeinanderfolgenden Zügen 2 verschiedenfarbige Kugeln gezogen werden, wenn die zuerst gezogene Kugel
a) wieder zurückgelegt und eingemischt wird;
b) nicht wieder zurückgelegt wird?

2.13 Nach statistischen Angaben einer Werkstatt entfallen von 30 Stillständen einer Drehmaschine 15 auf das Auswechseln des Meißels, 2 auf einen technischen Defekt und 6 auf die nicht rechtzeitige Lieferung der Werkstücke. Die übrigen Stillstände haben andere Ursachen. Gesucht ist die Wahrscheinlichkeit für den Ausfall der Drehmaschinen auf Grund anderer Ursachen?

2.14 In einer Druckerei befinden sich 4 unabhängig voneinander arbeitende Maschinen, die mit den Wahrscheinlichkeiten 0.9; 0.95; 0.7 bzw. 0.85 in einem bestimmten Zeitintervall nicht ausfallen. Gesucht sind die Wahrscheinlichkeiten dafür, daß in einem solchen Zeitintervall
a) wenigstens eine Maschine arbeitet;
b) genau eine Maschine arbeitet;
c) genau zwei Maschinen arbeiten;
d) genau drei Maschinen arbeiten;
e) alle vier Maschinen arbeiten.

2.3   Zufallsgrößen

2.3.1   Begriff der Zufallsgröße

2.3.1.1   Erklärung des Begriffs der Zufallsgröße

In den vorhergehenden Abschnitten haben wir zufällige Ereignisse als Ergebnisse zufälliger Versuche untersucht. Hierbei mußten wir die zufälligen Ereignisse in der Regel verbal charakterisieren. Für die meisten Belange der Praxis ist es zweckmäßiger, die Vorteile, die im Umgang mit reellen Zahlen liegen, für die Beschreibung der Ergebnisse zufälliger Versuche nutzbar zu machen. Indirekt haben wir diese Möglichkeiten u. a. schon im Beispiel 2.5 bei der Charakterisierung des Ereignisses „Die Laufzeit eines PKW-Reifens ist gleich 55000 km" – durch die reelle Zahl $t = 55000$ – genutzt. Eine derartige zahlenmäßige Beschreibung der Ergebnisse eines zufälligen Versuches, die wir als eine Abbildung des Sachverhaltes in den Bereich der reellen Zahlen ansehen können, führt uns auf den Begriff der *Zufallsgröße*.

Zur Erläuterung wollen wir uns zunächst einige einfache Beispiele ansehen.

Beispiel 2.28: Zufälliger Versuch „Werfen einer Münze"

zufällige Ereignisse		zahlenmäßige Beschreibung
A ... „Zahl liegt oben"	$\rightarrow$	1
B ... „Wappen liegt oben"	$\rightarrow$	0

Beispiel 2.29: Zufälliger Versuch „Feststellung der Anzahl der Ausschußteile unter n Teilen"

zufällige Ereignisse		zahlenmäßige Beschreibung
A_0... „Unter n Teilen kein Ausschußteil"	$\rightarrow$	0
A_1... „Unter n Teilen genau 1 Ausschußteil"	$\rightarrow$	1
A_2... „Unter n Teilen genau 2 Ausschußteile"	$\rightarrow$	2
....		...
A_n... „Unter n Teilen genau n Ausschußteile"	$\rightarrow$	n
B_3... „Unter n Teilen höchstens 3 Ausschußteile"	$\rightarrow$	$\{0,1,2,3\}$
C ... „Unter n Teilen mindestens 1 Ausschußteil"	$\rightarrow$	$\{1,2,\ldots,n\}$ $\lhd$

Beispiel 2.30: Zufälliger Versuch „Feststellung der in einem Zählrohr während eines bestimmten Zeitabschnittes registrierten Teilchen der kosmischen Strahlung"

zufällige Ereignisse		zahlenmäßige Beschreibung
A_0... „Kein Teilchen wird registriert"	$\rightarrow$	0
A_1... „Genau 1 Teilchen wird registriert"	$\rightarrow$	1
....		...
A_n... „Genau n Teilchen werden registriert"	$\rightarrow$	n
....		...
B ... „Mindestens 2 Teilchen werden registriert"	$\rightarrow$	$\{2,3,\ldots\}$ $\lhd$

Kehren wir nochmals zum Beispiel 2.29 zurück. Mit Hilfe der Festlegung $X:=$ „Zufällige Anzahl der Ausschußteile unter n Teilen" erhalten wir eine Größe X, die die im Beispiel angedeutete Abbildung u. a. folgendermaßen charakterisiert:

1. Die Größe X nimmt den Wert i ($X = i$) genau dann an, wenn das Ereignis A_i eintritt. Dabei kann i die Werte $0,1,\ldots,n$ durchlaufen.

2. Die Größe X nimmt einen Wert aus $\{1,2,3,\ldots,n\}$ ($X \in \{1,2,\ldots,n\}$) genau dann an, wenn das Ereignis C eintritt.

Die Größe X nimmt folglich bei der Durchführung des betrachteten zufälligen Versuches in Abhängigkeit von dessen Ergebnis jeweils einen bestimmten Wert an. Eine derartige Größe bezeichnen wir – der am Ende des Abschnitts folgenden Erklärung teilweise vorgreifend – als *Zufallsgröße*. Als Symbole für Zufallsgrößen verwenden wir die großen lateinischen Buchstaben $\ldots,X,Y,Z$, die wir gegebenenfalls indizieren.

Zur Charakterisierung einer Zufallsgröße X benötigen wir die Kenntnis aller möglichen Werte, die diese Zufallsgröße annehmen kann. Diese bezeichnen wir mit dem entsprechenden kleinen lateinischen Buchstaben x.

Im Beispiel 2.29 erhalten wir also die Werte $x_1 = 0, x_2 = 1, \ldots, x_{n+1} = n$.

In den vorangehenden Beispielen haben wir Zufallsgrößen behandelt, bei denen die Menge der möglichen Werte (Wertebereich der Zufallsgröße) – $\{x_1, \ldots, x_n\}$ bzw. im Beispiel 2.30 $\{x_1, x_2, \ldots\}$ – endlich bzw. abzählbar unendlich ist und deren Werte demzufolge mit den natürlichen Zahlen indiziert werden können. Derartige Zufallsgrößen nennen wir *diskrete Zufallsgrößen*. Wir werden sie im Abschnitt 2.3.2.2 näher untersuchen.

Daß daneben auch Zufallsgrößen mit überabzählbar vielen Werten von Bedeutung sind, wollen wir uns am Beispiel 2.31 (vgl. Beispiel 2.7) klarmachen.

Beispiel 2.31: Zufälliger Versuch *Bestimmung der CO–Konzentration in einer Stadt zu einem bestimmten Zeitpunkt*

zufällige Ereignisse (vgl. S. 14)	zahlenmäßige Beschreibung	$X :=$ zufällige CO–Konzentration
$A_{0.6}$	$\rightarrow$ $\quad$ 0.6	$X = 0.6$
B_{10}	$\rightarrow$ $\quad$ $[0, 10]$	$0 \leq X \leq 10$
$C_{7,10}$	$\rightarrow$ $\quad$ $(7, 10]$	$7 < X \leq 10$ $\quad\quad$ ◁

In diesem Beispiel charakterisieren wir die möglichen Versuchsergebnisse durch eine Zufallsgröße X, deren Wertebereich ein Intervall auf der positiven Halbachse ist. Wie wir aber wissen, enthält ein derartiges Intervall überabzählbar viele reelle Zahlen.

Nach der Behandlung dieser einführenden Beispiele kommen wir zur Erklärung des Begriffs Zufallsgröße.

<table><tr><td>

Erklärung 2.25: *Wir betrachten einen zufälligen Versuch mit einem entsprechenden Ereignisfeld $\mathfrak{E}$.*
Mit Hilfe einer **Zufallsgröße** *beschreiben wir jedes zufällige Ereignis aus $\mathfrak{E}$ durch eine reelle Zahl bzw. durch ein Intervall reeller Zahlen bzw. durch eine geeignete Menge reeller Zahlen.*[10]

</td></tr></table>

2.3.1.2 Weiterführende Betrachtungen

Wie wir im Abschnitt 2.2.3 gesehen haben, können wir einen zufälligen Versuch durch das Paar $(\Omega, \mathfrak{E})$ charakterisieren. Dabei ist Ω die Menge der Elementarereignisse des Versuches und $\mathfrak{E}$ ein zugehöriges Ereignisfeld (System der betrachteten zufälligen Ereignisse).
Mit einer Zufallsgröße X ordnen wir jedem Elementarereignis $\omega \in \Omega$ eine reelle Zahl zu. Dadurch erreichen wir, daß jedes zufällige Ereignis A aus dem Ereignisfeld $\mathfrak{E}$ im Bereich der reellen Zahlen durch eine gewisse Menge reeller Zahlen repräsentiert wird. Einschränkend müssen wir fordern, daß diese Zuordnung so beschaffen ist, daß jedes Intervall der Form $(-\infty, t]$

---

[10]Dem Anliegen dieses Buches entsprechend halten wir hier das Wesentliche dieser neuen Begriffsbildung in Form einer Erklärung fest. Die in Definition 2.26 folgende Präzisierung trägt für unsere Belange weiterführenden Charakter und ist für das Verstehen der übrigen Abschnitte nicht unbedingt erforderlich.

(t beliebig reell) – und damit jede „interessierende" Zahlenmenge – bei dieser Zuordnung aus einem zufälligen Ereignis aus $\mathfrak{E}$ hervorgeht.

Die für praktische Belange in der Regel „interessierenden" Zahlenmengen sind die sogenannten *Borel-Mengen*, die durch die Verknüpfungen Summen-, Produkt-, Differenz- und Komplementbildung (endlich oder abzählbar unendlich oft) aus Intervallen der Form $(-\infty, t]$ (t beliebig reell) erzeugt werden. Hierzu gehören u. a. alle offenen, halboffenen und abgeschlossenen Intervalle.

Wir kommen damit zu folgender Definition der Zufallsgröße.

Definition 2.26: *Unter einer* **Zufallsgröße** X *verstehen wir eine Funktion*

$$X = X(\omega) : \Omega \to R^1,$$

die jedem Elementarereignis $\omega \in \Omega$ eine reelle Zahl zuordnet. Dabei fordern wir, daß jedes Intervall der Form $(-\infty, t]$ (t beliebig reell) aus einem zufälligen Ereignis aus $\mathfrak{E}$ hervorgeht, d.h., daß das Urbild eines jeden Intervalls $(-\infty, t]$ ein zufälliges Ereignis aus $\mathfrak{E}$ ist.

Anmerkung: Der Definitionsbereich der Funktion $X(\omega)$ ist die Menge Ω; ihr Wertebereich ist die Menge der Werte der Zufallsgröße X.

Das System aller Borel-Mengen des R^1 bildet – wie wir es ebenfalls vom Ereignisfeld $\mathfrak{E}$ gefordert hatten – eine σ-Algebra, die wir mit $\mathfrak{B}$ bezeichnen. Somit ist eine Zufallsgröße $X = X(\omega)$ eine Funktion, die eine gewisse Beziehung zwischen den beiden σ-Algebren $\mathfrak{E}$ und $\mathfrak{B}$ herstellt. Derartige Funktionen werden in der Mathematik als $(\mathfrak{E}, \mathfrak{B})$-meßbare Funktionen bezeichnet. Für weitergehende Studien in dieser Richtung verweisen wir auf [FIS], [BNH].

2.3.2 Die Wahrscheinlichkeitsverteilung einer Zufallsgröße

2.3.2.1 Begriff der Wahrscheinlichkeitsverteilung

Zur vollständigen Beschreibung eines zufälligen Versuches hatten wir im Abschnitt 2.2 nach der Festlegung des Ereignisfeldes jedem zufälligen Ereignis A aus $\mathfrak{E}$ dessen Wahrscheinlichkeit $P(A)$ zugeordnet.

Entsprechend werden wir jetzt verfahren und zu jeder interessierenden Menge reeller Zahlen die Wahrscheinlichkeit dafür bestimmen, daß die zur zahlenmäßigen Beschreibung des Versuches eingeführte Zufallsgröße einen Wert aus dieser Menge annimmt. Die Gesamtheit dieser Wahrscheinlichkeiten bezeichnen wir als die *Wahrscheinlichkeitsverteilung* (oder *Verteilung*) der Zufallsgröße. Durch die genannten Wahrscheinlichkeiten wird festgelegt, wie die gesamte „Wahrscheinlichkeitsmasse" 1 auf der Zahlengeraden verteilt ist.

Von zentraler Bedeutung sind hierunter Wahrscheinlichkeiten der Form $P(X \leq t)$ (t beliebig reell).

Definition 2.27: *Die Funktion*

$$F_X(t) := P(X \leq t) \tag{2.31}$$

der reellen Variablen t $(-\infty < t < +\infty)$ bezeichnen wir als **Verteilungsfunktion** *der Zufallsgröße X.*

Zur Bestimmung dieser Wahrscheinlichkeiten $P(X \leq t)$ gehen wir folgendermaßen vor:

Für ein beliebiges festes reelles t_0 wählen wir aus dem Ereignisfeld $\mathfrak{E}$ das zufällige Ereignis A aus mit der Eigenschaft, daß die Zufallsgröße X genau dann einen Wert aus dem Intervall $(-\infty, t_0]$ annimmt $(X \leq t_0)$, wenn das zufällige Ereignis A eintritt. Nach dem Axiom 1 haben wir aber diesem Ereignis A die Wahrscheinlichkeit $P(A)$ zugeordnet.[11] Wir setzen schließlich

$$P(X \leq t_0) := P(A). \tag{2.32}$$

Zur Verdeutlichung betrachten wir die im Beispiel 2.28 eingeführte Zufallsgröße

$$X := \begin{cases} 1, & \text{falls das Ereignis } A \text{ eintritt;} \\ 0, & \text{falls das Ereignis } B = \overline{A} \text{ eintritt.} \end{cases}$$

Wir erhalten z.B. für $t_0 = 0.3$

$$F_X(0.3) := P(X \leq 0.3) := P(B) = 1/2$$

oder für $t_0 = 2$

$$F_X(2) := P(X \leq 2) := P(A \cup B) = P(\Omega) = 1.$$

Entsprechend setzen wir

$$P(X = 0) = P(B) = 1/2, \quad P(X = 1) = P(A) = 1/2.$$

Damit erhalten wir andererseits

$$F_X(0.3) = P(X \leq 0.3) = P(X = 0)$$

und

$$F_X(2) = P(X \leq 2) = P(X = 0) + P(X = 1).$$

---

[11]Durch die im Abschnitt 2.3.1.2 getroffene Festlegung ist gesichert, daß ein solches Ereignis A und damit die Wahrscheinlichkeitsverteilung der Zufallsgröße stets existiert.

Daß wir mit Hilfe der Verteilungsfunktion alle interessierenden Wahrscheinlichkeiten berechnen können, wollen wir uns verdeutlichen, indem wir Wahrscheinlichkeiten der Form $P(t_1 < X \leq t_2)$ bestimmen. Für zwei beliebige feste reelle Zahlen $t_1 < t_2$ betrachten wir folgende zufällige Ereignisse:

$$\text{Ereignis A} \quad \ldots \quad \text{„} X \leq t_2 \text{“};$$
$$\text{Ereignis B} \quad \ldots \quad \text{„} X \leq t_1 \text{“};$$
$$\text{Ereignis C} \quad \ldots \quad \text{„} t_1 < X \leq t_2 \text{“}.$$

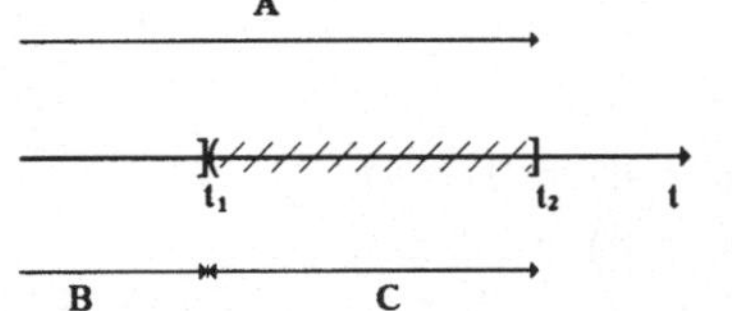

Bild 2.12: Zur Berechnung von $P(t_1 < X \leq t_2)$

Wie wir Bild 2.12 entnehmen, gilt

$$A = B \cup C \text{ mit } B \cap C = \emptyset.$$

Unter Anwendung des Axioms 3 erhalten wir

$$P(A) = P(B) + P(C)$$

und damit

$$P(C) = P(A) - P(B).$$

Im Ergebnis kommen wir somit zu der Beziehung

$$P(t_1 < X \leq t_2) = P(X \leq t_2) - P(X \leq t_1) = F_X(t_2) - F_X(t_1). \tag{2.33}$$

Wir sehen hieran, daß die gesuchte Wahrscheinlichkeit eindeutig durch die Verteilungsfunktion $F_X(t)$ bestimmt ist.

2.3.2.2 Diskrete Zufallsgrößen

Wie wir schon im Abschnitt 2.3.1.1 angedeutet hatten, gehen wir aus von folgender

---

Definition 2.28: *Eine* **Zufallsgröße** *nennen wir* **diskret**, *wenn ihr Wertebereich eine endliche oder höchstens abzählbare Menge ist.*

Am Beispiel 2.27 (vgl. S. 46) werden wir auf dem im Abschnitt 2.3.2.1 angegebenen Weg die Verteilungsfunktion einer diskreten Zufallsgröße bestimmen.

Beispiel 2.27 (Fortsetzung): Auf eine Zielscheibe werden unabhängig voneinander 4 Schüsse abgegeben. Die Trefferwahrscheinlichkeit betrage für jeden Schuß 0.5. Es sei $X :=$ „Die zufällige Anzahl der Treffer bei 4 unabhängigen Schüssen". Zu bestimmen ist die Verteilungsfunktion von X.

Lösung:

1. Als Werte der Zufallsgröße X erhalten wir $x_1 = 0$, $x_2 = 1$, $x_3 = 2$, $x_4 = 3$ und $x_5 = 4$.

2. Zur Bestimmung von $F_X(t)$ greifen wir einige spezielle Werte von t heraus und erhalten:

$$
\begin{aligned}
F_X(-1) &= P(X \le -1) &&= 0; \\
F_X(0) &= P(X \le 0) &&= P(X = 0) = 0.0625; \\
F_X(0.5) &= P(X \le 0.5) &&= P(X = 0) = 0.0625; \\
F_X(1) &= P(X \le 1) &&= P(X = 0) + P(X = 1) = 0.3125; \\
F_X(1.5) &= P(X \le 1.5) &&= P(X = 0) + P(X = 1) = 0.3125; \\
F_X(2) &= P(X \le 2) &&= P(X = 0) + P(X = 1) + P(X = 2) \\
&&&= 0.6875; \\
F_X(3) &= P(X \le 3) &&= P(X = 0) + P(X = 1) \\
&&&\quad + P(X = 2) + P(X = 3) = 0.9375; \\
F_X(4) &= P(X \le 4) &&= P(X = 0) + P(X = 1) + P(X = 2) \\
&&&\quad + P(X = 3) + P(X = 4) = 1.
\end{aligned}
$$

3. Schließlich kommen wir für beliebige t zu der im Bild 2.13 dargestellten Funktion $F_X(t) = P(X \le t)$ in der Form

$$
F_X(t) = \begin{cases}
0 & \text{für} & t < 0, \\
0.0625 & \text{für} & 0 \le t < 1, \\
0.3125 & \text{für} & 1 \le t < 2, \\
0.6875 & \text{für} & 2 \le t < 3, \\
0.9375 & \text{für} & 3 \le t < 4, \\
1 & \text{für} & 4 \le t.
\end{cases}
$$

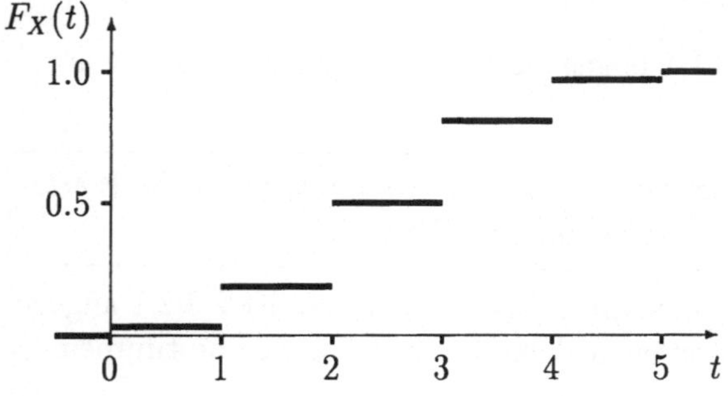

Bild 2.13: Verteilungsfunktion $F_X(t)$ aus Beispiel 2.27 ◁

Im Bild 2.13 werden folgende Eigenschaften der Verteilungsfunktion einer diskreten Zufallsgröße deutlich:

1. $F_X(t)$ ist für alle reellen t definiert, d. h., der Definitionsbereich ist das Intervall $(-\infty, +\infty)$.
2. Der Wertebereich liegt im Intervall $[0, 1]$, d. h., es gilt

$$0 \leq F_X(t) \leq 1. \tag{2.34}$$

3. Es gilt

$$\lim_{t \to -\infty} F_X(t) = 0, \qquad \lim_{t \to +\infty} F_X(t) = 1. \tag{2.35}$$

4. $F_X(t)$ ist eine monoton nichtfallende (aus $t_1 < t_2$ folgt $F_X(t_1) \leq F_X(t_2)$) Treppenfunktion.
5. $F_X(t)$ ist rechtsseitig stetig, d. h., für alle reellen t gilt

$$F_X(t + 0) = \lim_{h \to +0} F_X(t + h) = F_X(t). \tag{2.36}$$

Bei der Bestimmung von $F_X(t)$ im Beispiel 2.27 (vgl. S. 54) haben wir die Wahrscheinlichkeiten $P(X = 0)$, $P(X = 1), \ldots, P(X = 4)$ benutzt.

Definition 2.29: *Ist X eine diskrete Zufallsgröße mit den Werten $x_1, x_2, \ldots$, so bezeichnen wir*

$$p_i = P(X = x_i) \quad (i = 1, 2, \ldots)$$

als **Einzelwahrscheinlichkeiten** *der Zufallsgröße X.*
($P(X = x)$ wird auch als **Wahrscheinlichkeitsfunktion** *der Zufallsgröße X bezeichnet.)*

Einen Eindruck von der Wahrscheinlichkeitsverteilung einer diskreten Zufallsgröße gewinnen wir, indem wir die Einzelwahrscheinlichkeiten graphisch

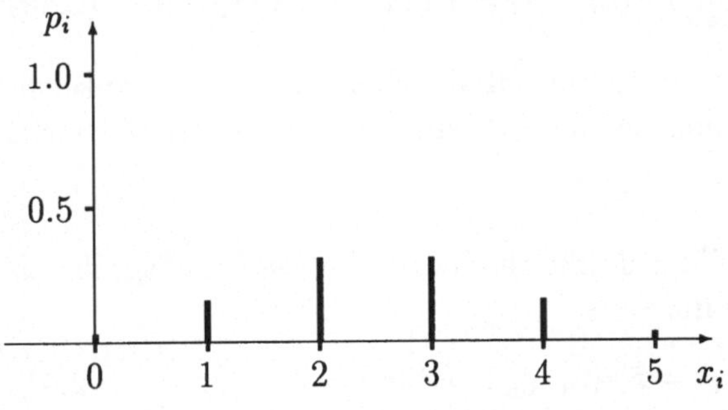

Bild 2.14: Graphische Darstellung der Einzelwahrscheinlichkeiten der Zufallsgröße X aus Beispiel 2.27

oder in einer Verteilungstabelle darstellen.

x_i	0	1	2	3	4
p_i	0.0625	0.2500	0.3750	0.2500	0.0625

Tabelle 2.2: Verteilungstabelle der Zufallsgröße X aus Beispiel 2.27

Prüfen Sie unter Anwendung der Axiome der Wahrscheinlichkeitsrechnung folgende Eigenschaften der Einzelwahrscheinlichkeiten nach:

$$0 \leq p_i \leq 1, \qquad (2.37)$$

$$\sum_{i=1}^{\infty} p_i = 1. \qquad (2.38)$$

Schließlich haben wir am Beispiel folgende Zusammenhänge zwischen der Verteilungsfunktion und den Einzelwahrscheinlichkeiten verifiziert:

1. Durch Vorgabe der Einzelwahrscheinlichkeiten ist die Verteilungsfunktion einer diskreten Zufallsgröße eindeutig bestimmt:

$$F_X(t) = \sum_{i:\, x_i \leq t} P(X = x_i) \qquad (2.39)$$

(hierbei summieren wir über alle i mit der Eigenschaft $x_i \leq t$).

2. Die Unstetigkeitsstellen der Verteilungsfunktion einer diskreten Zufallsgröße sind die Werte $x_1, x_2, \ldots$ An der Stelle x_i ($i = 1, 2, \ldots$) erfährt $F_X(t)$ einen Sprung der Höhe $p_i = P(X = x_i)$. Die Werte $x_1, x_2, \ldots$ sind die *Sprungstellen* und die entsprechenden Einzelwahrscheinlichkeiten $p_1, p_2, \ldots$ die *Sprunghöhen* der Verteilungsfunktion.

Damit erhalten wir bei vorgegebener Verteilungsfunktion die Einzelwahrscheinlichkeit für $i = 1, 2, \ldots$ eindeutig aus der Beziehung

$$p_i = P(X = x_i) = F_X(x_i) - \lim_{h \to +0} F_X(x_i - h) = F_X(x_i) - F_X(x_i - 0). \quad (2.40)$$

Wir sehen hier, daß ein Wert einer diskreten Zufallsgröße dadurch gekennzeichnet ist, daß die Verteilungsfunktion an dieser Stelle einen positiven Zuwachs erfährt.

Anmerkung: Die Werte der Verteilungsfunktion einer diskreten Zufallsgröße an den Sprungstellen lassen sich rekursiv aus

$$F_X(x_1) = p_1, \quad F_X(x_i) = F_X(x_{i-1}) + p_i \text{ für } i = 2, 3, \ldots \qquad (2.41)$$

berechnen. Diese Rekursionsformel ist Ausgangspunkt für die rechentechnische Behandlung von (2.39).

2.3.2.3 Stetige Zufallsgrößen

Wir wenden uns nun der Behandlung von Zufallsgrößen mit überabzählbar vielen Werten zu. Dieser Fall liegt z. B. dann vor, wenn der Wertebereich ein Intervall der reellen Zahlengeraden oder die gesamte Zahlengerade ist.

Beispiel 2.32: X sei eine Zufallsgröße, bei der jedem möglichen Wert aus dem Intervall $(0,1)$ die gleiche „Chance" zukommt. Werte außerhalb dieses Intervalls können nicht angenommen werden. Gesucht ist die Verteilungsfunktion von X; ihre Eigenschaften sind zu untersuchen.

Wir gehen aus von der Definition der Verteilungsfunktion $F_X(t) = P(X \leq t)$.
1. Fall: $t < 0$
$$F_X(t) = P(\emptyset) = 0.$$
2. Fall: $0 \leq t < 1$

Nach der geometrischen Definition der Wahrscheinlichkeit ist
$$F_X(t) = P(X \leq t) = P(0 < X \leq t) = \frac{t}{1} = t.$$
3. Fall: $1 \leq t$
$$F_X(t) = P(\Omega) = 1.$$
Die Verteilungsfunktion dieser Zufallsgröße unterscheidet sich von den bisher betrachteten diskreten Fällen dadurch, daß $F_X(t)$ hier eine stetige Funktion ist. Darüber hinaus läßt sie sich in Form eines Integrals $F_X(t) = \int_{-\infty}^{t} f_X(x)\,dx$ mit

der Funktion $f_X(x) = \begin{cases} 1 & \text{für} \quad 0 < x < 1, \\ 0 & \text{sonst} \end{cases}$

darstellen. $\triangleleft$

Im betrachteten Beispiel liegen alle Eigenschaften vor, die wir in der folgenden Definition für die Klasse der stetigen Zufallsgrößen festlegen.

Definition 2.30: *Eine* **Zufallsgröße** X *nennen wir* **stetig***, wenn es eine integrierbare Funktion*

$$f_X(x) \geq 0 \quad (-\infty < x < +\infty) \tag{2.42}$$

derart gibt, daß sich die Verteilungsfunktion $F_X(t) = P(X \leq t)$ für alle reellen t in der Form

$$F_X(t) = \int\limits_{-\infty}^{t} f_X(x)\,dx \tag{2.43}$$

darstellen läßt. Die Funktion $f_X(x)$, von der wir fordern, daß

$$\int\limits_{-\infty}^{+\infty} f_X(x)\,dx = 1 \tag{2.44}$$

ist, bezeichnen wir als **Dichtefunktion** *von X.*

Ausgehend von der geometrischen Deutung des Integralbegriffs erhalten wir $F_X(t)$ als Flächeninhalt der Fläche zwischen der Kurve $f_X(x)$ und der Abszissenachse in den Grenzen $-\infty$ und t (Bild 2.15).

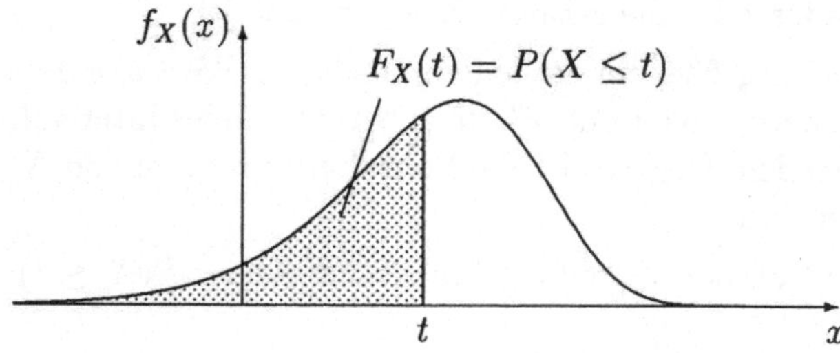

Bild 2.15: Geometrische Deutung des Zusammenhangs zwischen Dichte- und Verteilungsfunktion

Überzeugen Sie sich selbst, daß die durch die Darstellungsformel (2.43) gegebene Verteilungsfunktion einer stetigen Zufallsgröße folgende Eigenschaften besitzt:

1. Der Definitionsbereich von $F_X(t)$ ist das Intervall $(-\infty, +\infty)$.

2. Der Wertebereich ist das Intervall $[0, 1]$, d. h., es gilt

$$0 \leq F_X(t) \leq 1. \tag{2.45}$$

3. Es ist

$$\lim_{t \to -\infty} F_X(t) = 0, \quad \lim_{t \to +\infty} F_X(t) = 1. \tag{2.46}$$

4. $F_X(t)$ ist eine monoton nichtfallende Funktion, d. h.,

$$\text{aus } t_1 < t_2 \text{ folgt } F_X(t_1) \leq F_X(t_2).$$

5. $F_X(t)$ ist stetig, d. h., für alle reellen t gilt

$$\lim_{h \to 0} F_X(t + h) = F_X(t). \tag{2.47}$$

Da $F_X(t)$ gemäß (2.43) eine Stammfunktion der Dichte $f_X(x)$ ist, erhalten wir nach dem Hauptsatz der Differential- und Integralrechnung aus Formel (2.33) für $t_1 < t_2$

$$P(t_1 < X \leq t_2) = F_X(t_2) - F_X(t_1) = \int_{t_1}^{t_2} f_X(x)\, dx. \tag{2.48}$$

Somit können wir gemäß Bild 2.16 die Wahrscheinlichkeit dafür, daß die Zufallsgröße X einen Wert aus dem Intervall $(t_1, t_2]$ annimmt, als Fläche zwischen Dichtefunktion und Abszissenachse in den Grenzen t_1 und t_2 interpretieren. Wir setzen nun $t_1 = t$ und $t_2 = t + \triangle t$ und betrachten den Grenzübergang $\triangle t \to 0$. Dabei erhalten wir

$$P(X = t) = \lim_{\triangle t \to +0} P(t < X \le t + \triangle t) = \lim_{\triangle t \to +0} (F_X(t + \triangle t) - F_X(t))$$

$$= \lim_{\triangle t \to +0} \int\limits_{t}^{t+\triangle t} f_X(x)\,dx = 0. \tag{2.49}$$

Für eine stetige Zufallsgröße X verschwinden folglich alle Wahrscheinlichkeiten der Form $P(X = t)$, obwohl die Ereignisse „$X = t$" nicht mit dem unmöglichen Ereignis zusammenfallen müssen.

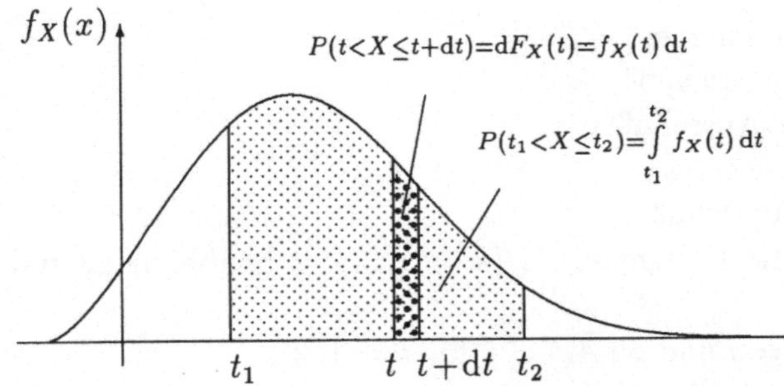

Bild 2.16:
Geometrische Deutung der Wahrscheinlichkeit $P(t_1 < X \le t_2)$ und des Wahrscheinlichkeitselementes

Ist t eine Stetigkeitsstelle der Dichtefunktion, so gilt nach dem Hauptsatz der Differential- und Integralrechnung:

$$f_X(t) = \lim_{\triangle t \to 0} \frac{1}{\triangle t} \int\limits_{t}^{t+\triangle t} f_X(x)\,dx = \lim_{\triangle t \to 0} \frac{F_X(t + \triangle t) - F_X(t)}{\triangle t},$$

$$f_X(t) = \frac{dF_X(t)}{dt} = F'_X(t) = \lim_{\triangle t \to 0} \frac{P(t < X \le t + \triangle t)}{\triangle t}. \tag{2.50}$$

Bei vorgegebener Verteilungsfunktion ist die Dichtefunktion einer stetigen Zufallsgröße somit eindeutig in ihren Stetigkeitsstellen bestimmt und dort gleich der ersten Ableitung der Verteilungsfunktion.

Wir wollen hier hervorheben, daß $f_X(t)$ selbst keine Wahrscheinlichkeit darstellt. Erst durch formale Umstellung der Beziehung (2.50) erhalten wir das sogenannte *Wahrscheinlichkeitselement* der Stelle t

$$P(t < X \le t + dt) = dF_X(t) = f_X(t)\,dt, \tag{2.51}$$

womit wir die Wahrscheinlichkeit dafür bezeichnen wollen, daß die Zufallsgröße X einen Wert aus der infinitesimalen Umgebung $(t, t + dt]$ der Stelle t annimmt (vgl. auch Bild 2.16).

2.3.2.4 Beispiele

Beispiel 2.33: Eine automatische Anlage produziert nacheinander bestimmte Teile. Die Wahrscheinlichkeit dafür, daß ein beliebiges Teil brauchbar ist, sei p $(0 < p < 1)$. $1 - p = q$ ist dann die Wahrscheinlichkeit dafür, daß ein Teil Ausschuß ist. Die einzelnen Teile sollen unabhängig voneinander produziert werden. Nach der Produktion eines unbrauchbaren Teils wird die Arbeit unterbrochen. Zu untersuchen ist die Zufallsgröße $X :=$ „Zufällige Anzahl der bis zur ersten Unterbrechung produzierten Teile".

Zu bestimmen sind die Verteilungstabelle und die Wahrscheinlichkeit $P(X \geq 3)$ mit $p = 0.95$.

Lösung:

1. Wir betrachten folgende Ereignisse:

$A_1 \ldots$ „Das erste Teil ist Ausschuß";

$A_2 \ldots$ „Das zweite Teil ist Ausschuß";

$\ldots\ldots\ldots\ldots\ldots\ldots\ldots\ldots\ldots\ldots\ldots\ldots\ldots$

$A_k \ldots$ „Das k-te Teil ist Ausschuß".

Laut Aufgabenstellung sind die Ereignisse A_k $(k = 1, 2, \ldots)$ unabhängig, und es gilt

$$P(A_k) = 1 - p = q \text{ und } P(\overline{A}_k) = p \text{ für } k = 1, 2, \ldots$$

2. X besitzt die Werte $1, 2, 3, \ldots$ Gemäß Abschnitt 2.3.2.1 erhalten wir

$$
\begin{aligned}
P(X = 1) &:= P(A_1) = q; \\
P(X = 2) &:= P(\overline{A}_1 \cap A_2) = q\,p; \\
&\ldots\ldots\ldots \\
P(X = k) &:= P(\overline{A}_1 \cap \ldots \cap \overline{A}_{k-1} \cap A_k) = q\,p^{k-1}.
\end{aligned}
\qquad (2.52)
$$

Damit kommen wir für $p = 0.95$ zu folgender Verteilungstabelle:

k	1	2	3	$\ldots$	k	$\ldots$
$p_k = P(X = k)$	0.0500	0.0475	0.0451	$\ldots$	$0.05 \cdot 0.95^{k-1}$	$\ldots$

Zur Bestätigung der Eigenschaft (2.38) benutzen wir die Formel für die geometrische Reihe und erhalten:

$$\sum_{k=1}^{\infty} P(X = k) = \sum_{k=1}^{\infty} qp^{k-1} = q\frac{1}{1 - p} = 1.$$

3. $P(X \geq 3) = 1 - P(X < 3) = 1 - P(X = 1) - P(X = 2) = 0.9025$ ◁.

Beispiel 2.34: Es ist zu zeigen, daß mit $\lambda > 0$

$$f_X(x) = \begin{cases} 0 & \text{für } x \leq 0, \\ \lambda e^{-\lambda x} & \text{für } x > 0 \end{cases} \qquad (2.53)$$

die Dichtefunktion einer stetigen Zufallsgröße X ist. Gesucht sind außerdem die Verteilungsfunktion $F_X(t)$ und die Wahrscheinlichkeit $P(1 < X \leq 2)$ für $\lambda = 0.5$.

Lösung:
1. (2.42) ist erfüllt.
2. Wir überprüfen (2.44):

$$\int\limits_{-\infty}^{+\infty} f_X(x)\,\mathrm{d}x = \int\limits_{-\infty}^{0} 0\,\mathrm{d}x + \int\limits_{0}^{+\infty} \lambda e^{-\lambda x}\,\mathrm{d}x = \lim_{c \to +\infty} \left(-e^{-\lambda x}\big|_0^c\right)$$

$$= -\lim_{c \to +\infty} e^{-\lambda c} + e^{\lambda 0} = 0 + 1 = 1.$$

3. Bei der Bestimmung der Verteilungsfunktion gemäß (2.43) müssen wir eine Fallunterscheidung vornehmen:
1. Fall: $t \leq 0$:

$$F_X(t) = \int\limits_{-\infty}^{t} f_X(x)\,\mathrm{d}x = \int\limits_{-\infty}^{t} 0\,\mathrm{d}x = 0.$$

2. Fall: $t > 0$

$$F_X(t) = \int\limits_{-\infty}^{t} f_X(x)\,\mathrm{d}x = \int\limits_{-\infty}^{0} 0\,\mathrm{d}x + \int\limits_{0}^{t} \lambda e^{-\lambda x}\,\mathrm{d}x = -e^{-\lambda x}\big|_0^t = 1 - e^{-\lambda t}.$$

Damit erhalten wir

$$F_X(t) = \begin{cases} 0 & \text{für } t \leq 0, \\ 1 - e^{-\lambda t} & \text{für } t > 0. \end{cases} \qquad (2.54)$$

4. Nach der Formel (2.33) bekommen wir für $\lambda = 0.5$

$$P(1 < X \leq 2) = F_X(2) - F_X(1) = 1 - e^{-1} - (1 - e^{-0.5}) = 0.2386. \quad \triangleleft$$

In Bild 2.17 sind Dichtefunktion und Verteilungsfunktion der in diesem Beispiel behandelten Zufallsgröße dargestellt.

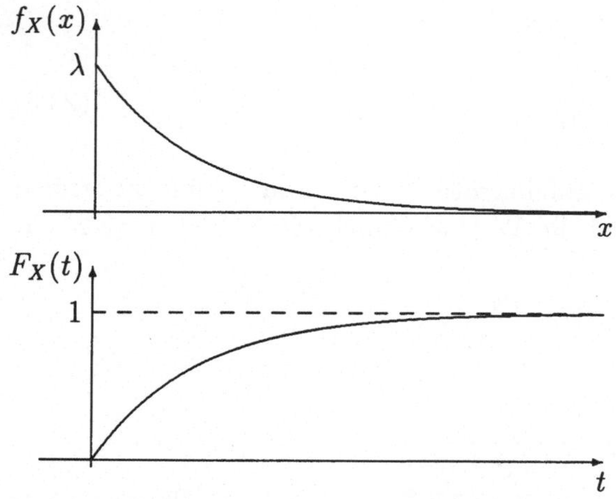

Bild 2.17: Dichte- und Verteilungsfunktion der Zufallsgröße X aus Beispiel 2.34

Beispiel 2.35: Für welchen Wert der Konstanten a ist

$$f_X(x) = \frac{a}{1 + x^2} \quad (-\infty < x < +\infty)$$

die Dichtefunktion einer stetigen Zufallsgröße X? Gesucht ist außerdem $F_X(t) = P(X \le t)$ und $P(X > 1)$.

Lösung:

1. Aus der Eigenschaft (2.42) folgt $a > 0$.

2. Wir betrachten die Forderung (2.44) und erhalten (unter Berücksichtigung, daß $\arctan x$ eine Stammfunktion von $1/(1 + x^2)$ ist)

$$
\begin{aligned}
1 &= \int_{-\infty}^{+\infty} f_X(x)\,\mathrm{d}x = \int_{-\infty}^{+\infty} \frac{a}{1 + x^2}\,\mathrm{d}x \\
&= a \lim_{b,c \to \infty} (\arctan x |_{-b}^{c}) = a\Big[\lim_{c \to \infty} \arctan c - \lim_{b \to \infty} \arctan(-b)\Big] \\
&= a\Big[\frac{\pi}{2} + \frac{\pi}{2}\Big] = a\pi.
\end{aligned}
$$

Hieraus folgt $a = \frac{1}{\pi}$.

3. Nach Formel (2.43) berechnen wir $F_X(t)$:

$$F_X(t) = \frac{1}{\pi} \int_{-\infty}^{t} \frac{\mathrm{d}x}{1 + x^2} = \frac{1}{2} + \frac{1}{\pi} \arctan t \quad (-\infty < t < +\infty).$$

4. $P(X > 1) = 1 - P(X \le 1) = 1 - F_X(1) = 1 - (\frac{1}{2} + \frac{1}{\pi} \arctan 1) = 0.25.$　◁

2.3.2.5   Zusammenfassung

Die bisherigen Ergebnisse über die Wahrscheinlichkeitsverteilung einer Zufallsgröße wollen wir in Tabelle 2.3 zusammenfassend darstellen.

diskrete Zufallsgröße	**stetige Zufallsgröße**
höchstens abzählbar viele Werte	überabzählbar viele Werte
Einzelwahrscheinlichkeiten p_i $p_i = P(X = x_i)\ (i = 1, 2, \ldots)$, $0 \le p_i \le 1$, $\sum\limits_{i=1}^{\infty} p_i = 1$	Dichtefunktion $f_X(x)$ $f_X(x)\,\mathrm{d}x = P(x < X \le x + \mathrm{d}x)$, $f_X(x) \ge 0$, $\int\limits_{-\infty}^{+\infty} f_X(x)\,\mathrm{d}x = 1$

Verteilungsfunktion

$$F_X(t) = P(X \le t)$$

$$-\infty < t < +\infty,$$

$$0 \le F_X(t) \le 1,$$

$$\lim_{t \to -\infty} F_X(t) = 0,$$

$$\lim_{t \to +\infty} F_X(t) = 1,$$

$F_X(t)$ - monoton nichtfallend,

$F_X(t) = \sum\limits_{i:x_i \le t} p_i$	$F_X(t) = P(X \le t)$	$F_X(t) = \int\limits_{-\infty}^{t} f_X(x)\,\mathrm{d}x$
$F_X(t)$ - wenigstens rechtsseitig stetig Treppenfunktion	$F_X(t)$ - wenigstens rechtsseitig stetig	$F_X(t)$ - stetig
$P(t_1 < X \le t_2)$ $= \sum\limits_{i:t_1 < x_i \le t_2} p_i$	$P(t_1 < X \le t_2)$ $= F_X(t_2) - F_X(t_1)$	$P(t_1 < X \le t_2)$ $= \int\limits_{t_1}^{t_2} f_X(x)\,\mathrm{d}x$
$p_i = F_X(x_i) - \lim\limits_{h \to +0} F_X(x_i - h)$		$f_X(x) = F_X'(x)$

Tabelle 2.3: Übersicht zur Wahrscheinlichkeitsverteilung einer Zufallsgröße X

2.3.3   Kennwerte einer Zufallsgröße

In den vorhergehenden Abschnitten haben wir gesehen, daß die Verteilung einer Zufallsgröße durch ihre Verteilungsfunktion oder ihre Dichtefunktion bzw. ihre Einzelwahrscheinlichkeiten im stetigen bzw. diskreten Fall vollständig bestimmt ist.

Wichtige Informationen über eine Verteilung – wenn auch in der Regel keine vollständige Beschreibung – liefern uns bestimmte Kennwerte (Parameter).

2.3.3.1   Der Erwartungswert

Häufig begegnen uns Größen folgender Art:
„Das durchschnittliche Einkommen einer Familie"
„Die mittlere Laufzeit eines PKW-Reifens"
...

Von unseren Vorstellungen über derartige „Mittelwerte" abstrahierend gelangen wir zum Begriff des Erwartungswertes einer Zufallsgröße, mit dem wir ein gewisses Zentrum bezeichnen, um das sich die Werte der betrachteten Zufallsgröße gruppieren.

Dazu gehen wir von folgenden Überlegungen aus:

Bei n Messungen seien s verschiedene Meßwerte x_i $(i = 1, \ldots, s)$ mit den absoluten Häufigkeiten h_i $(i = 1, \ldots, s; \sum_{i=1}^{s} h_i = n)$ aufgetreten:

Meßwerte	x_i	x_1	x_2	$\ldots$	x_s
absolute Häufigkeiten	h_i	h_1	h_2	$\ldots$	h_s

Als Kennwert einer solchen Meßreihe berechnen wir häufig das arithmetische Mittel

$$\overline{x} = \frac{1}{n}(x_1 h_1 + \ldots + x_s h_s) = x_1 H_1 + \ldots + x_s H_s,$$

wobei $H_i = \frac{h_i}{n}$ $(i = 1, \ldots, s)$ die relative Häufigkeit[12] des Meßwertes x_i ist.

Unter Berücksichtigung des im Abschnitt 2.2.1 angedeuteten Zusammenhangs zwischen relativer Häufigkeit und Wahrscheinlichkeit kommen wir zu folgender Definition:

---

[12]Gemäß der im Abschnitt 2.2.1 eingeführten Symbolik entspricht H_i der relativen Häufigkeit $H_n(\{X = x_i\})$ des zufälligen Ereignisses $\{X = x_i\}$ ... „Die Zufallsgröße X nimmt den Wert x_i an" in n Wiederholungen. Zur Vereinfachung weichen wir hier von dieser Symbolik ab.

> **Definition 2.31:** *Ist X eine diskrete Zufallsgröße mit den Werten x_i und den Einzelwahrscheinlichkeiten $p_i = P(X = x_i)\,(i = 1, 2, \ldots)$, so nennen wir*
>
> $$E(X) := \sum_{i=1}^{\infty} x_i p_i \qquad (2.55)$$
>
> *den* **Erwartungswert** *(oder die* **mathematische Erwartung**) *der Zufallsgröße X, falls*
>
> $$\sum_{i=1}^{\infty} |x_i| p_i < \infty$$
>
> *ist. Ist diese Bedingung der absoluten Konvergenz der Reihe (2.55) nicht erfüllt, so existiert kein Erwartungswert.*

Hinweis: Welche Analogien zum Begriff des Massenschwerpunktes eines Systems von Punktmassen lassen sich erkennen?

Wir setzen die Behandlung der Beispiele 2.27 (vgl. S. 46 und 54) und 2.33 (vgl. S. 60) mit der Berechnung der entsprechenden Erwartungswerte fort.

Beispiel 2.27 (Fortsetzung):

$$E(X) = 0 \cdot \frac{1}{16} + 1 \cdot \frac{4}{16} + 2 \cdot \frac{6}{16} + 3 \cdot \frac{4}{16} + 4 \cdot \frac{1}{16} = 2.$$

Schießt also ein Schütze (bei einer Trefferwahrscheinlichkeit von $p = \frac{1}{2}$) in Serien von 4 Schuß auf eine Zielscheibe, so wird er im Mittel 2 Treffer pro Serie verzeichnen können. ◁

Beispiel 2.33 (Fortsetzung): Mit

$$P(X = k) = q\, p^{k-1}\ (k = 1, 2, \ldots)$$

ergibt sich

$$E(X) = \sum_{k=1}^{\infty} k \cdot qp^{k-1} = q \sum_{k=1}^{\infty} k \cdot p^{k-1} = q \sum_{k=0}^{\infty} k \cdot p^{k-1}.$$

Zur weiteren Berechnung differenzieren wir die Potenzreihe (geometrische Reihe)

$$\sum_{k=0}^{\infty} x^k = (1 - x)^{-1} \text{ für } |x| < 1 : \qquad (2.56)$$

$$\frac{\mathrm{d}}{\mathrm{d}x} \left(\sum_{k=0}^{\infty} x^k \right) = \sum_{k=0}^{\infty} k x^{k-1} = \frac{\mathrm{d}}{\mathrm{d}x}(1 - x)^{-1} = (1 - x)^{-2}. \qquad (2.57)$$

Daraus erhalten wir

$$E(X) = q \sum_{k=0}^{\infty} kp^{k-1} = q(1-p)^{-2} = \frac{1}{q}, \text{ da } 1-p = q \text{ ist.}$$

Für $p = 1/4$ ist $E(X) = 4/3$, d. h., der Erwartungswert einer diskreten Zufallsgröße muß nicht mit einem Wert dieser Zufallsgröße zusammenfallen. Ist in
unserem Beispiel die Wahrscheinlichkeit für die Herstellung eines unbrauchbaren Teiles $q = 1 - p = 0.05$, so werden im Mittel $E(X) = 20$ Teile produziert
bis die Produktion erstmalig durch Auftreten eines Ausschußteiles unterbrochen
wird.   ◁
Die im Abschnitt 2.3.2.5 angedeuteten Analogien zwischen diskreten und stetigen Zufallsgrößen bilden die Grundlage für die folgende Definition:

Definition 2.32: *Ist X eine stetige Zufallsgröße mit der Dichtefunktion
$f_X(x)$, so bezeichnen wir*

$$E(X) := \int\limits_{-\infty}^{+\infty} x f_X(x)\,\mathrm{d}x \qquad (2.58)$$

als **Erwartungswert** *(oder* **mathematische Erwartung***) von X, falls das
uneigentliche Integral (2.58) absolut konvergent ist:*

$$\int\limits_{-\infty}^{+\infty} |x| f_X(x)\,\mathrm{d}x < \infty.$$

*Ist die Bedingung der absoluten Konvergenz nicht erfüllt, so existiert kein
Erwartungswert.*

Wir berechnen den Erwartungswert der im Beispiel 2.34 (vgl. S. 61) betrachteten
Zufallsgröße X.

Beispiel 2.34 (Fortsetzung): Die Dichtefunktion (Parameter $\lambda > 0$) lautet:

$$f_X(x) = \begin{cases} 0 & \text{für } x \leq 0, \\ \lambda e^{-\lambda x} & \text{für } x > 0. \end{cases}$$

$$E(X) = \int\limits_{-\infty}^{+\infty} x f_X(x)\,\mathrm{d}x = \int\limits_{-\infty}^{0} x \cdot 0\,\mathrm{d}x + \int\limits_{0}^{+\infty} x \cdot \lambda e^{-\lambda x}\,\mathrm{d}x$$

$$= \lambda \int\limits_{0}^{+\infty} x e^{-\lambda x} \, dx = \frac{1}{\lambda}.$$

Damit haben wir eine Interpretationsmöglichkeit für den Parameter λ erhalten: Unterliegt zum Beispiel die zufällige Lebensdauer X einer Glühlampe einer Verteilung vom hier betrachteten Typ und ist bekannt, daß Glühlampen dieser Sorte eine mittlere Lebensdauer $E(X) = 2500\,\text{h}$ haben, so ist $\lambda = 4 \cdot 10^{-4}\,\text{h}^{-1}$ (diese Glühlampen haben eine sogenannte Ausfallrate von $4 \cdot 10^{-4}$ pro Stunde). Ihre Dichte lautet dann:

$$f_X(x) = \begin{cases} 0 & \text{für } x \le 0, \\ 4 \cdot 10^{-4}\, e^{-4 \cdot 10^{-4} x} & \text{für } x > 0. \end{cases} \qquad \triangleleft$$

2.3.3.2 Die Varianz

Mit dem Erwartungswert haben wir ein gewisses Zentrum der Verteilung einer Zufallsgröße eingeführt. Wir wollen mit einem weiteren Kennwert charakterisieren, wie stark eine Zufallsgröße um ihren Erwartungwert streut.

Beispiel 2.36: Wir betrachten drei diskrete Zufallsgrößen X, Y und Z, deren Verteilungen durch folgende Verteilungstabelle gegeben sind:

$x_i = y_i = z_i$	0	2	4
$P(X = x_i)$	$\frac{1}{4}$	$\frac{1}{2}$	$\frac{1}{4}$
$P(Y = y_i)$	$\frac{1}{3}$	$\frac{1}{3}$	$\frac{1}{3}$
$P(Z = z_i)$	$\frac{1}{2}$	0	$\frac{1}{2}$

Alle drei Zufallsgrößen haben den Erwartungswert $E(X) = E(Y) = E(Z) = 2$. Die Wahrscheinlichkeiten dafür, daß X bzw. Y bzw. Z vom Erwartungswert abweichen, betragen $\frac{1}{2}$ bzw. $\frac{2}{3}$ bzw. 1. Hierin kommt zum Ausdruck, daß X am wenigsten und Z am stärksten um den Erwartungswert *streut*. $\quad \triangleleft$

Das gebräuchlichste Streuungsmaß ist die *mittlere quadratische Abweichung vom Erwartungswert*, die sogenannte *Varianz*.

> **Definition 2.33:** *Ist X eine Zufallsgröße, so nennen wir*
>
> $$D^2(X) := E[(X - E(X))^2] \qquad (2.59)$$
>
> *die* **Varianz** *(oder* **Dispersion***) von X. Die Größe $\sqrt{D^2(X)}$ bezeichnen wir*
> *als* **Standardabweichung** *und den Quotienten $V(X) = \dfrac{\sqrt{D^2(X)}}{E(X)}$ als* **Varia-**
> **tionskoeffizienten** *von X.*
> *Hierbei setzen wir voraus, daß der Erwartungswert auf der rechten Seite von*
> *(2.59) existiert. $V(X)$ kann nur für $E(X) \neq 0$ gebildet werden.*

Im diskreten Fall berechnen wir die Varianz gemäß (2.55) nach der Formel

$$D^2(X) := E[(X - E(X))^2] = \sum_{i=1}^{\infty} (x_i - m_1)^2 p_i. \qquad (2.60)$$

Im stetigen Fall erhalten wir entsprechend nach (2.58)

$$D^2(X) := E[(X - E(X))^2] = \int_{-\infty}^{+\infty} (x - m_1)^2 f_X(x)\,\mathrm{d}x. \qquad (2.61)$$

Dabei haben wir zur Abkürzung $m_1 := E(X)$ gesetzt.

Eine nähere Begründung dieser Formeln werden wir im Abschnitt 2.3.3.3 geben. Setzen wir nun bei einigen Beispielen mit der Berechnung der Varianzen der entsprechenden Zufallsgrößen fort.

Beispiel 2.36 (Fortsetzung): Gemäß (2.60) erhalten wir mit $m_1 = E(X) = E(Y) = E(Z) = 2$

$$
\begin{aligned}
D^2(X) &= (0-2)^2 \cdot \frac{1}{4} + (2-2)^2 \cdot \frac{1}{2} + (4-2)^2 \cdot \frac{1}{4} = 2; \\[4pt]
D^2(Y) &= (0-2)^2 \cdot \frac{1}{3} + (2-2)^2 \cdot \frac{1}{3} + (4-2)^2 \cdot \frac{1}{3} = \frac{8}{3}; \\[4pt]
D^2(Z) &= (0-2)^2 \cdot \frac{1}{2} + (2-2)^2 \cdot 0 + (4-2)^2 \cdot \frac{1}{2} = 4.
\end{aligned}
$$

Im Vergleich dieser Ergebnisse bestätigt sich, daß die Varianz ein sinnvoller Kennwert für die Streuung einer Zufallsgröße ist.   ◁

Beispiel 2.27 (Fortsetzung): Mit den bisherigen Ergebnissen im Beispiel 2.27 (vgl. S. 54, 65) erhalten wir gemäß (2.60) mit $m_1 = 2$:

$$D^2(X) = \sum_{k=0}^{4} (k-2)^2 P(X=k) = (0-2)^2 \cdot \frac{1}{16} + (1-2)^2 \cdot \frac{4}{16}$$

$$+(2-2)^2 \cdot \frac{6}{16} + (3-2)^2 \cdot \frac{4}{16} + (4-2)^2 \cdot \frac{1}{16} = 1. \quad \lhd$$

Beispiel 2.33 (Fortsetzung): Mit $m_1 = E(X) = \frac{1}{q}$ erhalten wir gemäß (2.60):

$$
\begin{aligned}
D^2(X) &= \sum_{k=1}^{\infty}(k-\frac{1}{q})^2 qp^{k-1} \\
&= \sum_{k=1}^{\infty}(k^2 - 2\frac{k}{q} + \frac{1}{q^2})qp^{k-1} = \sum_{k=1}^{\infty}\left[k(k-1) + k - 2\frac{k}{q} + \frac{1}{q^2}\right]qp^{k-1} \\
&= qp\sum_{k=1}^{\infty}k(k-1)p^{k-2} + \left(1-\frac{2}{q}\right)q\sum_{k=1}^{\infty}kp^{k-1} + \frac{1}{q}\sum_{k=1}^{\infty}p^{k-1} \\
&= qp2(1-p)^{-3} + \left(1-\frac{2}{q}\right)q(1-p)^{-2} + \frac{1}{q}(1-p)^{-1} \\
&= 2\frac{p}{q^2} + \frac{1}{q} - \frac{2}{q^2} + \frac{1}{q^2} = \frac{p}{q^2}.
\end{aligned}
$$

Hierbei benutzten wir neben der 1. Ableitung (2.57) der Potenzreihe (2.56) auch deren 2. Ableitung:

$$\frac{\mathrm{d}^2}{\mathrm{d}x^2}\sum_{k=0}^{\infty}x^k = \sum_{k=1}^{\infty}k(k-1)x^{k-2} = \frac{\mathrm{d}^2}{\mathrm{d}x^2}(1-x)^{-1} = 2(1-x)^{-3}. \quad \lhd$$

Beispiel 2.34 (Fortsetzung): Mit $m_1 = E(X) = \frac{1}{\lambda}$ ergibt sich:

$$
\begin{aligned}
D^2(X) &= \int_0^{+\infty}(x-\frac{1}{\lambda})^2 \lambda e^{-\lambda x}\,\mathrm{d}x \\
&= \lambda\int_0^{+\infty}x^2 e^{-\lambda x}\,\mathrm{d}x - 2\int_0^{+\infty}xe^{-\lambda x}\,\mathrm{d}x + \frac{1}{\lambda}\int_0^{+\infty}e^{-\lambda x}\,\mathrm{d}x.
\end{aligned}
$$

Durch partielle Integration erhalten wir hieraus $D^2(X) = \frac{1}{\lambda^2}$. Für den Variationskoeffizient gilt damit $V(X) = 1$, eine typische Eigenschaft dieses Verteilungstyps. $\lhd$

Im Abschnitt 2.3.3.4 werden wir Erwartungswert und Varianz in eine umfassendere Klasse von Kennwerten einordnen und Regeln für das Rechnen mit diesen Kennwerten zusammenstellen. Dafür schaffen wir mit der folgenden Behandlung von Funktionen von Zufallsgrößen die nötigen Voraussetzungen.

2.3.3.3   Der Erwartungswert von Funktionen einer Zufallsgröße

Häufig begegnen uns Zufallsgrößen Y, die vermöge einer gegebenen Funktion g aus einer anderen (im allg. leichter zugänglichen) Zufallsgröße X hervorgehen: $Y = g(X)$.

Welche Informationen über Y können wir aus der Wahrscheinlichkeitsverteilung von X erhalten? Dazu betrachten wir das folgende einfache Beispiel:

Beispiel 2.37: X sei die zufällige Wegstrecke, die ein Gabelstapler bei der Erledigung eines Transportauftrages zurücklegen muß. Zum Durchlaufen einer Wegeinheit werden 4 Zeiteinheiten benötigt. Dann ist $Y = 4X$ die zufällige benötigte Zeit.

Nun sei X eine diskrete Zufallsgröße mit $P(X = 2) = 0.25$ und $P(X = 4) = 0.75$ und der Verteilungsfunktion

$$F_X(t) = \begin{cases} 0 & \text{für} & t < 2, \\ 0.25 & \text{für} & 2 \leq t < 4, \\ 1 & \text{für} & 4 \leq t. \end{cases}$$

Mit Hilfe der Umformungen

$$P(X = x_i) = P(4X = 4x_i) = P(Y = 4x_i) = P(Y = y_i) \quad (i = 1, 2)$$

bzw.

$$F_Y(t) = P(Y \leq t) = P(4X \leq t) = P\left(X \leq \frac{t}{4}\right) = F_X\left(\frac{t}{4}\right)$$

erhalten wir für X und $Y = 4X$ die Verteilungstabelle

x_i	2	4
$y_i = 4x_i$	8	16
$P(X = x_i) = P(Y = y_i)$	0.25	0.75

und die Verteilungsfunktion

$$F_Y(t) = \begin{cases} 0 & \text{für} & t < 8, \\ 0.25 & \text{für} & 8 \leq t < 16, \\ 1 & \text{für} & 16 \leq t. \end{cases}$$

Gemäß Formel (2.55) berechnen wir den Erwartungswert von Y:

$$\begin{aligned} E(Y) &= y_1 P(Y = y_1) + y_2 P(Y = y_2) = 8P(Y = 8) + 16P(Y = 16) \\ &= 8P(X = 2) + 16P(X = 4) = 8 \cdot 0.25 + 16 \cdot 0.75 = 14. \quad \triangleleft \end{aligned}$$

An diesem Beispiel können wir folgende Berechnungsformeln für den Erwartungswert $E[g(X)]$ einer Funktion $Y = g(X)$ einer Zufallsgröße X verifizieren: Ist X eine diskrete Zufallsgröße, so erhalten wir

$$E(Y) = E[g(X)] = \sum_{i=1}^{\infty} g(x_i)P(X = x_i). \tag{2.62}$$

Analog gilt im stetigen Fall

$$E(Y) = E[g(X)] = \int_{-\infty}^{+\infty} g(x)f_X(x)\,dx. \tag{2.63}$$

Hierbei setzen wir voraus, daß diese Erwartungswerte existieren.
Anmerkung:
1. Bei der Definition der Varianz gemäß (2.59) benutzten wir die Funktion $Y = (X - m_1)^2$ mit $m_1 := E(X)$. Damit sind also (2.60) bzw. (2.61) Anwendungen der Formeln (2.62) bzw. (2.63).
2. Zur Berechnung des Erwartungswertes der Zufallsgröße $Y = g(X)$ benötigen wir nur die Kenntnis der Wahrscheinlichkeitsverteilung von X (hier in Form der Größen $P(X = x_i)$ bzw. $f_X(x)$).
3. Im allgemeinen gilt $E(g(X)) \neq g(E(X))$.

Beispiel 2.38: Für die Zufallsgröße X mit der Dichtefunktion

$$f_X(x) = \begin{cases} 0 & \text{für } x \leq 0, \\ \lambda^2\, x\, e^{-\lambda x} & \text{für } x > 0 \end{cases}$$

(Parameter $\lambda > 0$) gilt z. B.

$$E(X) = \int_0^{\infty} x \cdot \lambda^2 x e^{-\lambda x}\,dx = \lambda^2 \int_0^{\infty} x^2 e^{-\lambda x}\,dx = \frac{2}{\lambda}$$

und für $Y = g(X) = \frac{1}{X}$

$$E(\tfrac{1}{X}) = \int_0^{\infty} \frac{1}{x} \cdot \lambda^2 x e^{-\lambda x}\,dx = \lambda^2 \int_0^{\infty} e^{-\lambda x}\,dx = \lambda \neq \frac{1}{E(X)}. \quad \triangleleft$$

Auf einige wichtige Regeln für das Rechnen mit Erwartungswerten führen uns die folgenden Beispiele für die Anwendung von (2.62) und (2.63).

Beispiel 2.39: Wir betrachten die diskreten Zufallsgrößen X und $Y = aX + b$ (a, b konstant). Hat X die Werte $x_1, x_2, \ldots$ und die Einzelwahrscheinlichkeiten $p_1, p_2, \ldots$, so erhalten wir nach (2.62)

$$E(Y) = \sum_{i=1}^{\infty}(ax_i + b)p_i = a\sum_{i=1}^{\infty} x_i p_i + b\sum_{i=1}^{\infty} p_i$$

$$= a\sum_{i=1}^{\infty} x_i p_i + b \cdot 1 \quad \left(\text{wegen } \sum_{i=1}^{\infty} p_i = 1\right)$$

und damit (falls $E(X)$ existiert)

$$E(aX + b) = aE(X) + b. \tag{2.64}$$

Für $a = 0$ entsteht hieraus

$$E(b) = b. \quad \triangleleft \tag{2.65}$$

Führen Sie selbständig den Beweis der wichtigen Beziehung (2.64) für den stetigen Fall durch!

Beispiel 2.40: Es sei $Y = [(aX + b) - E(aX + b)]^2$ (a, b konstant).
Dann ist $E(Y) = D^2(aX + b)$ gemäß (2.59). Unter Anwendung von (2.64) erhalten wir

$$\begin{aligned} Y &= [aX + b - (aE(X) + b)]^2 = [aX - aE(X)]^2 = a^2[X - E(X)]^2 \\ &= a^2[X - m_1]^2 \ \text{ mit } \ m_1 := E(X). \end{aligned}$$

Damit wird nach (2.64) und (2.59)

$$E(Y) = E[a^2(X - m_1)^2] = a^2 E[(X - m_1)^2] = a^2 D^2(X)$$

und somit

$$D^2(aX + b) = a^2 D^2(X) \tag{2.66}$$

(vorausgesetzt, daß $D^2(X)$ existiert). Für $a = 1$ erhalten wir

$$D^2(X + b) = D^2(X). \tag{2.67}$$

Der Fall $a = 0$ liefert die Beziehung

$$D^2(b) = 0,$$

d. h., die Varianz einer Konstanten ist Null. Die Gleichung (2.67) bringt zum Ausdruck, daß sich durch eine additive Konstante die Streuungsverhältnisse nicht ändern. $\triangleleft$

Beispiel 2.41: X sei eine Zufallsgröße, für die

$$E(X) = m_1 \text{ und } D^2(X) = d^2 \quad (d > 0)$$

existieren. Wir betrachten die Funktion

$$Y = g(X) = \frac{X - m_1}{d}. \tag{2.68}$$

Die Formeln (2.64) und (2.66) mit $a = \frac{1}{d}$ und $b = -\frac{m_1}{d}$ liefern

$$E(Y) = \frac{1}{d}E(X) - \frac{1}{d}m_1 = \frac{1}{d}(m_1 - m_1) = 0$$

und

$$D^2(Y) = \frac{1}{d^2}D^2(X) = \frac{d^2}{d^2} = 1. \quad \lhd$$

Hiermit haben wir die Möglichkeit, einer Zufallsgröße X eine in gewissem Sinne standardisierte Zufallsgröße Y zuzuordnen.

Definition 2.34: *Eine Zufallsgröße Y nennen wir* **standardisierte Zufallsgröße**, *falls*

$$E(Y) = 0 \quad und \quad D^2(Y) = 1$$

gilt. Die durch die Formel (2.68) definierte Transformation bezeichnen wir als **Standardisierung** *der Zufallsgröße X.*

2.3.3.4 Momente einer Zufallsgröße

Erwartungswert und Varianz sind Vertreter einer umfassenderen Klasse von Kennwerten, der sogenannten Momente.

Definition 2.35: *Ist X eine beliebige Zufallsgröße, so bezeichnen wir*

$$m_k = E(X^k)$$

als das **(gewöhnliche) Moment k-ter Ordnung** $(k = 1, 2, \ldots)$ *und*

$$\mu_k = E[(X - m_1)^k]$$

als das **zentrale** *(auf das Zentrum $m_1 = E(X)$ bezogene)* **Moment k-ter Ordnung** $(k = 1, 2, \ldots)$.[13]

---

[13]Wir setzen hierbei voraus, daß die angeführten Erwartungswerte existieren.

Nach (2.62) und (2.63) erhalten wir folgende Berechnungsformel:

$$m_k = \begin{cases} \displaystyle\sum_{i=1}^{\infty} x_i^k p_i, & \text{falls } X \text{ diskret ist;} \\[2ex] \displaystyle\int_{-\infty}^{+\infty} x^k f_X(x)\,\mathrm{d}x, & \text{falls } X \text{ stetig ist.} \end{cases} \tag{2.69}$$

Wie wir sehen, ist der Erwartungswert $E(X)$ einer Zufallsgröße X das Moment 1. Ordnung. Das zentrale Moment 2. Ordnung einer Zufallsgröße X ist ihre Varianz: $\mu_2 = D^2(X)$. Stellen Sie selbständig die zu (2.69) analogen Berechnungsformeln für die zentralen Momente auf!

Die zentralen Momente lassen sich durch die gewöhnlichen Momente ausdrücken und umgekehrt. Wir zeigen dies für die Ordnung $k = 2$:

$$\begin{aligned} D^2(X) &= E[(X - m_1)^2] = E[X^2 - 2m_1 X + m_1^2] \\ &= E(X^2) - 2m_1 E(X) + m_1^2 = m_2 - 2m_1^2 + m_1^2, \\ D^2(X) &= m_2 - m_1^2 = E(X^2) - [E(X)]^2. \end{aligned} \tag{2.70}$$

Die hier erhaltene Beziehung (2.70) können wir oft vorteilhaft bei der Berechnung der Varianz benutzen. Bestätigen Sie selbst unter Benutzung von (2.62) und (2.63) die hier bei der Herleitung verwendete Relation:

$$E(X^2 + aX + b) = E(X^2) + aE(X) + b.$$

2.3.3.5 Zusammenfassung

Wir wollen die wichtigsten in den vorangehenden Abschnitten erhaltenen Ergebnisse über die Momente in Form einer Tabelle zusammenfassend darstellen. Damit setzen wir die Tabelle 2.3 aus 2.3.2.5 fort und benutzen die dort verwendete Symbolik.

Voraussetzungen:

- Die angeführten Momente existieren, d. h., die entsprechenden Reihen bzw. Integrale sind absolut konvergent.
- a und b sind beliebige reelle Konstanten.

diskrete Zufallsgröße		stetige Zufallsgröße
$E(X) = \sum\limits_{i=1}^{\infty} x_i p_i$	Erwartungswert	$E(X) = \int\limits_{-\infty}^{+\infty} x f_X(x)\,\mathrm{d}x$
$E(g(X)) = \sum\limits_{i=1}^{\infty} g(x_i) p_i$	Erwartungswert einer Funktion $g(X)$	$E(g(X)) = \int\limits_{-\infty}^{+\infty} g(x) f_X(x)\,\mathrm{d}x$
	$E(aX + b) = aE(X) + b$ $E(b) = b$	
$m_k = \sum\limits_{i=1}^{\infty} x_i^k p_i$	Moment k-ter Ordnung $m_k = E(X^k)$ $(k = 1, 2, \dots)$ $m_1 = E(X)$	$m_k = \int\limits_{-\infty}^{+\infty} x^k f_X(x)\,\mathrm{d}x$
$\mu_k = \sum\limits_{i=1}^{\infty} (x_i - m_1)^k p_i$	zentrales Moment k-ter Ordnung $\mu_k = E[(X - m_1)^k]$ $(k = 1, 2, \dots)$ Varianz $\mu_2 = D^2(X)$ $D^2(X) = m_2 - m_1^2 = E(X^2) - [E(X)]^2$ $D^2(aX + b) = a^2 D^2(X)$ $D^2(b) = 0$	$\mu_k = \int\limits_{-\infty}^{+\infty} (x - m_1)^k f_X(x)\,\mathrm{d}x$
	Standardisierung der Zufallsgröße X: $[m_1 = E(X),$ $d^2 = D^2(X) \neq 0]$ $Y = \dfrac{X - m_1}{d}$ $[E(Y) = 0,$ $D^2(Y) = 1]$	

Tabelle 2.4: Übersicht zu Kennwerten der Wahrscheinlichkeitsverteilung einer Zufallsgröße X

2.3.3.6 Einige weitere Kennwerte

Neben den bisher behandelten Momenten einer Zufallsgröße werden (vor allem in der mathematischen Statistik) auch die folgenden Kennwerte angewandt.

> **Definition 2.36:** *Einen Wert einer Zufallsgröße, für den die Einzelwahrscheinlichkeit (im diskreten Fall) bzw. die Dichtefunktion (im stetigen Fall) maximal ist, bezeichnen wir als* **Modalwert**.

Die Zufallsgröße X aus Beispiel 2.27 hat den Modalwert 2, der hier auch mit dem Erwartungswert zusammenfällt. Dies trifft auch für die Zufallsgröße X aus Beispiel 2.36 zu. Dagegen hat die Zufallsgröße Z im Beispiel 2.36 die beiden Modalwerte 0 und 4. Im Beispiel 2.34 liegt der Modalwert 0 am Rand des Trägerintervalls (er liefert also keinen sinnvollen Kennwert). Im Beispiel 2.38 hat die Dichtefunktion der Zufallsgröße X ihr Maximum und damit den Modalwert an der Stelle $\frac{1}{\lambda}$. Dieser Wert mit der größten „Chance" ist in diesem Fall neben dem Erwartungswert ein weiterer sinnvoller Kennwert für ein Zentrum dieser Verteilung. Verdeutlichen Sie sich diesen Sachverhalt an einer Skizze für die Dichtefunktion!

Beispiel 2.34 (Fortsetzung): Für eine Zufallsgröße X mit der Dichte (2.53) haben wir bereits die Verteilungsfunktion (2.54) und ihren Erwartungswert $E(X) = \lambda^{-1}$ (vgl. S. 66) bestimmt. Mit diesen Ergebnissen wird

$$P(X \leq E(X)) = P(X \leq \lambda^{-1}) = F_X(\lambda^{-1}) = 1 - e^{-1} = 0.6321.$$

Unterliegt zum Beispiel die zufällige Lebensdauer X einer Glühlampe einer Verteilung vom hier betrachteten Typ, so fallen durchschnittlich 63.21 % dieser Glühlampen bereits vor Erreichen der mittleren Lebensdauer aus. Hier wird deutlich, welche Vorsicht bei der ausschließlichen Benutzung des Erwartungswertes als einer Kenngröße des Zentrums einer Verteilung angebracht ist. Wir suchen jetzt eine Zeit $Q_{0.5}$, die durchschnittlich von 50 % der Glühlampen überlebt wird bzw. von durchschnittlich 50 % nicht ohne Ausfall erreicht wird. Der Wert $Q_{0.5}$ ist offensichtlich Lösung der Gleichung

$$P(X \leq Q_{0.5}) = F_X(Q_{0.5}) = 1 - e^{-\lambda Q_{0.5}} = 0.5.$$

Durch Auflösen nach $Q_{0.5}$ entsteht

$$Q_{0.5} = \frac{-\ln(1 - 0.5)}{\lambda} = E(X) \cdot \ln 2.$$

Bei einer mittleren Lebensdauer von $E(X) = 2500\,\text{h}$ fallen durchschnittlich 50% der Glühlampen bis 1733 Betriebsstunden aus bzw. durchschnittlich 50%

leben länger als 1733 h. Abschließend bestimmen wir einen Zeitpunkt $Q_{0.05}$, den durchschnittlich 5% der Glühlampen nicht ohne Ausfall erreichen bzw. den durchschnittlich 95% der Glühlampen überleben:

$$P(X \leq Q_{0.05}) = F_X(Q_{0.05}) = 1 - e^{-\lambda Q_{0.05}} = 0.05.$$

Durch Auflösen nach $Q_{0.05}$ erhalten wir

$$Q_{0.05} = \frac{-\ln(1 - 0.05)}{\lambda} = (-\ln 0.95) \cdot E(X) = 0.0513 \cdot E(X).$$

Bei einer mittleren Lebensdauer von $E(X) = 2500\,\mathrm{h}$ leben durchschnittlich 95% der Glühlampen länger als 128 Betriebsstunden. ◁
Die im Beispiel bestimmten Kenngrößen heißen Quantile.

Definition 2.37: *Ist p eine beliebige reelle Zahl $(0 < p < 1)$, so heißt eine Zahl Q_p mit den Eigenschaften*

$$F_X(Q_p - 0) \leq p \leq F_X(Q_p)$$

Quantil der Ordnung p *(oder p-**Quantil***) der Zufallsgröße X. Das Quantil der Ordnung 0.5 wird als **Median** der Zufallsgröße X bezeichnet.*

Bei gegebenem p ist Q_p durch die angeführten Ungleichungen nicht in jedem Fall eindeutig bestimmt. Ist $F_X(t)$ streng monoton wachsend, so ist Q_p bei beliebigem p eindeutig bestimmt. In diesem Fall existiert also zu vorgegebenem Funktionswert der Verteilungsfunktion $F_X(Q_p) = p$ eindeutig der zugehörige Wert Q_p des Arguments dieser Funktion. Veranschaulichen Sie diesen Sachverhalt durch eine Skizze!
Der Median $Q_{0.5}$ ist neben dem Erwartungswert ein weiterer Kennwert zur Charakterisierung des Zentrums einer Zufallsgröße. Im Fall symmetrisch verteilter Zufallsgrößen $(P(X \leq m_1 - x) = P(X \geq m_1 + x)$ für $0 \leq x < \infty)$ gilt $m_1 = Q_{0.5}$. Als Kennwert für die Streuung einer Zufallsgröße X um ihren Erwartungswert hatten wir das zentrale Moment 2. Ordnung benutzt. Das zentrale Moment 1. Ordnung liefert – wie in Aufgabe 2.21 zu zeigen ist – keine Information über die Eigenschaften einer Zufallsgröße. Demgegenüber stellt das absolute zentrale Moment 1. Ordnung einen weiteren Kennwert für die Streuung einer Zufallsgröße dar.

Definition 2.38: *Der Erwartungswert der Zufallsgröße $Y = |X - m_1|$ wird als* **absolutes zentrales Moment 1. Ordnung** *bezeichnet. Wir setzen voraus, daß dieser Erwartungswert existiert.*

Wie in der Aufgabe 2.22 am Beispiel einer stetigen Zufallsgröße nachzuweisen ist, nimmt das zentrale Moment 3. Ordnung für symmetrisch verteilte Zufallsgrößen den Wert 0 an. Es kann deshalb zur Charakterisierung der Asymmetrie oder Schiefe der Verteilung einer Zufallsgröße herangezogen werden.

Definition 2.39: *Das auf die dritte Potenz der Standardabweichung bezogene (und damit dimensionslose) zentrale Moment 3. Ordnung wird als* **Schiefe** *der Zufallsgröße X bezeichnet:*

$$\gamma = \frac{\mu_3}{\sigma^3} \ \text{mit} \ \mu_3 = E[(X - m_1)^3] \ \text{und} \ \sigma^2 = E[(X - m_1)^2].$$

Dabei wird vorausgesetzt, daß diese Momente existieren.

Definition 2.40: *Ist X eine Zufallsgröße mit den Momenten $\mu_4 = E[(X - m_1)^4]$ und $\sigma^2 = E[(X - m_1)^2]$, so heißt*

$$e = \frac{\mu_4}{\sigma^4} - 3$$

Exzeß *der Zufallsgröße X.*
Dabei wird vorausgesetzt, daß diese Momente existieren.

Für die Normalverteilung, die wir im Abschnitt 2.3.7.3 behandeln werden, verschwindet die dimensionslose Kenngröße *Exzeß*. Wir können den Exzeß deshalb als Maß für die Abweichung einer Verteilung von der Normalverteilung ansehen.

2.3.4   Funktionen einer Zufallsgröße

Im Abschnitt 2.3.3.3 haben wir uns mit Erwartungswerten von Funktionen einer Zufallsgröße befaßt. Im Beispiel 2.37 ist dabei außerdem skizziert worden, wie im Fall einer diskreten Zufallsgröße X aus ihren Einzelwahrscheinlichkeiten die Einzelwahrscheinlichkeiten einer Funktion $Y = g(X)$ bestimmt werden können. Zur Vertiefung unserer bisherigen Kenntnisse und zur Vorbereitung analoger Resultate für den stetigen Fall betrachten wir zunächst folgendes Beispiel.
Beispiel 2.34 (Fortsetzung): Die Dichtefunktion der zufälligen Lebensdauer X einer Glühlampe sei:

$$f_X(x) = \begin{cases} 0 & \text{für} \ \ x \leq 0, \\ \lambda e^{-\lambda x} & \text{für} \ \ x > 0 \end{cases}$$

mit dem Parameter $\lambda = 4 \cdot 10^{-4}\,\text{h}^{-1}$. Wie wir bereits gesehen haben (vgl. S. 66), hat eine solche Glühlampe dann eine mittlere Lebensdauer von $E(X) = 2500$ h.

Zu charakterisieren sind die für eine Glühlampe aus Beschaffung und für die gesamte Einsatzzeit anfallenden zufälligen Kosten, wenn die Beschaffungskosten $b = 2.50\,\text{DM}$ und die Kosten aus dem Energieverbrauch pro Betriebsstunde von $a = 0.025\,\text{DM/h}$ berücksichtigt werden.

Lösung:

1. Sind Y die zufälligen Kosten über die gesamte Einsatzzeit, so gehen wir von dem Zusammenhang $Y = g(X) = aX + b$ aus.

2. Die mittleren Kosten in DM über die gesamte Einsatzzeit der Glühlampe ergeben sich nach (2.64) zu

$$E(Y) = E(aX + b) = aE(X) + b = 0.025 \cdot 2500 + 2.50 = 65.$$

3. Die Standardabweichung der Kosten Y (vgl. S. 69) beträgt ebenfalls 65 DM. Es ist also von einer starken Streuung der Kosten auszugehen, womit die Aussagefähigkeit des Erwartungswertes stark eingeschränkt ist. Deshalb ist eine nähere Charakterisierung der Verteilung von Y mit Hilfe der Verteilungs- bzw. Dichtefunktion ratsam.

4. Da Y den Wert $b = 2.50$ nicht unterschreiten kann, gilt für $y < b$:
$F_Y(y) = 0 = f_Y(y)$.

5. Für $y \geq b$ betrachten wir zunächst die Verteilungsfunktion

$$F_Y(y) = P(Y \leq y) = P(aX + b \leq y) = P\left(X \leq \frac{y - b}{a}\right) = F_X\left(\frac{y - b}{a}\right).$$

Bei diesen Umformungen der Ungleichung haben wir $a > 0$ berücksichtigt.

Es entsteht mit den Ergebnissen für die Verteilungsfunktion von X (vgl. (2.54))

$$F_Y(y) = 1 - \exp\left(-\lambda\left(\frac{y - b}{a}\right)\right) = 1 - \exp(-0.016\,(y - 2.50)).$$

Mit diesem Ergebnis können alle interessierenden Wahrscheinlichkeiten bestimmt werden.

6. Für $y > b$ erhalten wir die Dichte von Y durch Differenzieren der Verteilungsfunktion:

$$f_Y(y) = \frac{\mathrm{d}F_Y(y)}{\mathrm{d}y} = \frac{1}{a}f_X\left(\frac{y - b}{a}\right)$$

und damit im konkreten Fall für $y > 2.50$:

$$f_Y(y) = 0.016\,\exp(-0.016(y - 2.50)). \qquad \triangleleft$$

Von allgemeinerem Interesse ist im oben behandelten Beispiel die Vorgehensweise zur Bestimmung von Verteilungs- und Dichtefunktion für $Y = g(X)$ aus den entsprechenden Funktionen für die stetige Zufallsgröße X.

Damit bei dieser Transformation aus einer stetigen Zufallsgröße X wieder eine stetige Zufallsgröße $Y = g(X)$ entsteht, muß vorausgesetzt werden, daß g selbst eine stetige und differenzierbare Funktion ist.

Wir gehen generell nach den im Beispiel praktizierten Lösungsschritten vor:

1. Ausgehend von der Definition der Verteilungsfunktion (2.31) beginnen wir mit $F_Y(y) = P(Y \leq y) = P(g(X) \leq y)$ und versuchen, durch Auflösen von $g(X)$ nach X auf einen Term zu kommen, dessen Wahrscheinlichkeit mit Hilfe der Verteilungsfunktion von X ausgedrückt werden kann. Im Fall einer streng monoton wachsenden Funktion g (dann existiert auch die Umkehrfunktion g^{-1} und bei der Umstellung wird die Richtung der Ungleichung nicht verändert) führt dies auf $F_Y(y) = P(X \leq g^{-1}(y)) = F_X(g^{-1}(y))$, d.h. auf die Verteilungsfunktion von X mit transformiertem Argument.

2. Die Dichte von Y gewinnen wir anschließend durch Differenzieren der eben bestimmten Verteilungsfunktion von Y (im obigen Sonderfall also durch Ableiten der Funktion $F_X(g^{-1}(y))$ mit Hilfe der Kettenregel).

In Ergänzung zum obigen Beispiel betrachten wir noch das Vorgehen im Fall einer fallenden linearen Funktion $Y = aX + b$ $(a, b = \text{const})$ mit negativem a:

$$
\begin{aligned}
F_Y(y) &= P(Y \leq y) = P(aX + b \leq y) = P\left(X \geq \frac{y-b}{a}\right) \\
&= 1 - P\left(X \leq \frac{y-b}{a}\right) + P\left(X = \frac{y-b}{a}\right) \\
&= 1 - F_X\left(\frac{y-b}{a}\right), \left(\text{da } P\left(X = \tfrac{y-b}{a}\right) = 0 \text{ für stetige Zufallsgrößen}\right); \\
f_Y(y) &= \frac{\mathrm{d}}{\mathrm{d}y} F_Y(y) = \frac{\mathrm{d}}{\mathrm{d}y}\left(1 - F_X\left(\frac{y-b}{a}\right)\right) = -\frac{1}{a} f_X\left(\frac{y-b}{a}\right).
\end{aligned}
$$

Die Fälle $a > 0$ und $a < 0$ lassen sich für $Y = aX + b$ zu folgender Transformationsformel für die Dichten zusammenfassen:

$$
f_Y(y) = \frac{1}{|a|} f_X\left(\frac{y-b}{a}\right). \tag{2.71}
$$

Beispiel 2.42: X sei eine stetige Zufallsgröße mit bekannter Dichte- und Verteilungsfunktion. Zu charakterisieren ist die Zufallsgröße $Y = X^2$.

Lösung:

1. Da $Y = X^2$ keine negativen Werte annehmen kann, ist für $y < 0$
   $F_Y(y) = 0$ und $f_Y(y) = 0$.

2. Für $y \geq 0$ bestimmen wir die Verteilungsfunktion

$$\begin{aligned}
F_Y(y) &= P(Y \leq y) = P(X^2 \leq y) = P(|X| \leq \sqrt{y}) = P(-\sqrt{y} \leq X \leq +\sqrt{y}) \\
&= P(X \leq +\sqrt{y}) - P(X \leq -\sqrt{y}) + P(X = -\sqrt{y}) \\
F_Y(y) &= F_X(+\sqrt{y}) - F_X(-\sqrt{y}).
\end{aligned} \tag{2.72}$$

3. Durch Differenzieren erhalten wir die Dichtefunktion

$$\begin{aligned}
f_Y(y) &= F_Y'(y) = \frac{\mathrm{d}}{\mathrm{d}y}[F_X(+\sqrt{y}) - F_X(-\sqrt{y})] \\
f_Y(y) &= \frac{1}{2\sqrt{y}}[f_X(+\sqrt{y}) + f_X(-\sqrt{y})].
\end{aligned} \tag{2.73}$$

$\triangleleft$

2.3.5 Aufgaben

2.15 In einer Werkstatt arbeiten unabhängig voneinander zwei gleichartige Maschinen. Jede dieser beiden Maschinen kann im Zeitintervall $[0, T]$ mit der Wahrscheinlichkeit p ausfallen. Man bestimme die Verteilungstabelle der Zufallsgröße $X :=$ „Anzahl der arbeitenden Maschinen" und überprüfe die Eigenschaft (2.38).

2.16 Gegeben sei

$$f_X(x) = \begin{cases} 0 & \text{für} & x < 0, \\ a & \text{für} & 0 \leq x \leq 2, \\ 0 & \text{für} & x > 2. \end{cases}$$

a) Welchen Wert muß die Konstante a annehmen, damit $f_X(x)$ Dichtefunktion einer stetigen Zufallsgröße ist?
b) Gesucht ist die Verteilungsfunktion von X.

2.17 Es sei X eine stetige Zufallsgröße mit der Dichtefunktion

$$f_X(x) = |x|e^{-x^2}.$$

Gesucht sind $F_X(t)$ und $P(0 < X \leq 1)$.

2.18 Berechnen Sie den Erwartungswert der diskreten Zufallsgröße X mit den Werten $x_1 = 0, x_2 = 1, \ldots$ und den Einzelwahrscheinlichkeiten

$$P(X = k) = \frac{2^k}{k!}e^{-2} \quad (k = 0, 1, 2, \ldots)!$$

2.19 Die Dichtefunktion einer stetigen Zufallsgröße X sei durch

$$f_X(x) = \begin{cases} 0 & \text{für} & x \leq 1, \\ \dfrac{4}{x^5} & \text{für} & x > 1 \end{cases}$$

gegeben. Bestimmen Sie
a) die Verteilungsfunktion $F_X(t)$, b) $P(1 < X \leq 2)$, c) $E(X)$, d) $D^2(X)$, e) $P(X > E(X))$,
f) die Verteilungsfunktion der Zufallsgröße $Y = \ln X$!

2.20 Die ausfallfreie Arbeitszeit X (in Jahren) von Bauelementen einer bestimmten Sorte habe die Dichtefunktion

$$f_X(x) = \begin{cases} 0 & \text{für } x \leq 0, \\ xe^{-x} & \text{für } x > 0. \end{cases}$$

a) Man berechne die mittlere ausfallfreie Arbeitszeit eines solchen Bauelements.

b) Ein Gerät enthält zwei derartige Bauelemente, die unabhängig voneinander arbeiten. Wie groß ist die Wahrscheinlichkeit dafür, daß wenigstens eines dieser Bauelemente mindestens ein halbes Jahr ausfallfrei arbeitet?

2.21 Die Zufallsgröße X besitze den Erwartungswert $m_1 = E(X)$. Zeigen Sie, daß stets $\mu_1 = E(X - m_1) = 0$ ist!

2.22 Es sei X eine stetige Zufallsgröße mit dem Erwartungswert $m_1 = E(X)$. Die Dichtefunktion sei symmetrisch bzgl. m_1: $f_X(m_1 - x) = f_X(m_1 + x)$ $(0 \leq x < \infty)$. Zeigen Sie:

a) $P(X < m_1) = P(X > m_1) = 1/2$;   b) $\mu_3 = E[(X - m_1)^3] = 0$!

2.23 Die diskrete Zufallsgröße X besitze die Verteilungstabelle:

x_i	-3	0	1	2	3
$P(X = x_i)$	0.1	0.15	0.1	0.25	0.4

Bestimmen Sie
a) die Verteilungsfunktion $F_X(t)$,   b) $P(X > 0)$,   c) $E(X)$,   d) $D^2(X)$!

2.3.6 Einige spezielle diskrete Wahrscheinlichkeitsverteilungen

In diesem Abschnitt werden wir einige spezielle diskrete Wahrscheinlichkeitsverteilungen untersuchen, die für die Beschreibung zahlreicher Problemstellungen von Bedeutung sind.

2.3.6.1 Die Null-Eins-Verteilung

Zufallsgrößen mit einer Null-Eins-Verteilung benutzen wir zur Beschreibung zufälliger Versuche, bei denen uns nur zwei Versuchsausgänge – das Eintreten eines zufälligen Ereignisses A oder des komplementären Ereignisses $\overline{A}$ – interessieren.
Beispiele hierfür sind
- das Werfen einer Münze (A... „Zahl liegt oben");
- das Prüfen eines Produkts aus einem vorgegebenen Warenposten (A... „Das Produkt genügt den Ansprüchen");
- die Inspektion einer technischen Anlage (A... „Die Anlage ist funktionsfähig");
- das Ziehen einer Kugel aus einer Urne mit M weißen und $N - M$ schwarzen Kugeln (A... „Die gezogene Kugel ist weiß").

Zur zahlenmäßigen Beschreibung eines derartigen Versuchsschemas benutzen wir die diskrete Zufallsgröße

$$X := \begin{cases} 1, & \text{falls} \quad A \quad \text{eintritt;} \\ 0, & \text{falls} \quad \overline{A} \quad \text{eintritt} \end{cases}$$

mit den Werten 0 und 1. Hat das zufällige Ereignis A die Wahrscheinlichkeit p, so erhalten wir

$$P(X = 1) = p \text{ und } P(X = 0) = 1 - p. \tag{2.74}$$

Definition 2.41: *Eine Zufallsgröße X unterliegt einer* **Null-Eins-Verteilung** *mit dem Parameter p, wenn sie die Einzelwahrscheinlichkeiten* (2.74) *besitzt.*

Anstelle der beiden Werte 0 und 1, die in der Regel aus Zweckmäßigkeitsgründen bevorzugt werden, könnten zwei beliebige reelle Zahlen gewählt werden. In diesem Sinne ist die Null-Eins-Verteilung Spezialfall der sogenannten Zweipunktverteilung.

Als wichtigste Kennwerte berechnen wir Erwartungswert und Varianz:

$$E(X) = 0 \cdot (1 - p) + 1 \cdot p = p; \tag{2.75}$$

$$D^2(X) = E(X^2) - [E(X)]^2 = p - p^2 = p(1 - p). \tag{2.76}$$

Beispiel 2.43: Aus einem Posten von insgesamt 500 Teilen, unter denen sich 5 Ausschußteile befinden, wird auf gut Glück ein Teil entnommen und geprüft. Es sei X die zufällige Anzahl der Ausschußteile bei Entnahme eines Teils. Wir erhalten nach der klassischen Definition der Wahrscheinlichkeit die Einzelwahrscheinlichkeiten

$$P(X = 1) = \frac{5}{500} = 0.01 \text{ und } P(X = 0) = \frac{495}{500} = 0.99.$$

Die Verteilungsfunktion von X lautet

$$F_X(t) = P(X \leq t) = \begin{cases} 0 & \text{für} \quad t < 0, \\ 0.99 & \text{für} \quad 0 \leq t < 1, \\ 1 & \text{für} \quad 1 \leq t \ . \end{cases}$$

Weiterhin sind $E(X) = 0.01$ und $D^2(X) = 0.0099$. $\quad \lhd$

2.3.6.2   Die Binomialverteilung

Typische Beispiele für die hier zu behandelnden Zufallsgrößen sind:
- die zufällige Anzahl der in einem bestimmten Zeitabschnitt ausfallenden Maschinen von insgesamt 15 voneinander unabhängig arbeitenden Maschinen gleicher Bauart unter der Annahme gleicher Einsatzbedingungen für alle 15 Maschinen;
- die zufällige Anzahl der Treffer bei 20 voneinander unabhängigen Schüssen gleicher Trefferwahrscheinlichkeit;
- die zufällige Anzahl der Ausschußteile unter 100 voneinander unabhängig produzierten Teilen, wenn jedes produzierte Teil mit der Wahrscheinlichkeit 0.03 Ausschuß ist.

Allen diesen Beispielen liegt das sogenannte *Bernoullische*[14] *Versuchsschema* zugrunde:
- Wir führen n ($n = 1, 2, \ldots$) voneinander unabhängige Versuche durch. In jedem dieser Versuche interessieren uns nur zwei Versuchsausgänge (das Eintreten eines zufälligen Ereignisses A bzw. des komplementären Ereignisses $\overline{A}$).
- Wir setzen voraus, daß die Wahrscheinlichkeit von A in jedem Versuch die gleiche ist: $P(A) = p$ $(0 < p < 1)$.

Ausgehend von diesem Versuchsschema untersuchen wir die Zufallsgröße $X_n :=$ „Zufällige Anzahl der Versuche (von insgesamt n Versuchen), in denen A eintritt", d. h. die *absolute Häufigkeit des Ereinisses A* in n unabhängigen Wiederholungen eines zufälligen Versuchs.

X_n besitzt die Werte $0, 1, \ldots, n$. Für $n = 1$ unterliegt X_1 einer Null-Eins-Verteilung.

Zur Bestimmung der Einzelwahrscheinlichkeiten $P(X_n = k)$ ($k = 0, 1, \ldots, n$) gehen wir zunächst auf das Beispiel 2.27 im Abschnitt 2.2.5 zurück.

Beispiel 2.27 (Fortsetzung): Es sei $X_4 :=$ „Zufällige Anzahl der Treffer bei 4 unabhängigen Schüssen".
Laut Voraussetzung liegt das Bernoullische Versuchsschema mit $n = 4$ und $p = 1/2$ (Trefferwahrscheinlichkeit für jeden einzelnen Schuß) vor.
Mit Hilfe der im Abschnitt 2.2.5 (vgl. S. 46) bei der Behandlung des Beispiels eingeführten Ereignisse $B_0, B_1, \ldots, B_4$ ergeben sich die Einzelwahrscheinlichkei-

---

[14]Jacob Bernoulli (1654-1705), schweizer Mathematiker.

ten

$$P(X_4 = 0) = P(B_0) \;=\; \binom{4}{0} 0.5^0 (1 - 0.5)^4 \;=\; 0.0625;$$

$$P(X_4 = 1) = P(B_1) \;=\; \binom{4}{1} 0.5^1 (1 - 0.5)^{4-1} \;=\; 0.25;$$

$$P(X_4 = 2) = P(B_2) \;=\; \binom{4}{2} 0.5^2 (1 - 0.5)^{4-2} \;=\; 0.375;$$

$$P(X_4 = 3) = P(B_3) \;=\; \binom{4}{3} 0.5^3 (1 - 0.5)^{4-3} \;=\; 0.25;$$

$$P(X_4 = 4) = P(B_4) \;=\; \binom{4}{4} 0.5^4 (1 - 0.5)^{4-4} \;=\; 0.0625.$$

Zur Erläuterung greifen wir die Einzelwahrscheinlichkeit $P(X_4 = 2)$ heraus. Das Ereignis B_2 war als Summe von $\binom{4}{2} = 6$ sich paarweise ausschließenden Ereignissen dargestellt worden. Dies ist die Anzahl der Kombinationen von 4 Elementen zur Klasse 2 – hier die Anzahl der Auswahlmöglichkeiten, aus den 4 Schüssen die beiden Treffer auszuwählen. Jedes dieser 6 Ereignisse hat die Wahrscheinlichkeit $0.5^2 (1 - 0.5)^{4-2}$ (Unabhängigkeit, Multiplikationsregel!).◁

Für beliebige n ($n = 1, 2, \ldots$) und p ($0 < p < 1$) erhalten wir die Einzelwahrscheinlichkeiten

$$P(X_n = k) = \binom{n}{k} p^k (1 - p)^{n-k} \quad (k = 0, 1, \cdots, n). \qquad (2.77)$$

Leiten Sie selbständig in Anlehnung an die im Beispiel 2.27 demonstrierte Vorgehensweise die Einzelwahrscheinlichkeiten (2.77) her, und zeigen Sie unter Verwendung des binomischen Lehrsatzes:

$$\sum_{k=0}^{n} P(X_n = k) = 1.$$

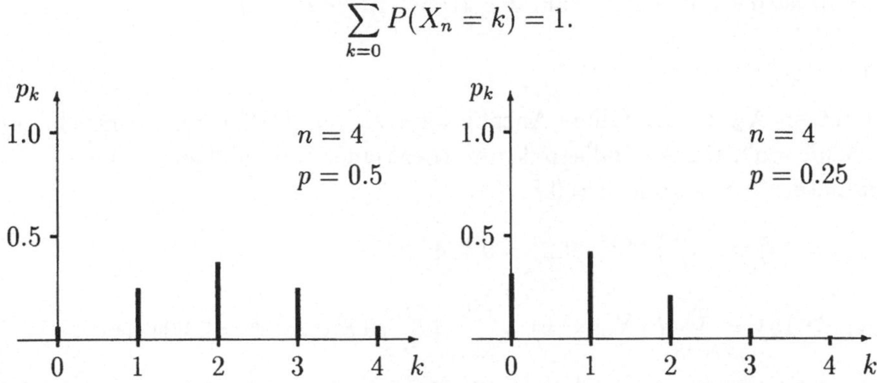

Bild 2.18: Gegenüberstellung der Einzelwahrscheinlichkeiten der Binomialverteilung mit den Parametern $n = 4$ und $p = 0.5$ und der Binomialverteilung mit den Parametern $n = 4$ und $p = 0.25$

Definition 2.42: *Eine diskrete Zufallsgröße* X_n *unterliegt einer* **Binomial-verteilung** *mit den Parametern* n *und* p, *falls sie die Einzelwahrscheinlich-keiten* (2.77) *besitzt.*

X_n hat die Verteilungstabelle:

x_i	0	1	$\dots$	k	$\dots$	n
$P(X_n = x_i)$	$(1-p)^n$	$np(1-p)^{n-1}$	$\dots$	$\binom{n}{k}p^k(1-p)^{n-k}$	$\dots$	p^n

Für Erwartungswert und Varianz erhalten wir

$$E(X_n) = \sum_{k=0}^{n} k\binom{n}{k}p^k(1-p)^{n-k} = np, \qquad (2.78)$$

$$
\begin{aligned}
D^2(X_n) &= E(X_n^2) - [E(X_n)]^2 \\
&= \sum_{k=0}^{n} k^2\binom{n}{k}p^k(1-p)^{n-k} - n^2p^2 = np(1-p).
\end{aligned}
\qquad (2.79)
$$

Wir wollen nochmals hervorheben: Die Binomialverteilung ist die Verteilung der absoluten Häufigkeit eines Ereignisses A in n unabhängigen Wiederholungen eines zufälligen Versuchs.

Beispiel 2.44: Auf ein Ziel werden unabhängig voneinander 20 Schüsse abgegeben. Jeder einzelne Schuß trifft das Ziel mit der Wahrscheinlichkeit 0.8. Gesucht ist die Wahrscheinlichkeit dafür, daß
- genau 15 Treffer zu verzeichnen sind;
- wenigstens 15 Treffer gelingen;
- höchstens 10 Treffer erzielt werden.

Außerdem ist die mittlere Anzahl der Treffer zu berechnen.

Lösung:

1. Wir setzen $X_{20} :=$ „Zufällige Anzahl der erzielten Treffer bei 20 unabhängigen Schüssen". Diese Zufallsgröße unterliegt einer Binomialverteilung mit den Parametern $n = 20$ und $p = 0.8$.

2. $P(X_{20} = 15) = \binom{20}{15}0.8^{15} \cdot 0.2^5 = 0.17456;$

3. $P(X_{20} \geq 15) = \sum_{k=15}^{20} P(X_{20} = k) = \sum_{k=15}^{20} \binom{20}{k}0.8^k 0.2^{20-k} = 0.80421;$

4. $P(X_{20} \leq 10) = \sum_{k=0}^{10} P(X_{20} = k) = \sum_{k=0}^{10} \binom{20}{k}0.8^k \cdot 0.2^{20-k} = 0.00259;$

5. $E(X_{20}) = 20 \cdot 0.8 = 16.$ $\triangleleft$

Anmerkung: Die Einzelwahrscheinlichkeiten $p_k = P(X_n = k)$ gemäß (2.77) genügen den Rekursionsbeziehungen

$$p_0 = (1-p)^n,$$

$$p_k = \frac{n-k+1}{k}\frac{p}{1-p}p_{k-1} \quad \text{für } k = 1, 2, \ldots, n,$$

$$p_n = p^n,$$

$$p_k = \frac{1-p}{p}\frac{k+1}{n-k}p_{k+1} \quad \text{für } k = n-1, n-2, \ldots, 0,$$

die die Grundlage für ein Rechnerprogramm bilden können.

Schlußfolgerungen für die relative Häufigkeit:

Im Abschnitt 2.2.1 sind wir bei der Einführung des Wahrscheinlichkeitsbegriffs von der Stabilität der relativen Häufigkeit ausgegangen. Diesen Zusammenhang zwischen relativer Häufigkeit und Wahrscheinlichkeit können wir jetzt präzisieren.

Die *absolute* Häufigkeit $X_n = h_n(A)$ eines zufälligen Ereignisses A mit der Wahrscheinlichkeit $p = P(A)$ in n unabhängigen Wiederholungen eines zufälligen Versuchs (Bernoullisches Versuchsschema) unterliegt einer Binomialverteilung mit den Parametern n und p.

Die *relative* Häufigkeit ist dann eine lineare Funktion $H_n(A) = \frac{h_n(A)}{n}$. Mit den Beziehungen (2.64) und (2.66) erhalten wir

$$E(H_n(A)) = p = P(A); \tag{2.80}$$

$$D^2(H_n(A)) = \frac{p(1-p)}{n}. \tag{2.81}$$

Die relative Häufigkeit schwankt zufällig um ihren Erwartungswert $p = P(A)$, d. h., mit Hilfe der relativen Häufigkeit *schätzen* wir die in der Regel unbekannte Wahrscheinlichkeit ohne einen systematischen Fehler.

Die Streuung der relativen Häufigkeit um die Wahrscheinlichkeit p (ausgedrückt durch die Varianz) verringert sich mit wachsender Anzahl n der Wiederholungen des zufälligen Versuchs.

Im Abschnitt 2.3.11 gehen wir nochmals auf diesen Zusammenhang ein.

2.3.6.3 Die Poissonverteilung

Typische Beispiele für Zufallsgrößen, die wir – zumindest näherungsweise – als poissonverteilt ansehen können, sind

- die zufällige Anzahl von nichtkeimenden Samenkörnern aus einer Packung von 1000 Körnern, wenn von diesem Saatgut durchschnittlich 1% nicht keimt;
- die zufällige Anzahl der Telefonanrufe, die in einem bestimmten Zeitabschnitt

in einer Telefonzentrale einlaufen;

- die zufällige Anzahl der α-Teilchen, die von einer radioaktiven Substanz in einem bestimmten Zeitintervall emittiert werden.

Zwar könnten wir diese Zufallsgrößen prinzipiell mit Hilfe der Binomialverteilung beschreiben, jedoch wird die Bestimmung der Einzelwahrscheinlichkeiten hier durch folgende Besonderheiten des der Binomialverteilung zugrundeliegenden Bernoullischen Versuchsschemas erschwert:

- Die Anzahl n der unabhängigen Versuche ist sehr groß (im dritten Beispiel z. B. die Anzahl der am Zerfallsprozeß beteiligten Atomkerne).

- Die Wahrscheinlichkeit $p_n = P(A)$ des interessierenden Ereignisses A in jedem einzelnen Versuch (bei einer Serie von n Versuchen) ist sehr klein[15] (im dritten Beispiel die Wahrscheinlichkeit für den Zerfall eines einzelnen Kerns im betrachteten Zeitintervall).

Es sei $X := $ „Die zufällige Anzahl der Versuche, in denen das Ereignis A eintritt". Unter den Voraussetzungen

$$n \to \infty, \quad p_n \to 0, \quad np_n \to \lambda > 0$$

lassen sich für X die Einzelwahrscheinlichkeiten

$$P(X = k) = \frac{\lambda^k}{k!}e^{-\lambda} \quad (k = 0, 1, 2, \ldots) \tag{2.82}$$

als Grenzwerte der Einzelwahrscheinlichkeiten der Binomialverteilung herleiten.[16]

Definition 2.43:
Eine diskrete Zufallsgröße X unterliegt einer **Poissonverteilung**[17]*mit dem Parameter $\lambda > 0$, wenn sie die Einzelwahrscheinlichkeiten (2.82) besitzt.*

Die Verteilungstabelle lautet:

x_i	0	1	2	$\ldots$	k	$\ldots$
$P(X = x_i)$	$e^{-\lambda}$	$\lambda e^{-\lambda}$	$\frac{\lambda^2}{2}e^{-\lambda}$	$\ldots$	$\frac{\lambda^k}{k!}e^{-\lambda}$	$\ldots$

Bestätigen Sie selbständig die folgenden Ergebnisse für Erwartungswert und Varianz:

$$E(X) = \sum_{k=0}^{\infty} k\frac{\lambda^k}{k!}e^{-\lambda} = \lambda; \tag{2.83}$$

---

[15]Die Poissonverteilung wird aus diesem Grund häufig auch als Gesetz der „seltenen" Ereignisse bezeichnet.

[16]Der hier angedeutete Zusammenhang zwischen Binomial- und Poissonverteilung wird durch den Poissonschen Grenzwertsatzes präzisiert.

[17]Simeon Denis Poisson (1781-1840), französischer Mathematiker.

$$D^2(X) = E(X^2) - [E(X)]^2 = \sum_{k=0}^{\infty} k^2 \frac{\lambda^2}{k!} e^{-\lambda} - \lambda^2 = \lambda. \qquad (2.84)$$

Beispiel 2.45: X sei die zufällige Anzahl der kritischen Temperaturüberschreitungen in einem chemischen Reaktor in einem bestimmten Zeitintervall. Für die durchschnittliche Anzahl derartiger Überschreitungen liegt der Erfahrungswert 5 vor. Wenn X größer oder gleich 10 ist, werden zusätzliche Überwachungsmaßnahmen eingeleitet. Zu berechnen ist $P(X \geq 10)$ unter der Annahme, daß X poissonverteilt ist.

Lösung:

1. Nach Aufgabenstellung können wir die Zufallsgröße X als poissonverteilt mit dem Parameter $\lambda = E(X) = 5$ ansehen (vgl. Bild 2.19).

2. Für die gesuchte Wahrscheinlichkeit gilt:

$$\begin{aligned}
P(X \geq 10) &= 1 - P(X \leq 9) \\
&= 1 - \sum_{k=0}^{9} P(X = k) = 1 - \sum_{k=0}^{9} \frac{5^k}{k!} e^{-5} \\
&\approx 0.0318.
\end{aligned}$$

Durchschnittlich in 3.2% aller Fälle werden zusätzliche Überwachungsmaßnahmen eingeleitet. ◁

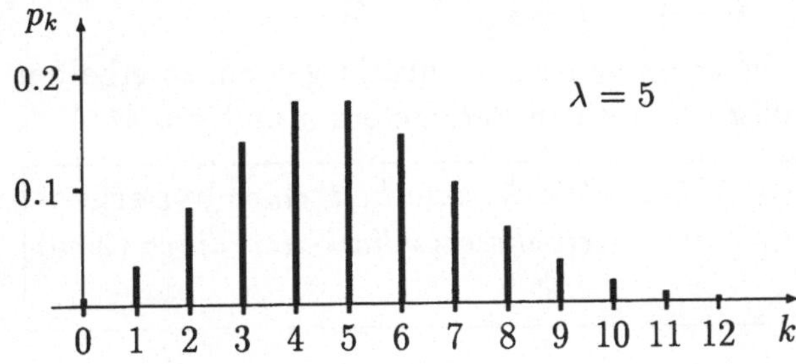

Bild 2.19: Einzelwahrscheinlichkeiten einer Poissonverteilung mit dem Parameter $\lambda = 5$

Anmerkung: Die Einzelwahrscheinlichkeiten $p_k = P(X = k)$ gemäß (2.82) genügen der Rekursionsbeziehung

$$\begin{aligned}
p_0 &= e^{-\lambda}; \\
p_k &= \frac{\lambda}{k} p_{k-1} \quad \text{für} \quad k = 1, 2, \ldots
\end{aligned}$$

2.3.6.4 Die hypergeometrische Verteilung

Wir betrachten ein Beispiel aus der Qualitätskontrolle.

Beispiel 2.46: Eine Lieferung von 100 Erzeugnissen wird einer Qualitätskontrolle unterzogen. Dabei werden auf gut Glück 5 der 100 Erzeugnisse herausgegriffen und überprüft. Es sei X die zufällige Anzahl der dabei festgestellten fehlerhaften Erzeugnisse.

Gesucht ist $P(X = k)$ $(k = 0, 1, \ldots, 5)$ unter der Voraussetzung, daß die gesamte Lieferung 10 fehlerhafte Teile enthält.   ◁

Bevor wir uns der Lösung dieses Problems zuwenden, formulieren wir die hier vorliegende Aufgabenstellung in Form eines Versuchsschemas:

In einer Urne befinden sich M schwarze und $N - M$ weiße Kugeln. Ohne Zurücklegen werden n Kugeln auf gut Glück der Urne entnommen (Stichprobe). Zu untersuchen ist die Zufallsgröße $X :=$ „Zufällige Anzahl der dabei gezogenen schwarzen Kugeln".

Die Wahrscheinlichkeit des zufälligen Ereignisses $\{X = k\} \ldots$ „Genau k schwarze (und $n - k$ weiße) Kugeln in der Stichprobe" können wir nach der klassischen Definition der Wahrscheinlichkeit (vgl. Abschnitt 2.2.2.2) unter Benutzung von Ergebnissen der Kombinatorik bestimmen:

$$P(X = k) = \frac{\binom{M}{k}\binom{N - M}{n - k}}{\binom{N}{n}}; \qquad (2.85)$$

k durchläuft dabei alle ganzen Zahlen, die folgende Ungleichungen erfüllen:

$$0 \leq k \leq n, \quad k \leq M, \quad n - k \leq N - M.$$

Anmerkung: Wenden wir das Versuchsschema mit Zurücklegen an, so erhalten wir eine binomialverteilte Zufallsgröße mit den Parametern n und $p = M/N$.

Definition 2.44: *Eine diskrete Zufallsgröße X unterliegt einer* **hypergeometrischen Verteilung**, *wenn ihre Einzelwahrscheinlichkeiten durch (2.85) gegeben sind.*

Die Verteilungstabelle lautet:

x_i	0	1	...	k	...
$P(X = x_i)$	$\dfrac{\binom{N-M}{n}}{\binom{N}{n}}$	$\dfrac{\binom{M}{1}\binom{N-M}{n-1}}{\binom{N}{n}}$	...	$\dfrac{\binom{M}{k}\binom{N-M}{n-k}}{\binom{N}{n}}$	...

Erwartungswert und Varianz können der Tabelle 2.5 entnommen werden. Wir kehren nun zum Beispiel 2.46 zurück.

Beispiel 2.46 (Fortsetzung): Hier ist

$$N = 100, \quad M = 10, \quad n = 5.$$

Für die eingeführte Zufallsgröße stellen wir die Verteilungstabelle auf (vgl. Bild 2.20):

x_i	0	1	2	3	4	5
$P(X = x_i)$	0.5838	0.3394	0.0702	0.0064	0.0003	0.0000

Nehmen wir an, daß vereinbart wurde, die Lieferung anzunehmen, wenn unter den 5 geprüften Erzeugnissen höchstens ein fehlerhaftes Erzeugnis gefunden wird, so ist die Wahrscheinlichkeit für die Annahme

$$
\begin{aligned}
P(X \leq 1) &= P(X = 0) + P(X = 1) \\
&= \frac{\binom{10}{0}\binom{90}{5}}{\binom{100}{5}} + \frac{\binom{10}{1}\binom{90}{4}}{\binom{100}{5}} = 0.5838 + 0.3394 = 0.9232. \quad \triangleleft
\end{aligned}
$$

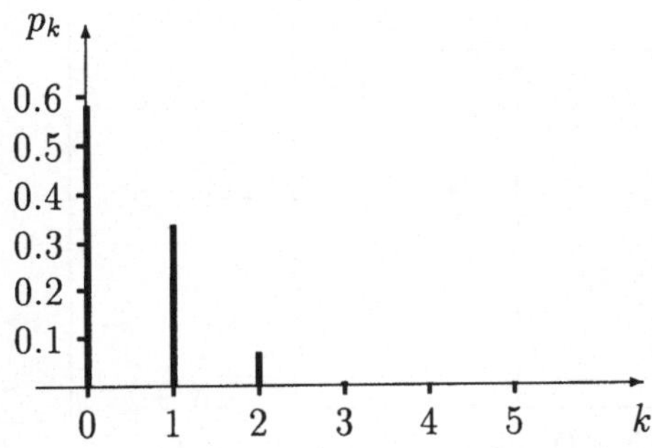

Bild 2.20: Einzelwahrscheinlichkeiten der hypergeometrischen Verteilung für das Beispiel 2.46 ($N = 100$, $M = 10$, $n = 5$)

2.3.6.5 Zusammenfassung

In Form einer Übersicht wollen wir in Tabelle 2.5 die wichtigsten Charakteristiken einiger diskreter Zufallsgrößen zusammenstellen (s. S. 92):

Einzelwahrscheinlichkeiten	$E(X)$	$D^2(X)$

Binomialverteilung

Parameter: $n = 1, 2, \ldots\,;\ 0 < p < 1$

$P(X = k) = \binom{n}{k} p^k (1-p)^{n-k}\ (k = 0, 1, \ldots, n)$	$n\,p$	$n\,p\,(1-p)$

Verteilung der absoluten Häufigkeit im Bernoulli–Versuchsschema.

Sonderfall: Null–Eins–Verteilung $(n = 1)$

Poissonverteilung

Parameter: $\lambda > 0$

$P(X = k) = \dfrac{\lambda^k}{k!} e^{-\lambda}\qquad (k = 0, 1, 2, \ldots)$	λ	λ

Grenzfall der Binomialverteilung: $n \to \infty$, $p \to 0$, $np \to \lambda$

(Gesetz der seltenen Ereignisse)

Hypergeometrische Verteilung

Parameter: $N = 1, 2, \ldots;\ M = 1, 2, \ldots, N;\ n = 1, 2, \ldots, N$

$P(X = k) = \dfrac{\dbinom{M}{k}\dbinom{N-M}{n-k}}{\dbinom{N}{n}}$ $0 \le k \le min(n, M), \qquad n - k \le N - M$	$n\dfrac{M}{N}$	$n\,\tilde{p}\,(1 - \tilde{p})\,c$ mit $\tilde{p} = \dfrac{M}{N}$, $c = \dfrac{N-n}{N-1}$

Grundverteilung der statistischen Qualitätskontrolle.

Für $N, M \to \infty$, $\dfrac{M}{N} \to p$ Konvergenz gegen die Binomialverteilung.

Geometrische Verteilung

Parameter: $0 < p < 1$

$P(X = k) = (1 - p)\,p^{k-1}\qquad (k = 1, 2, \ldots)$	$\dfrac{1}{1-p}$	$\dfrac{p}{(1-p)^2}$

Verteilung der Anzahl der Versuche bis zum ersten Mißerfolg
im unendlichen Bernoulli–Versuchsschema.

Tabelle 2.5: Übersicht zu ausgewählten diskreten Verteilungen

2.3.7 Einige spezielle stetige Wahrscheinlichkeitsverteilungen

Im folgenden sollen einige spezielle stetige Wahrscheinlichkeitsverteilungen betrachtet werden, die häufig in der Praxis Anwendung finden.

2.3.7.1 Die gleichmäßige stetige Verteilung

Wir gehen von folgendem Beispiel aus:

Beispiel 2.47: Die Effektivität eines Produktionsprozesses werde u. a. durch einen Einflußfaktor X (z. B. Umwelteinfluß, verwendeter Rohstoff usw.) beeinflußt. Von diesem Einflußfaktor sei lediglich bekannt, daß er im Intervall $[a, b]$ variiert. Stehen keine weiteren Informationen zur Verfügung, so werden wir für eine erste Untersuchung von der Hypothese ausgehen, daß keiner der Werte aus dem Intervall $[a, b]$ bevorzugt wäre. Sobald weitere Informationen verfügbar sind, ist diese Ausgangshypothese natürlich zu überprüfen.
Als einfaches mathematisches Modell dieses Sachverhalts betrachten wir folgenden zufälligen Versuch:
Aus dem Intervall $[a, b]$ wählen wir zufällig einen Punkt, wobei kein Punkt aus $[a, b]$ vom Zufall begünstigt werde. Mit X bezeichnen wir die Koordinate dieses zufällig gewählten Punktes. Für die Berechnung der Verteilungsfunktion $F_X(t) = P(X \leq t)$ betrachten wir zunächst den Fall $a \leq t < b$. In diesem Fall gibt $F_X(t)$ die Wahrscheinlichkeit dafür an, daß der zufällig gewählte Punkt im Intervall $[a, t]$ liegt. Nach der geometrischen Definition der Wahrscheinlichkeit erhalten wir für $a \leq t < b$

$$F_X(t) = P(X \leq t) = P(a \leq X \leq t) = \frac{t-a}{b-a}.$$

Für beliebige t ist damit

$$F_X(t) = \begin{cases} 0 & \text{für} \quad t < a, \\ \frac{t-a}{b-a} & \text{für} \quad a \leq t < b, \\ 1 & \text{für} \quad b \leq t. \end{cases} \tag{2.86}$$

Die zugehörige Dichtefunktion bestimmen wir nach Formel (2.43) bzw. (2.50):

$$f_X(t) = \begin{cases} \frac{1}{b-a} & \text{für} \quad a \leq t \leq b, \\ 0 & \text{sonst.} \end{cases} \tag{2.87}$$

$\triangleleft$

> **Definition 2.45:** *Eine stetige Zufallsgröße X mit der Dichtefunktion* (2.87)
> *bezeichnen wir als* **gleichmäßig stetig** *auf* $[a, b]$ *verteilt.*

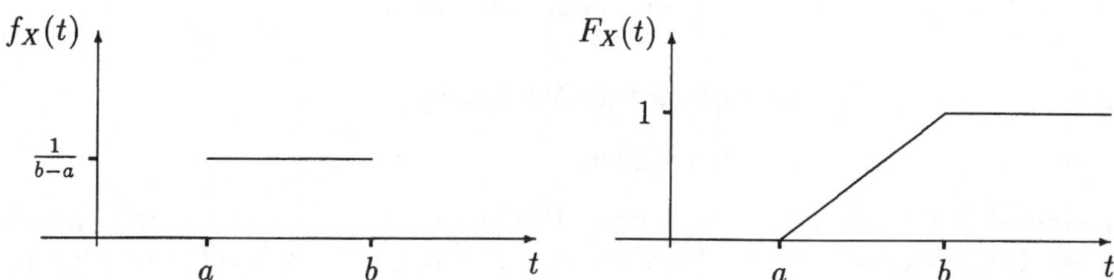

Bild 2.21: Dichte- und Verteilungsfunktion einer auf $[a, b]$ gleichmäßig stetig verteilten Zufallsgröße X

Wegen der Form der Dichte (vgl. Bild 2.21) ist auch die Bezeichnung *Rechteckverteilung* gebräuchlich.

Erwartungswert und Varianz berechnen wir nach Formel (2.58) bzw. (2.70)

$$E(X) = \int_{-\infty}^{+\infty} t f_X(t)\, \mathrm{d}t = \int_a^b t\frac{1}{b-a}\, \mathrm{d}t = \frac{a+b}{2}; \tag{2.88}$$

$$
\begin{aligned}
D^2(X) &= E(X^2) - [E(X)]^2 \\
&= \int_a^b t^2 \frac{1}{b-a}\, \mathrm{d}t - \frac{(a+b)^2}{4} = \frac{(b-a)^2}{12}.
\end{aligned}
\tag{2.89}
$$

Als „Standardfall" unter allen gleichmäßig stetig verteilten Zufallsgrößen kann $a = 0$ und $b = 1$ angesehen werden. Dieser Fall spielt eine besondere Rolle z. B. bei der „Monte–Carlo–Simulation", der Nachbildung zufälliger Erscheinungen auf dem Rechner.

2.3.7.2 Die Exponentialverteilung

Erfolgreiche Anwendungen der Exponentialverteilung finden wir u. a. bei folgenden Problemen:

- zufällige Zeitdauer eines Telefongespräches;
- zufällige Zeit bis zum ersten Ausfall von Bauelementen, bei denen Alterungserscheinungen vernachlässigt werden können (z. B. gewisse elektronische Bauelemente);

- zufällige Zeitdauer für die Durchführung bestimmter Instandhaltungsmaßnahmen technischer Anlagen;
- zufällige Zeitdauer für gewisse Dienstleistungen;
- zufällige Zeitdauer zwischen zwei aufeinanderfolgenden Anrufen bei einer Telefonzentrale.

Die Bedeutung der Exponentialverteilung wird auch dadurch unterstrichen, daß ihre Anwendung die Beschreibung einer Reihe anwendungsbezogener mathematischer Modelle wesentlich vereinfacht. Die Darlegung der Gründe hierfür übersteigt den Rahmen dieses Buches.

Definition 2.46: *Eine stetige Zufallsgröße X unterliegt einer* **Exponentialverteilung** *mit dem Parameter $\lambda > 0$, wenn sie die Dichtefunktion*

$$f_X(t) = \begin{cases} 0 & \text{für } t \leq 0, \\ \lambda e^{-\lambda t} & \text{für } t > 0 \end{cases} \tag{2.90}$$

besitzt.

Diese Verteilung haben wir schon als Musterbeispiel 2.34 in den Abschnitten 2.3.2.4 und 2.3.3 benutzt, so daß wir uns hier auf die Zusammenstellung der Ergebnisse beschränken:

$$F_X(t) = P(X \leq t) = \begin{cases} 0 & \text{für } t < 0, \\ 1 - e^{-\lambda t} & \text{für } t \geq 0; \end{cases} \tag{2.91}$$

$$E(X) = \frac{1}{\lambda}; \qquad D^2(X) = \frac{1}{\lambda^2}. \tag{2.92}$$

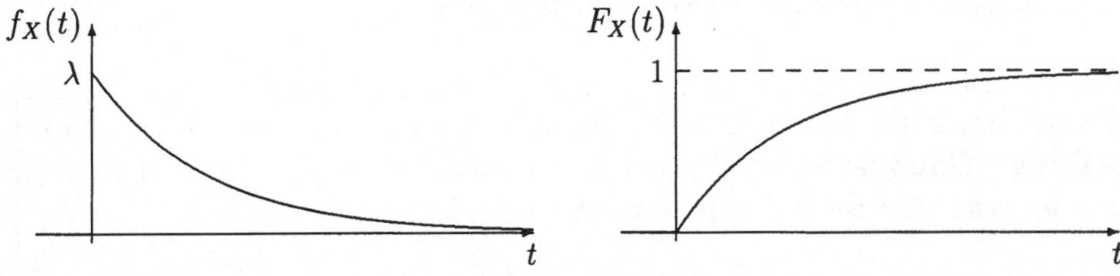

Bild 2.22: Dichte- und Verteilungsfunktion der Exponentialverteilung

Beispiel 2.48: Die zufällige Zeit (gemessen in h), die zur Reparatur eines Gerätes aufgewendet werden muß, unterliege einer Exponentialverteilung. Die mittlere Reparaturzeit betrage 2 h.
Gesucht ist die Wahrscheinlichkeit dafür, daß zur Reparatur eines Gerätes mindestens 3 Stunden aufgewendet werden müssen.

Lösung:

1. Es sei X die zufällige Reparaturzeit in h. Bekannt ist der Erwartungswert $E(X) = 2$ h.

2. Nach (2.92) ist $\lambda = (E(X))^{-1}$ und damit $\lambda = 0.5$.

3. Die gesuchte Wahrscheinlichkeit ist

$$
\begin{aligned}
P(X \geq 3) &= 1 - P(X < 3) = 1 - P(X \leq 3) = 1 - F_X(3) \\
&= 1 - [1 - e^{-0.5 \cdot 3}] = e^{-1.5} = 0.2231. \qquad \lhd
\end{aligned}
$$

2.3.7.3 Die Normalverteilung

Mit der Normalverteilung lernen wir eine der grundlegenden Verteilungen der Wahrscheinlichkeitsrechnung und mathematischen Statistik kennen. Sie findet Anwendung bei zahlreichen praktischen Problemen.

Als normalverteilt können wir Zufallsgrößen ansehen, die durch additive Überlagerung einer großen Zahl von gleichberechtigten zufälligen Einflüssen entstehen, wobei jede einzelne Einflußgröße einen im Verhältnis zur Gesamtsumme nur unbedeutenden Beitrag liefert. Wir werden diese Begründung im Abschnitt 2.3.11.2 in Form des zentralen Grenzwertsatzes präzisieren.

Beispiele für normalverteilte Zufallsgrößen sind:
- zufällige Beobachtungs- oder Meßfehler;
- zufällige Abweichungen vom Nennmaß bei der Fertigung von Werkstücken;
- zufällige Flugweite eines Geschosses;
- Effekte beim Prozeß der Brownschen Bewegung.

Definition 2.47: *Eine stetige Zufallsgröße X unterliegt einer* **Normalverteilung (Gaußverteilung**[18]**)** *mit den Parametern $-\infty < \mu < +\infty$ und $\sigma > 0$, wenn ihre Dichtefunktion durch*

$$
f_X(t) = \frac{1}{\sigma\sqrt{2\pi}} \exp\left[-\frac{(t-\mu)^2}{2\sigma^2}\right] \quad (-\infty < t < +\infty) \tag{2.93}
$$

gegeben ist.

Wir schreiben X ist $N(\mu; \sigma)$-verteilt (kurz $X \sim N(\mu; \sigma)$).

---

[18]Carl Friedrich Gauß (1777-1855), deutscher Mathematiker.

Gemäß Formel (2.43) erhalten wir die zugehörige Verteilungsfunktion

$$F_X(t) = \frac{1}{\sigma\sqrt{2\pi}} \int\limits_{-\infty}^{t} \exp\left[-\frac{(x-\mu)^2}{2\sigma^2} \right] \mathrm{d}x. \qquad (2.94)$$

In Bild 2.23 sind Dichte- und Verteilungsfunktion der Normalverteilung skizziert.

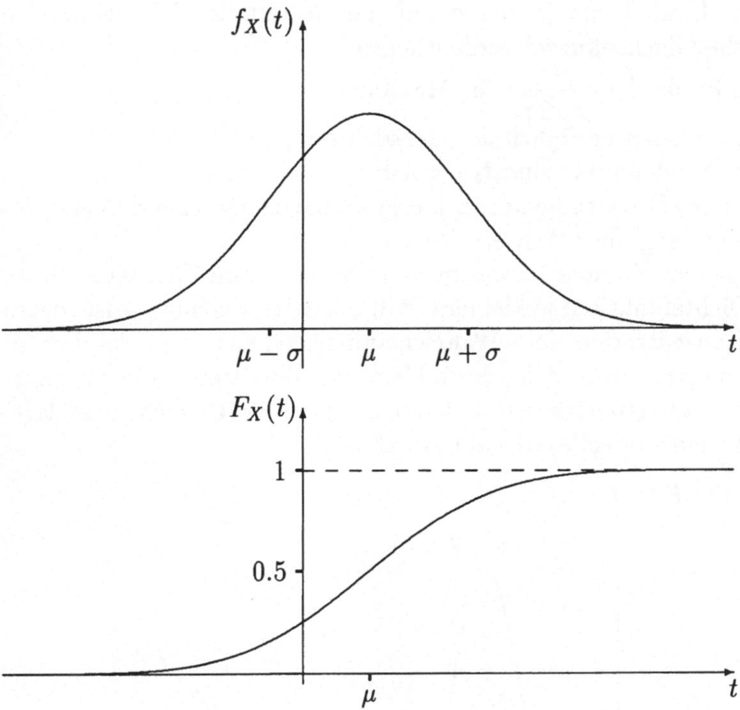

Bild 2.23: Dichte- und Verteilungsfunktion der Normalverteilung mit den Parametern $\mu = 1$, $\sigma = 1.5$

Aufschluß über die Bedeutung der Verteilungsparameter μ und σ gewinnen wir bei der Bestimmung von Erwartungswert und Varianz:

$$E(X) = \frac{1}{\sigma\sqrt{2\pi}} \int\limits_{-\infty}^{+\infty} x \exp\left[-\frac{(x-\mu)^2}{2\sigma^2} \right] \mathrm{d}x = \mu; \qquad (2.95)$$

$$D^2(X) = \frac{1}{\sigma\sqrt{2\pi}} \int\limits_{-\infty}^{+\infty} (x - \mu)^2 \exp\left[-\frac{(x - \mu)^2}{2\sigma^2} \right] dx = \sigma^2. \qquad (2.96)$$

Um die Abhängigkeit der durch (2.93) und (2.94) gegebenen Dichte- und Verteilungsfunktion von den Parametern μ und σ hervorzuheben, verwenden wir die Symbolik

$$f_X(t) = \varphi(t; \mu, \sigma), \qquad F_X(t) = \Phi(t; \mu, \sigma).$$

Bild 2.24 soll den Einfluß von μ und σ auf die Gestalt der Dichtefunktion $\varphi(t; \mu, \sigma)$ (Gaußsche Glockenkurve) verdeutlichen:

- $\varphi(t; \mu, \sigma)$ hat im Punkt $\left(\mu, \frac{1}{\sigma\sqrt{2\pi}}\right)$ ihr Maximum;
- $\varphi(t; \mu, \sigma)$ ist symmetrisch bezüglich der Geraden $t = \mu$;
- die Abzissen der Wendepunkte sind $t_{1,2} = \mu \pm \sigma$;
- eine Veränderung des Erwartungswertes μ ergibt eine entsprechende Verschiebung der Dichte entlang der t-Achse;
- eine Veränderung der Standardabweichung σ bewirkt eine Streckung bzw. Stauchung der Dichtefunktion; je kleiner die Standardabweichung σ ist, desto stärker ist die Konzentration der „Wahrscheinlichkeitsmasse" in der Umgebung des Erwartungswertes μ, d. h., desto kleiner ist die Streuung der Zufallsgröße um den Erwartungswert μ (wir finden hier erneut die Tatsache bestätigt, daß $\sigma = \sqrt{D^2(X)}$ ein sinnvolles Streuungsmaß ist).

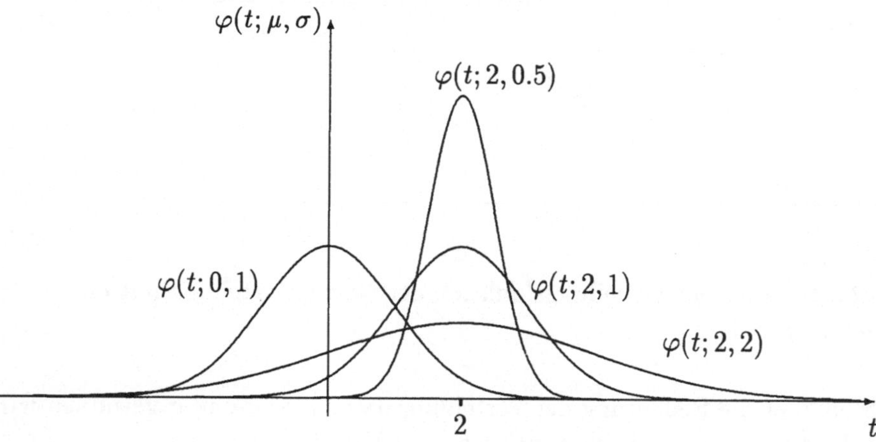

Bild 2.24: Einfluß der Parameter σ und μ auf die Gestalt der Dichtefunktion der Normalverteilung

Durch Anwenden der Transformationsformel (2.71) können wir folgende wichtige besondere Eigenschaft der Normalverteilung als Satz zusammenfassen:

> **Satz 2.7:** *Unterliegt X einer Normalverteilung mit den Parametern $E(X) = \mu$ und $\sqrt{D^2(X)} = \sigma$, so unterliegt auch $Y = aX + b$ mit den Konstanten a, b einer Normalverteilung mit den Parametern $E(Y) = a\mu + b$ und $\sqrt{D^2(Y)} = a\sigma$.*
> *Die Klasse der Normalverteilungen wird also bei linearen Transformationen nicht verlassen.*

Wählen wir speziell $a = \sigma^{-1}$ und $b = -\mu\sigma^{-1}$, d.h., wenden wir die Transformation

$$Y = \frac{X - \mu}{\sigma}, \qquad X = \mu + \sigma Y$$

an, so erhalten wir einen häufig benutzten Zusammenhang zwischen einer beliebigen normalverteilten Zufallsgröße X und einer *standardnormalverteilten* Zufallsgröße Y mit den Parametern $E(Y) = 0$ und $D^2(Y) = 1$.

Diese besondere Eigenschaft ist auch deshalb wichtig, weil sich das in Formel (2.94) zur Berechnung der Verteilungsfunktion auftretende Integral nicht durch elementare Funktionen ausdrücken läßt. Wir benötigen entsprechende Software oder Tafeln für die Verteilungsfunktion, die dadurch aber lediglich für die Standardnormalverteilung erforderlich sind.

In Tafel 1 des Anhangs ist die Verteilungsfunktion $\Phi(t; 0, 1)$ der standardisierten Normalverteilung ($\mu = 0, \sigma = 1$) tabelliert.[19] In dieser Tafel ist nur der Bereich der nichtnegativen Argumente ($t \geq 0$) erfaßt. Wegen der Symmetrie der Dichtefunktion erhalten wir die Funktionswerte für negative Argumente aus den Beziehungen

$$\begin{aligned}
\varphi(-t; 0, 1) &= \varphi(t; 0, 1); \\
\Phi(-t; 0, 1) &= 1 - \Phi(t; 0, 1).
\end{aligned} \qquad (2.97)$$

Für die rechentechnische Behandlung eignet sich die Approximation[20]

$$1 - \Phi(t; 0, 1) = \varphi(t; 0, 1) \sum_{i=1}^{5} b_i x^i + \varepsilon(t) \quad (t \geq 0)$$

mit $\quad x = (1 + 0.2316419\, t)^{-1}$; $\quad b_1 = 0.319381530$; $\quad b_2 = -0.356563782$;
$\qquad\quad b_3 = 1.781477937$; $\quad b_4 = -1.821255978$; $\quad b_5 = 1.330274429$.
Dabei ist $|\varepsilon(t)| < 7.5 \cdot 10^{-8}$.

---

[19]Bei der Nutzung von Tafeln aus anderen Quellen ist darauf zu achten, welche Funktion tabelliert ist. Gebräuchlich sind auch verwandte Funktionen, die dann auf die Verteilungsfunktion umzurechnen sind.

[20]Hastings, C.: Approximations for digital computers, Princeton Univ. Press, Princeton, N.J.,1955.

Die Verteilungsfunktion und einige Wahrscheinlichkeiten für eine normalverteilte Zufallsgröße X mit $E(X) = \mu$ und $D^2(X) = \sigma^2$ sollen nun mit Hilfe von Satz 2.7 ermittelt werden:
Wir bilden die standardisierte Zufallsgröße $Y = \dfrac{X - \mu}{\sigma}$ mit $E(Y) = 0$ und $D^2(Y) = 1$. Damit können wir Werte der Funktion

$$F_Y(t) = P(Y \leq t) = \Phi(t; 0, 1)$$

aus Tafel 1 entnehmen.
Zur Bestimmung der gesuchten Verteilungsfunktion von X nehmen wir folgende Umformungen vor:

$$\begin{aligned}
F_X(t) &= P(X \leq t) = P\left(\frac{X - \mu}{\sigma} \leq \frac{t - \mu}{\sigma}\right) = P\left(Y \leq \frac{t - \mu}{\sigma}\right) \\
&= \Phi\left(\frac{t - \mu}{\sigma}; 0, 1\right).
\end{aligned}$$

Weiterhin soll die Wahrscheinlichkeit dafür, daß die Zufallsgröße X einen Wert aus dem Intervall $[a, b]$ annimmt $(a < b)$, berechnet werden:

$$\begin{aligned}
P(a \leq X \leq b) &= P\left(\frac{a - \mu}{\sigma} \leq \frac{X - \mu}{\sigma} \leq \frac{b - \mu}{\sigma}\right) = P\left(\frac{a - \mu}{\sigma} \leq Y \leq \frac{b - \mu}{\sigma}\right) \\
&= P\left(Y \leq \frac{b - \mu}{\sigma}\right) - P\left(Y \leq \frac{a - \mu}{\sigma}\right) + P\left(Y = \frac{a - \mu}{\sigma}\right) \\
&= F_Y\left(\frac{b - \mu}{\sigma}\right) - F_Y\left(\frac{a - \mu}{\sigma}\right); \\
P(a \leq X \leq b) &= \Phi\left(\frac{b - \mu}{\sigma}; 0, 1\right) - \Phi\left(\frac{a - \mu}{\sigma}; 0, 1\right).
\end{aligned}$$

Beispiel 2.49: Wir betrachten die normalverteilte Zufallsgröße X mit den Parametern $\mu = 6$ und $\sigma = 2$ und berechnen für ausgewählte Intervalle die entsprechenden Wahrscheinlichkeiten.

Lösung:

1. Für $t = 7$ erhalten wir

$$\begin{aligned}
F_X(7) = P(X \leq 7) &= P\left(Y \leq \frac{7 - 6}{2}\right) = \Phi\left(\frac{7 - 6}{2}; 0, 1\right) \\
&= \Phi(0.5; 0, 1) = 0.691462.
\end{aligned}$$

2. Für $t = 3$ ergibt sich

$$\begin{aligned}
F_X(3) = P(X \leq 3) &= P\left(Y \leq \frac{3 - 6}{2}\right) = \Phi(-1.5; 0, 1) \\
&= 1 - \Phi(1.5; 0, 1) = 1 - 0.933193 \\
&= 0.066807.
\end{aligned}$$

3. Für das Intervall $[6.2, 8]$ gilt

$$\begin{aligned}
P(6.2 \leq X \leq 8) &= P\left(\frac{6.2-6}{2} \leq Y \leq \frac{8-6}{2}\right) = P(0.1 \leq Y \leq 1) \\
&= \Phi(1; 0, 1) - \Phi(0.1; 0, 1) = 0.841345 - 0.539828 \\
&= 0.301517.
\end{aligned}$$

4. Für das Intervall $[4.6, 7]$ ergibt sich die Wahrscheinlichkeit

$$\begin{aligned}
P(4.6 \leq X \leq 7) &= P\left(\frac{4.6-6}{2} \leq Y \leq \frac{7-6}{2}\right) = P(-0.7 \leq Y \leq 0.5) \\
&= \Phi(0.5; 0, 1) - \Phi(-0.7; 0, 1) \\
&= \Phi(0.5; 0, 1) - [1 - \Phi(0.7; 0, 1)] \\
&= \Phi(0.5; 0, 1) + \Phi(0.7; 0, 1) - 1 \\
&= 0.691462 + 0.758036 - 1 = 0.449498. \quad \triangleleft
\end{aligned}$$

Die Bedeutung des Parameters σ einer Normalverteilung kommt auch in den Wahrscheinlichkeiten dafür, daß diese Zufallsgröße Werte aus den Intervallen $[\mu - k\sigma, \mu + k\sigma]$ $(k = 1, 2, 3)$ annimmt, zum Ausdruck:

$$\begin{aligned}
P(|X - \mu| \leq k\sigma) &= P(\mu - k\sigma \leq X \leq \mu + k\sigma) \\
&= P\left(\left|\frac{X - \mu}{\sigma}\right| \leq k\right) = P(|Y| \leq k) \\
&= \Phi(k; 0, 1) - \Phi(-k; 0, 1) = \Phi(k; 0, 1) - [1 - \Phi(k; 0, 1)] \\
&= 2\Phi(k; 0, 1) - 1.
\end{aligned}$$

Die Ergebnisse für $k = 1, 2, 3$ lauten:

$$\begin{aligned}
P(|X - \mu| \leq \sigma) &= 2 \cdot 0.841345 - 1 = 0.682690; \\
P(|X - \mu| \leq 2\sigma) &= 2 \cdot 0.977250 - 1 = 0.954500; \\
P(|X - \mu| \leq 3\sigma) &= 2 \cdot 0.998650 - 1 = 0.997300.
\end{aligned}$$

Die Aussage für $k = 3$ wird auch als 3σ-Regel bezeichnet:
Bei einer normalverteilten Zufallsgröße liegen 99.73% der Wahrscheinlichkeitsmasse im Intervall $[\mu - 3\sigma, \mu + 3\sigma]$.
Die eben gewonnenen Ergebnisse sind an die Normalverteilung gebunden. Wollen wir entsprechende allgemeingültige Aussagen für alle Verteilungen mit existierendem Erwartungswert $E(X)$ und existierender Varianz $D^2(X)$ treffen, so können wir die *Tschebyscheffsche*[21] *Ungleichung* nutzen:

$$P\left(|X - E(X)| < k \sqrt{D^2(X)}\right) \geq 1 - \frac{1}{k^2} \quad (k > 0 \; beliebig). \tag{2.98}$$

---

[21]Pafnuti Lwowitsch Tschebyscheff (1821–1894), russischer Mathematiker.

Bei einer beliebigen Verteilung liegen folglich mindestens $\frac{8}{9}$, d. h. 88.89% der Wahrscheinlichkeitsmasse im Intervall $(E(X)-3\sqrt{D^2(X)},\ E(X)+3\sqrt{D^2(X)})$. Diese Aussage muß naturgemäß gröber ausfallen als bei der Normalverteilung.

Beispiel 2.50: Ein Werkstück besitzt die gewünschte Qualität, wenn die Abweichung eines bestimmten Maßes vom entsprechenden Nennmaß dem Betrage nach nicht größer als 3.6 mm ist. Der Herstellungsprozeß sei so beschaffen, daß dieses Maß als eine normalverteilte Zufallsgröße angesehen werden kann, deren Erwartungswert mit dem Nennmaß übereinstimmt. Weiterhin sei $\sigma = 2\,\text{mm}$ bekannt.
Wieviel Prozent der Werkstücke einer Serie werden durchschnittlich mit gewünschter Qualität produziert?

Lösung:

1. Es sei X die zufällige Abweichung vom Nennmaß.

   X ist normalverteilt mit $E(X) = \mu = 0$ und $D^2(X) = \sigma^2 = 4$.

2. $Y = \frac{X}{\sigma} = \frac{X}{2}$ ist die zugehörige standardisierte Zufallsgröße.

3. Es gilt:

$$
\begin{aligned}
P(|X| \leq 3.6) &= P(|\frac{X}{2}| \leq \frac{3.6}{2}) = P(|Y| \leq 1.8) \\
&= \Phi(1.8; 0, 1) - \Phi(-1.8; 0, 1) \\
&= \Phi(1.8; 0, 1) - [1 - \Phi(1.8; 0, 1)] \\
&= 2\Phi(1.8; 0, 1) - 1 = 2 \cdot 0.96407 - 1 \\
&= 0.92814.
\end{aligned}
$$

Im Durchschnitt genügen etwa 93% aller Werkstücke den Qualitätsansprüchen. $\triangleleft$

2.3.7.4 Zusammenfassung

In Form einer Übersicht wollen wir in der Tabelle 2.6 die wichtigsten Charakteristika einiger stetiger Zufallsgrößen zusammenstellen.
Auf Grund der großen Bedeutung für die Anwendung werden in diese Übersicht die Erlang-, die Gamma-, die Weibull-Verteilung und die logarithmische Normalverteilung aufgenommen.

Dichtefunktion	$E(X)$	$D^2(X)$
Gleichmäßig stetige Verteilung Parameter: a, b $(a < b)$		
$f_X(t) = \begin{cases} \dfrac{1}{b-a} & \text{für} \quad a \le t \le b, \\ 0 & \text{sonst.} \end{cases}$	$\dfrac{a+b}{2}$	$\dfrac{(b-a)^2}{12}$
Standardfall $a = 0$, $b = 1$: Verteilung der Pseudo–Zufallszahlen		
Exponentialverteilung Parameter: $\lambda > 0$		
$f_X(t) = \begin{cases} \lambda e^{-\lambda t} & \text{für} \quad t > 0, \\ 0 & \text{sonst.} \end{cases}$	$\dfrac{1}{\lambda}$	$\dfrac{1}{\lambda^2}$
Grundverteilung der Zuverlässigkeitstheorie		
Normalverteilung Parameter: $-\infty < \mu < +\infty$, $\sigma > 0$		
$f_X(t) = \dfrac{1}{\sigma\sqrt{2\pi}} \exp\left[- \dfrac{(t-\mu)^2}{2\sigma^2} \right]$	μ	σ^2
Grundverteilung der Wahrscheinlichkeitsrechnung und mathematischen Statistik, Begründung siehe zentraler Grenzwertsatz		
Logarithmische Normalverteilung Parameter: $-\infty < \mu < +\infty$, $\sigma > 0$		
$f_X(t) = \begin{cases} \dfrac{1}{\sigma t\sqrt{2\pi}} \exp\left[- \dfrac{(\ln t - \mu)^2}{2\sigma^2} \right] & \text{für} \quad t > 0, \\ 0 & \text{sonst.} \end{cases}$	$e^{\mu + \frac{\sigma^2}{2}}$	$e^{2\mu + \sigma^2}(e^{\sigma^2} - 1)$
X unterliegt einer logarithmischen Normalverteilung, wenn $\ln X$ einer Normalverteilung unterliegt.		

Tabelle 2.6: Übersicht zu ausgewählten stetigen Verteilungen

Dichtefunktion	$E(X)$	$D^2(X)$
Weibullverteilung Parameter: $\lambda > 0,\ \alpha > 0$		
$f_X(t) = \begin{cases} \lambda\alpha t^{\alpha-1}e^{-\lambda t^{\alpha}} & \text{für}\quad t>0, \\ 0 & \text{sonst.} \end{cases}$	$\lambda^{-\frac{1}{\alpha}}\Gamma(\frac{1}{\alpha}+1)$	$\lambda^{-\frac{2}{\alpha}}\left[\Gamma(\frac{2}{\alpha}+1)-\Gamma^2(\frac{1}{\alpha}+1)\right]$
Grundverteilung der Zuverlässigkeitstheorie; Sonderfall $\alpha = 1$: Exponentialverteilung; $\Gamma(\cdot)$: Gammafunktion		
Erlangverteilung Parameter: $\lambda > 0,\ k = 1, 2, \ldots$		
$f_X(t) = \begin{cases} \dfrac{\lambda^k t^{k-1}}{(k-1)!}e^{-\lambda t} & \text{für}\quad t>0, \\ 0 & \text{sonst.} \end{cases}$	$k\lambda^{-1}$	$k\lambda^{-2}$
Sonderfall $k = 1$: Exponentialverteilung; Summe von $k = 2, 3, \ldots$ unabhängigen exponentialverteilten Zufallsgrößen mit dem Parameter λ unterliegt einer Erlangverteilung mit den Parametern λ und k		
Gammaverteilung Parameter: $\lambda > 0,\ \alpha > 0$		
$f_X(t) = \begin{cases} \dfrac{\lambda^\alpha t^{\alpha-1}}{\Gamma(\alpha)}e^{-\lambda t} & \text{für}\quad t>0, \\ 0 & \text{sonst.} \end{cases}$	$\alpha\lambda^{-1}$	$\alpha\lambda^{-2}$
Sonderfall $\alpha = 1$: Exponentialverteilung; $\alpha = k = 2, 3, \ldots$: Erlangverteilung; $\Gamma(.)$: Gammafunktion.		

Tabelle 2.6: Fortsetzung

2.3.8 Mehrdimensionale Zufallsgrößen

2.3.8.1 Einleitung

Bisher haben wir bei zufälligen Versuchen das Verhalten einer Größe untersucht. In der Praxis ist es aber oft notwendig, mehrere Größen gleichzeitig zu beobachten. Wir werden so zur Problematik der *mehrdimensionalen Zufallsgrößen* geführt, die wir auch als *Zufallsvektoren* bezeichnen.

Im folgenden werden wir uns vorwiegend auf zweidimensionale Zufallsgrößen beschränken; die bei ihnen geltenden Beziehungen lassen sich auf n-dimensionale Zufallsgrößen ($n > 2$) verallgemeinern.

Die Einführung mehrdimensionaler Zufallsgrößen wollen wir in den folgenden beiden Beispielen motivieren:

Beispiel 2.51: Bei der Dimensionierung von Regenwasserleitungen werden die meteorologischen Gegebenheiten der betreffenden Region hinsichtlich des Niederschlagsgeschehens berücksichtigt. Dies geschieht in folgender Weise: Es sei

$X := $ „Die zufällige Zeitdauer eines Regens (in min)",

$Y := $ „Die zufällige Intensität des Regens $\left(\text{in } \dfrac{l}{\text{min} \cdot \text{m}^2} \right)$".

Beide Zufallsgrößen sind nicht getrennt voneinander, sondern als Paar (X, Y) zu beschreiben, da z. B. in der Tendenz bei kurzer Zeitdauer X eine größere Intensität zu beobachten ist.   ◁

Beispiel 2.52: In einem Produktionsprozeß werden während eines bestimmten Zeitintervalls n gleiche Teile gefertigt. Hiervon gehört eine zufällige Anzahl der einwandfreien Teile zur 1. Wahl und die anderen einwandfreien Teile zur 2. Wahl. Der Rest entspricht nicht den Qualitätsanforderungen. Durch die Festlegungen

$X := $ „Zufällige Anzahl der Teile, die zur 1. Wahl gehören";

$Y := $ „Zufällige Anzahl der Teile, die zur 2. Wahl gehören"

ist mit der zweidimensionalen Zufallsgröße (X, Y) die Qualitätsbeschreibung des Produktionsprozesses möglich.   ◁

Im eindimensionalen Fall unterscheiden wir zwischen stetigen und diskreten Zufallsgrößen. Auch bei mehrdimensionalen Zufallsgrößen sind derartige Unterscheidungen erforderlich. Im Beispiel 2.51 sind X und Y stetige Zufallsgrößen. Entsprechend bezeichnen wir (X, Y) als *stetige zweidimensionale Zufallsgröße*. Im Beispiel 2.52 ist durch (X, Y) eine *diskrete zweidimensionale Zufallsgröße* gegeben. Natürlich treten auch solche zweidimensionalen Zufallsgrößen (X, Y) auf, bei welchen die eine Zufallsgröße diskret und die andere stetig ist.

2.3.8.2 Wahrscheinlichkeitsverteilung einer mehrdimensionalen Zufallsgröße

Einzelwahrscheinlichkeiten im diskreten Fall:

Bei einer diskreten eindimensionalen Zufallsgröße X haben wir durch Angabe der Werte x_i ($i = 1, 2, \ldots$) und der Einzelwahrscheinlichkeiten $P(X = x_i) = p_i$ ihre Verteilungstabelle gewonnen.

Eine zweidimensionale diskrete Zufallsgröße (X, Y) kann endlich oder abzählbar unendlich viele Wertepaare (x_i, y_k) ($i, k = 1, 2, \ldots$) annehmen. Die entsprechenden Einzelwahrscheinlichkeiten

$$P(X = x_i, Y = y_k) = p_{ik} := P(\{X = x_i\} \cap \{Y = y_k\})$$

sind die Wahrscheinlichkeiten dafür, daß sowohl X den Wert x_i als auch Y den Wert y_k annimmt. In den weiteren Betrachtungen werden wir zur Vereinfachung annehmen, daß die Zufallsgrößen X und Y jeweils eine endliche Anzahl von Werten besitzen.

Zur Berechnung der Einzelwahrscheinlichkeiten greifen wir auf das einführende Beispiel 2.52 zurück.

Beispiel 2.52 (Fortsetzung): Wir präzisieren die Fragestellung des Beispiels durch die Annahme, daß unabhängig voneinander $n = 5$ Teile produziert werden und mit den Wahrscheinlichkeiten $p_1 = 0.85$ bzw. $p_2 = 0.1$ zur 1. Wahl bzw. zur 2. Wahl gehören. Bei diesem Problem hat der einzelne Versuch (Qualitätsprüfung eines Teils) im Vergleich zum Bernoullischen Versuchsschema 3 Ausgänge. Die Einzelwahrscheinlichkeiten werden wie beim Bernoullischen Versuchsschema berechnet. Es sei

A_r ... „Das geprüfte Teil gehört zur r-ten Wahl" $(r = 1, 2)$;

A_3 ... „Das geprüfte Teil ist Ausschuß".

Bekannt sind $P(A_1) = p_1 = 0.85, P(A_2) = p_2 = 0.10$ und $P(A_3) = p_3 = 0.05$, mit $p_1 + p_2 + p_3 = 1$. Nimmt bei 5 unabhängigen Versuchen X den Wert i und Y den Wert k an, so bedeutet dies, daß A_1 i-mal, A_2 k-mal und A_3 $(5 - i - k)$-mal beobachtet wird. Dafür gibt es $\dfrac{5!}{i!k!(5 - i - k)!}$ verschiedene Möglichkeiten. Deshalb ergibt sich für die Einzelwahrscheinlichkeiten:

$$p_{ik} = P(X = i, Y = k) = \frac{5!}{i!k!(5 - i - k)!}\, 0.85^i\, 0.10^k\, (1 - 0.85 - 0.10)^{5-i-k}$$

$$\text{für } i, k = 0, 1, 2, ..., 5 \text{ und } i + k \leq 5. \tag{2.99}$$

Die entsprechend der obigen Formel berechneten Einzelwahrscheinlichkeiten sind in der Tabelle 2.7 zur sogenannten Verteilungstabelle zusammengefaßt.

X \ Y	0	1	2	3	4	5	$\sum$
0	0.000 00	0.000 00	0.000 01	0.000 03	0.000 03	0.000 01	0.000 08
1	0.000 03	0.000 21	0.000 64	0.000 85	0.000 43	0	0.002 16
2	0.000 90	0.005 42	0.010 84	0.007 22	0	0	0.024 38
3	0.015 35	0.061 41	0.061 41	0	0	0	0.138 17
4	0.130 50	0.261 00	0	0	0	0	0.391 50
5	0.443 71	0	0	0	0	0	0.443 71
$\sum$	0.590 49	0.328 04	0.072 90	0.008 10	0.000 46	0.000 01	1.000 00

Tabelle 2.7: Verteilungstabelle der zweidimensionalen Zufallsgröße (X, Y) aus Beispiel 2.52

In dieser Tabelle sind neben den Einzelwahrscheinlichkeiten p_{ik} in der letzten Zeile bzw. letzten Spalte die jeweiligen Zeilen- bzw. Spaltensummen angegeben.

So ist in der 1. Spalte die Summe der Einzelwahrscheinlichkeiten 0.59049. Dies ist die Wahrscheinlichkeit dafür, daß Y den Wert 0 und X einen beliebigen Wert annimmt. Es gilt:

$$0.59049 = \sum_{i=0}^{5} p_{i0} = P(Y = 0) .$$

Analog steht z.B. in der 4. Zeile mit

$$0.13817 = \sum_{k=0}^{5} p_{3k} = P(X = 3)$$

die Wahrscheinlichkeit dafür, daß X den Wert 3 und Y einen beliebigen Wert annimmt. Die Summe der Zahlen in der letzten Zeile (Randzeile) bzw. der letzten Spalte (Randspalte) ist jeweils 1, d. h., sie können als Einzelwahrscheinlichkeiten einer eindimensionalen Verteilung angesehen werden. $\lhd$

Nach den abschließenden Bemerkungen im obigen Beispiel wollen wir nun folgende allgemeine Definition angeben:

Definition 2.48: *Die Gesamtheit der Wahrscheinlichkeiten*

$$p_{i\cdot} = \sum_{k=1}^{s} P(X = x_i, Y = y_k) = P(X = x_i) \quad (i = 1, 2, \ldots, n)$$

bzw.

$$p_{\cdot k} = \sum_{i=1}^{n} P(X = x_i, Y = y_k) = P(Y = y_k) \quad (k = 1, 2, \ldots, s)$$

wird als **Randverteilung der diskreten Zufallsgröße** X **bzw.** Y *(in der zweidimensionalen diskreten Zufallsgröße* $(X, Y))$ *bezeichnet.*

Für die Einzelwahrscheinlichkeiten der beiden Randverteilungen gilt:

$$\sum_{i=1}^{n} p_{i\cdot} = \sum_{k=1}^{s} p_{\cdot k} = 1 = \sum_{i=1}^{n} \sum_{k=1}^{s} p_{ik} .$$

Analog zum Begriff der bedingten Wahrscheinlichkeit, die wir im Abschnitt 2.2.4.1 kennengelernt haben, wollen wir uns jetzt mit den bedingten Verteilungen bei diskreten zweidimensionalen Zufallsgrößen befassen.

Beispiel 2.52 (Fortsetzung): Wir nehmen an, daß unter den 5 produzierten Teilen kein Teil zur 2. Wahl gehört, d. h., es ist $\{Y = 0\}$ eingetreten. Nun soll die

Wahrscheinlichkeit dafür berechnet werden, daß genau i Teile ($i = 0, 1, 2, ..., 5$) der 1. Wahl produziert werden, wenn $\{Y = 0\}$ bekannt ist. Entsprechend der Definition der bedingten Wahrscheinlichkeit gilt.

$$P(X = i \mid Y = 0) := P(\{X = i\} \mid \{Y = 0\}) = \frac{P(X = i, Y = 0)}{P(Y = 0)} \, .$$

Für $i = 0, 1, 2, ..., 5$ erhalten wir gemäß dieser Beziehung die entsprechenden bedingten Wahrscheinlichkeiten, die in folgender Tabelle zusammengefaßt sind:

x_i	0	1	2	3	4	5
$P(X = x_i \mid Y = 0)$	0.000 00	0.000 05	0.001 53	0.026 00	0.221 01	0.751 42

Die Summe dieser Wahrscheinlichkeiten ist 1. Sie sind wieder als Einzelwahrscheinlichkeiten einer Verteilung anzusehen.   ◁

Damit können wir folgende Definition angeben:

Definition 2.49: *Ist X eine diskrete Zufallsgröße mit den Werten x_i ($i = 1, 2, ..., n$) und Y eine diskrete Zufallsgröße mit den Werten y_k ($k = 1, 2, ..., s$), so werden die Größen*

$$P(X = x_i \mid Y = y_k) := \frac{P(X = x_i, Y = y_k)}{P(Y = y_k)} = \frac{p_{ik}}{p_{\cdot k}} \quad (i = 1, 2, ..., n) \quad (2.100)$$

als **bedingte Einzelwahrscheinlichkeiten der Zufallsgröße X unter der Bedingung** $\{Y = y_k\}$ ($k = 1, 2, ..., s$) *und die Größen*

$$P(Y = y_k \mid X = x_i) := \frac{P(X = x_i, Y = y_k)}{P(X = x_i)} = \frac{p_{ik}}{p_{i \cdot}} \quad (k = 1, 2, ..., s) \quad (2.101)$$

als **bedingte Einzelwahrscheinlichkeiten der Zufallsgröße Y unter der Bedingung** $\{X = x_i\}$ ($i = 1, 2, ..., n$) *bezeichnet. Dabei wird $P(Y = y_k) > 0$ bzw. $P(X = x_i) > 0$ vorausgesetzt.*

Zeigen Sie unter Berücksichtigung von (2.100) bzw. (2.101), daß für die Summe der bedingten Einzelwahrscheinlichkeiten gilt:

$$\sum_{i=1}^{n} P(X = x_i \mid Y = y_k) = 1 = \sum_{k=1}^{s} P(Y = y_k \mid X = x_i).$$

Die bedingten Verteilungen sind in diesem Fall Verteilungen eindimensionaler Zufallsgrößen. Damit lassen sich auch Erwartungswerte, Varianzen und beliebige Momente (vgl. 2.3.3) definieren. Nachfolgend geben wir nur die Definition des bedingten Erwartungswertes an.

Definition 2.50: *Ist (X, Y) eine diskrete zweidimensionale Zufallsgröße mit den Wertepaaren $(x_1, y_1), \ldots, (x_n, y_s)$, so wird*

$$E(X \mid Y = y_k) := \sum_{i=1}^{n} x_i \frac{p_{ik}}{p_{\cdot k}} \qquad (2.102)$$

bzw.

$$E(Y \mid X = x_i) := \sum_{k=1}^{s} y_k \frac{p_{ik}}{p_i}. \qquad (2.103)$$

als **bedingter Erwartungswert von** X **unter der Bedingung** $\{Y = y_k\}$ $(k = 1, 2, \ldots, s)$ *bzw. als* **bedingter Erwartungswert von** Y **unter der Bedingung** $\{X = x_i\}$ $(i = 1, 2, \ldots, n)$ *bezeichnet.*

Im Zusammenhang mit dem Beispiel 2.52 lassen sich u. a. folgende Erwartungswerte berechnen:

Beispiel 2.52 (Fortsetzung): Für die Randverteilung von X gilt $E(X) = 4.25$. Der bedingte Erwartungswert von X unter der Bedingung $\{Y = 0\}$, d. h. unter der Voraussetzung, daß kein Teil der 2. Wahl unter den 5 geprüften ist, lautet $E(X \mid Y = 0) \approx 4.72$. Dieser bedingte Erwartungswert ist größer als der Erwartungswert der zugehörigen Randverteilung. ◁

Die Verteilung der Zufallsgröße (X, Y) im Beispiel 2.52 ist ein Spezialfall der *Polynomialverteilung*. Bei dieser Verteilung wird von einem Versuchsschema mit n unabhängigen Versuchen ausgegangen. Dabei hat der einzelne Versuch im Vergleich zum Bernoullischen Versuchsschema 3 Ausgänge A_1, A_2 und A_3. Die entsprechenden Wahrscheinlichkeiten sind $P(A_1) = p_1, P(A_2) = p_2$ und $P(A_3) = 1 - p_1 - p_2$. Für die Einzelwahrscheinlichkeiten gilt dann:

$$p_{ik} = P(X = i, Y = k) = \frac{n!}{i! k! (n - i - k)} p_1^i \, p_2^k \, (1 - p_1 - p_2)^{n-i-k} \qquad (2.104)$$

für $i, k = 0, 1, 2, \ldots, n$ und $i + k \leq n$.

Die Randverteilungen von X bzw. Y sind Binomialverteilungen mit den Parametern n und p_1 bzw. p_2.

Die bedingten Verteilungen sind ebenfalls Binomialverteilungen. So sind z. B. die Größen $P(X = i \mid Y = 0)$ Einzelwahrscheinlichkeiten einer Binomialverteilung mit den Parametern n und

$$p = P(A_1 \mid \overline{A_2}) = P(A_1 \mid A_1 \cup A_3) = \frac{P(A_1 \cap (A_1 \cup A_3))}{P(A_1 \cup A_3)} = \frac{P(A_1)}{P(A_1 \cup A_3)}.$$

Bei der m-dimensionalen Polynomialverteilung $(X_1, X_2, \ldots, X_m)$ wird von einem Versuchsschema mit n unabhängigen Versuchen ausgegangen. Dabei hat jeder einzelne Versuch im Vergleich zum Bernoullischen Versuchsschema $m + 1$ Ausgänge $A_1, A_2, \ldots, A_{m+1}$. Die entsprechenden Wahrscheinlichkeiten sind $P(A_1) = p_1$, $P(A_2) = p_2, \ldots$, $P(A_{m+1}) = p_{m+1}$, $\sum\limits_{k=1}^{m+1} p_k = 1$. Für die Einzelwahrscheinlichkeiten gilt dann:

$$P(X_1 = i_1, X_2 = i_2, \ldots, X_m = i_m) = \frac{n!}{i_1! i_2! \cdots i_m!(n - (i_1 + i_2 + \ldots + i_m))!}$$

$$\cdot p_1^{i_1} p_2^{i_2} \cdots p_m^{i_m} \cdot (1 - (p_1 + p_2 + \ldots + p_m))^{n-(i_1+i_2+\ldots+i_m)} \tag{2.105}$$

$$\text{für } i_k = 0, 1, 2, \ldots, n \,;\; k = 1, 2, \ldots, m \,;\; \sum_{k=1}^{m} i_k \leq n \,,$$

mit $X_k := $ „Zufällige Anzahl der Versuche mit dem Ausgang A_k". Die eindimensionalen Randverteilungen der Zufallsgrößen X_k sind Binomialverteilungen mit den Parametern n und p_k $(k = 1, 2, \ldots, m)$.

Dichtefunktion im stetigen Fall:

Zur Charakterisierung einer stetigen Zufallsgröße X verwenden wir ihre Dichtefunktion $f_X(t)$.

Bei der Übertragung der Definition 2.30 auf den zweidimensionalen Fall führen wir eine Dichtefunktion ein, die jetzt allerdings als Funktion von zwei reellen Veränderlichen $f_{(X,Y)}(t_1, t_2)$ aufzufassen ist. Die in der Definition 2.30 auftretenden Integrale werden zu Bereichsintegralen.

Wahrscheinlichkeiten im Zusammenhang mit der zweidimensionalen Zufallsgröße (X, Y) sind jetzt Volumina von dreidimensionalen Bereichen unterhalb der Fläche $z = f_{(X,Y)}(t_1, t_2)$. Die Wahrscheinlichkeit dafür, daß die zweidimensionale Zufallsgröße (X, Y) einen Wert aus dem ebenen Bereich B annimmt, läßt sich mit Hilfe des Doppelintegrals

$$P((X, Y) \in B) = \iint\limits_{B} f_{(X,Y)}(t_1, t_2) \, \mathrm{d}t_1 \, \mathrm{d}t_2$$

berechnen.

Das Wahrscheinlichkeitselement

$$P(t_1 < X \leq t_1 + \mathrm{d}t_1, t_2 < Y \leq t_2 + \mathrm{d}t_2) = f_{(X,Y)}(t_1, t_2) \, \mathrm{d}t_1 \, \mathrm{d}t_2$$

vermittelt uns auch hier die Interpretation, daß die Dichtefunktion die Chance für Wertepaare aus der Umgebung von (t_1, t_2) charakterisiert.

Beispiel 2.53: (X, Y) unterliegt einer *zweidimensionalen Normalverteilung*, wenn die zweidimensionale Dichte die Gestalt

$$f_{(X,Y)}(t_1, t_2) = C \, \exp\left[-\frac{1}{2} Q(t_1, t_2)\right] \qquad (2.106)$$

mit der quadratischen Form

$$Q(t_1, t_2) = \frac{1}{1 - \varrho^2} \left(\frac{(t_1 - \mu_1)^2}{\sigma_1^2} + \frac{(t_2 - \mu_2)^2}{\sigma_2^2} - 2\varrho \frac{(t_1 - \mu_1)(t_2 - \mu_2)}{\sigma_1 \sigma_2}\right) \qquad (2.107)$$

mit den Parametern $-\infty < \mu_1, \mu_2 < +\infty$, $0 < \sigma_1, \sigma_2 < +\infty$ und $-1 < \varrho < +1$ hat.

Durch die Festlegung der Konstanten $C = \dfrac{1}{2\pi\sigma_1\sigma_2\sqrt{1 - \varrho^2}}$ ist gesichert, daß das Volumen zwischen dieser Fläche und der (t_1, t_2)–Ebene gleich der Wahrscheinlichkeitsmasse 1 ist.

Wir wollen die Gestalt dieser Fläche und den Einfluß der fünf Parameter diskutieren:

1. Die Eigenschaften der Dichte werden durch die im Exponenten erscheinende quadratische Form (2.107) $Q(t_1, t_2)$ bestimmt. Q hat ein relatives (und gleichzeitig absolutes Minimum) im Punkt (μ_1, μ_2). Es gilt $Q(\mu_1, \mu_2) = 0$. Damit erreicht die Dichtefunktion an dieser Stelle den maximalen Funktionswert $f_{X,Y}(\mu_1, \mu_2) = C$.

2. Wir charakterisieren die Dichtefunktion durch ihre Höhenlinien, also durch die Kurven aus den Punkten (t_1, t_2), in denen die Dichte konstant ist, denen folglich als Realisierungen der zweidimensionalen Zufallsgröße (X, Y) die gleiche Chance zukommt. Diese sind gleichzeitig Höhenlinien der quadratischen Form Q, die mit einer Konstanten $K \geq 0$ durch die Gleichung $Q(t_1, t_2) = K$ bestimmt sind. Von der Form sind die Höhenlinien Ellipsen mit dem Mittelpunkt (μ_1, μ_2), deren Lage in der (t_1, t_2)–Ebene näher diskutiert werden soll:

1. Fall: $\varrho = 0$

Die Hauptachsen der Ellipsen sind achsenparallel mit den Hauptachsenabschnitten $a = \sigma_1\sqrt{K}$ und $b = \sigma_2\sqrt{K}$.

2. Fall: $\varrho \neq 0$, und $\sigma_1 = \sigma_2 = \sigma$

Gegenüber den Koordinatenachsen sind die Hauptachsen der Ellipsen um den Winkel $\gamma = \pi/4$ gedreht.

Die Hauptachsenabschnitte sind $a = \sigma\sqrt{K(1 - \varrho)}$ und $b = \sigma\sqrt{K(1 + \varrho)}$.

3. Fall: $\varrho \neq 0$ und $\sigma_1 \neq \sigma_2$

Gegenüber den Koordinatenachsen sind die Hauptachsen der Ellipsen um den Winkel $\gamma = 0.5 \arctan\left(\dfrac{2\varrho\sigma_1\sigma_2}{\sigma_2^2 - \sigma_1^2}\right)$ gedreht. Die Hauptachsenabschnitte sind

$$a = \sigma_1\sigma_2\sqrt{\frac{K(1 - \varrho^2)}{\sigma_1^2 \sin^2\gamma + \sigma_2^2 \cos^2\gamma + 2\varrho\sigma_1\sigma_2 \sin\gamma\cos\gamma}}$$

und

$$b = \sigma_1\sigma_2\sqrt{\frac{K(1 - \varrho^2)}{\sigma_1^2 \cos^2\gamma + \sigma_2^2 \sin^2\gamma - 2\varrho\sigma_1\sigma_2 \sin\gamma\cos\gamma}}.$$

3. Als *zweidimensionale Standardnormalverteilung* ist der Fall $\mu_1 = \mu_2 = 0$ und $\sigma_1 = \sigma_2 = 1$ mit dem Parameter $-1 < \varrho < +1$ anzusehen.

Die Dichte der zweidimensionalen Normalverteilung hat als Fläche im R^3 die Gestalt einer Glocke (*Gaußsche Glocke*).   ◁

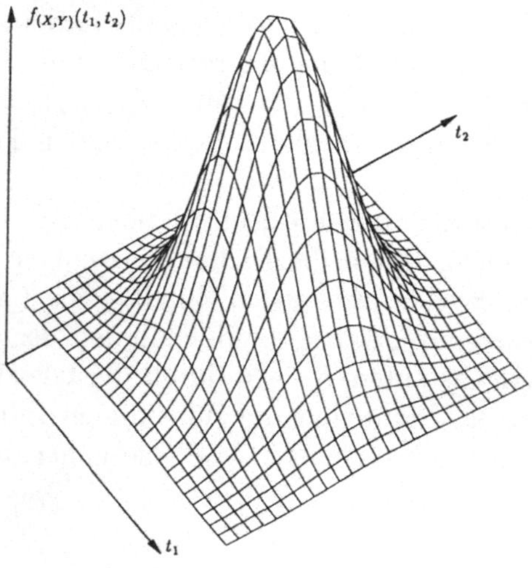

Bild 2.25: Dichtefunktion einer zweidimensionalen Normalverteilung

Analog zum diskreten Fall läßt sich die Randverteilung der Zufallsgröße X bzw. Y durch die sogenannte *Randdichte*

$$f_X(t_1) := \int\limits_{-\infty}^{+\infty} f_{(X,Y)}(t_1, t_2)\,\mathrm{d}t_2 \tag{2.108}$$

bzw.

$$f_Y(t_2) := \int\limits_{-\infty}^{+\infty} f_{(X,Y)}(t_1, t_2)\, dt_1 \tag{2.109}$$

charakterisieren.

Zur Beschreibung der bedingten Verteilungen verwenden wir die *bedingten Dichtefunktionen*

$$f_X(t_1|Y = t_2) := \frac{f_{(X,Y)}(t_1, t_2)}{f_Y(t_2)} \tag{2.110}$$

bzw.

$$f_Y(t_2|X = t_1) := \frac{f_{(X,Y)}(t_1, t_2)}{f_X(t_1)}, \tag{2.111}$$

wobei $f_Y(t_2) > 0$ bzw. $f_X(t_1) > 0$ vorausgesetzt wird.

Zeigen Sie, daß die Größen $f_X(t_1), f_Y(t_2), f_X(t_1|Y = t_2)$ und $f_Y(t_2|X = t_1)$ die Eigenschaften einer Dichtefunktion erfüllen!

Beispiel 2.53 (Fortsetzung): Zu bestimmen sind die Randdichten und die bedingten Dichten der zweidimensionalen Normalverteilung.

Lösung:

1. Wir ordnen die quadratische Form (2.107) in folgender Weise um:

$$Q(t_1, t_2) = \frac{(t_1 - \mu_1)^2}{\sigma_1^2} + \frac{(t_2 - \mu_2^*)^2}{\sigma_2^{*2}}$$

mit

$$\mu_2^* = \mu_2 + \varrho\frac{\sigma_2}{\sigma_1}(t_1 - \mu_1), \qquad \sigma_2^* = \sigma_2\sqrt{1 - \varrho^2}.$$

Die Konstante C in (2.106) schreiben wir mit diesen Abkürzungen als Produkt

$$C = \frac{1}{\sigma_1\sqrt{2\pi}}\,\frac{1}{\sigma_2^*\sqrt{2\pi}}.$$

2. Mit dieser Zerlegung kann die zweidimensionale Dichte (2.106) als Produkt zweier eindimensionaler Normalverteilungsdichten geschrieben werden:

$$f_{(X,Y)}(t_1, t_2) = \varphi(t_1; \mu_1, \sigma_1)\,\varphi(t_2; \mu_2^*, \sigma_2^*).$$

Die Interpretation dieser Darstellung erschließen wir uns, indem wir uns an die Multiplikationsregel für Wahrscheinlichkeiten (2.19), (2.20) und die Bedeutung des Wahrscheinlichkeitselements im ein– und zweidimensionalen Fall erinnern:

$$
\begin{aligned}
f_{(X,Y)}(t_1, t_2)\, dt_1\, dt_2 &= P(t_1 < X \le t_1 + dt_1, t_2 < Y \le t_2 + dt_2) \\
&= P(t_1 < X \le t_1 + dt_1) \\
&\quad \cdot P(t_2 < Y \le t_2 + dt_2 \,|\, t_1 < X \le t_1 + dt_1) \\
&= \varphi(t_1; \mu_1, \sigma_1)\, dt_1\, \varphi(t_2; \mu_2^*, \sigma_2^*)\, dt_2. \qquad (2.112)
\end{aligned}
$$

3. Der erste Faktor in (2.112) ist die Randdichte der Zufallsgröße X in der zweidimensionalen Verteilung von (X, Y). Er entsteht durch Integration der zweidimensionalen Dichte über t_2:

$$
\begin{aligned}
f_X(t_1) &= \int\limits_{-\infty}^{+\infty} \varphi(t_1; \mu_1, \sigma_1)\, \varphi(t_2; \mu_2^*, \sigma_2^*)\, dt_2 \\
&= \varphi(t_1; \mu_1, \sigma_1) \int\limits_{-\infty}^{+\infty} \varphi(t_2; \mu_2^*, \sigma_2^*)\, dt_2 = \varphi(t_1; \mu_1, \sigma_1). \quad (2.113)
\end{aligned}
$$

Eine besondere Eigenschaft der zweidimensionalen Normalverteilung besteht darin, daß die entstehende Randdichte wieder zur Klasse der Normalverteilungen gehört.

Durch analoge Betrachtungen erhalten wir

$$
f_Y(t_2) = \int\limits_{-\infty}^{+\infty} f_{(X,Y)}(t_1, t_2)\, dt_1 = \varphi(t_2; \mu_2, \sigma_2). \qquad (2.114)
$$

Damit erklärt sich die Bedeutung der Parameter

$$
\mu_1 = E(X); \quad \mu_2 = E(Y); \quad \sigma_1^2 = D^2(X); \quad \sigma_2^2 = D^2(Y).
$$

4. Wir wenden uns dem Faktor $\varphi(t_2; \mu_2^*, \sigma_2^*)$ in (2.112) zu. In Analogie zur Multiplikationsregel für Wahrscheinlichkeiten und zu den bedingten Wahrscheinlichkeiten entsteht mit

$$
f_Y(t_2 | X = t_1) = \frac{f_{(X,Y)}(t_1, t_2)}{f_X(t_1)} \qquad (2.115)
$$

die bedingte Dichte von Y unter der Bedingung $\{X = t_1\}$. Dies ist im Gegensatz zur Randdichte $f_Y(t_2)$ die Dichte der Zufallsgröße Y, wenn bekannt ist, daß die andere Zufallsgröße X den Wert t_1 angenommen hat. Eine weitere besondere Eigenschaft der Normalverteilung liegt darin, daß auch die bedingten Dichten einer zweidimensionalen Normalverteilung zur Klasse der Normalverteilungen gehören. Gemäß (2.112) erhalten wir

$$f_Y(t_2|X = t_1) = \varphi(t_2; \mu_2^*, \sigma_2^*). \qquad (2.116)$$

Die zu dieser Normalverteilungsdichte gehörenden Parameter

$$\mu_2^* = E(Y|X = t_1) = \mu_2 + \varrho\frac{\sigma_2}{\sigma_1}(t_1 - \mu_1), \qquad (2.117)$$

$$\sigma_2^{*2} = D^2(Y|X = t_1) = \sigma_2^2(1 - \varrho^2) \qquad (2.118)$$

bezeichnen wir als bedingten Erwartungswert bzw. bedingte Varianz von Y, wenn bekannt ist, daß X den Wert t_1 angenommen hat. Beide Parameter sind i. a. Funktionen von t_1 (von dem bereits von X angenommenen Wert). Eine weitere besondere Eigenschaft der zweidimensionalen Normalverteilung liegt darin, daß der bedingte Erwartungswert (2.117) eine lineare Funktion von t_1 ist und die bedingte Varianz (2.118) unabhängig von t_1 ist. Eine analoge Betrachtung liefert

$$E(X|Y = t_2) = \mu_1 + \varrho\frac{\sigma_1}{\sigma_2}(t_2 - \mu_2), \qquad (2.119)$$

$$D^2(X|Y = t_2) = \sigma_1^2(1 - \varrho^2). \qquad (2.120)$$

5. Die Gleichungen (2.117) und (2.118) haben folgende praktische Bedeutung:

Ist die Größe X gemessen oder beobachtet worden (und liegt der Meß– oder Beobachtungswert $X = t_1$ vor), so kann mit (2.117) eine Vorhersage über den erwarteten Wert von Y gemacht werden. Die Genauigkeit dieser Vorhersage wird durch die bedingte Varianz (2.118) charakterisiert. Sie ist im Fall der Normalverteilung unabhängig von dem Wert t_1.

6. Aus diesen Ergebnissen ergibt sich eine weitere Interpretation des Parameters $-1 < \varrho < +1$:

> 1. Fall: $\varrho = 0$

$$E(Y|X = t_1) = \mu_2, \qquad D^2(Y|X = t_1) = \sigma_2^2,$$

d. h., die Kenntnis des von X angenommenen Wertes t_1 bringt keine zusätzlichen Informationen über Y. Die bedingte Dichte von Y stimmt mit der Randdichte von Y überein. Die gemeinsame zweidimensionale Dichte ist folglich gleich dem Produkt der beiden Randdichten. Wir sprechen in diesem Fall davon, daß X und Y unabhängige Zufallsgrößen sind.

2. Fall: $\varrho > 0$

Mit wachsendem $X = t_1$ wächst der bedingte Erwartungswert von Y.

3. Fall: $\varrho < 0$

Mit wachsendem $X = t_1$ fällt der bedingte Erwartungswert von Y.

4. Fall: $\varrho \to \pm 1$

Für die bedingte Varianz gilt $D^2(Y|X = t_1) \to 0$, d. h., die Streuung um den bedingten Erwartungswert wird klein. Folglich tendiert die Abhängigkeit der beiden Größe X und Y hier gegen eine strenge lineare Abhängigkeit.

Der Parameter ϱ steuert also in einer noch weiter zu untersuchenden Weise die Art und Stärke der Abhängigkeit zwischen X und Y. $\triangleleft$

2.3.8.3 Unabhängigkeit von Zufallsgrößen, Korrelationskoeffizient, Kovarianzmatrix

Im Abschnitt 2.2.4.2 haben wir die Unabhängigkeit von zufälligen Ereignissen kennengelernt. Entsprechend läßt sich auch die Unabhängigkeit von Zufallsgrößen definieren.

Definition 2.51: *Zwei Zufallsgrößen* X, Y *heißen* **unabhängig**, *wenn die Bedingung*

$$P(X = x_i, Y = y_k) = P(X = x_i)P(Y = y_k) \ \text{für alle } i, k = 1, 2, \dots \quad (2.121)$$

bzw.

$$f_{(X,Y)}(t_1, t_2) = f_X(t_1)f_Y(t_2) \ \text{für alle } -\infty < t_1, t_2 < +\infty \quad (2.122)$$

im diskreten bzw. stetigen Fall erfüllt ist.

Bei der Behandlung des Beispiels 2.53 sind wir bereits auf den Fall $\varrho = 0$ eingegangen. Aus Definition 2.51 können wir folgern, daß bei einer zweidimensionalen Normalverteilung im Falle $\varrho = 0$ die beiden Zufallsgrößen X und Y unabhängig sind.

Für zweidimensionale Zufallsgrößen lautet die zum Abschnitt 2.3.3.3 analoge Beziehung zur Berechnung des Erwartungswertes von Funktionen einer zweidimensionalen Zufallsgröße (hier nur für den stetigen Fall aufgeschrieben):

$$E(g(X,Y)) = \int\limits_{-\infty}^{+\infty} \int\limits_{-\infty}^{+\infty} g(t_1, t_2)f_{(X,Y)}(t_1, t_2)\, \mathrm{d}t_1\, \mathrm{d}t_2. \quad (2.123)$$

Hiermit bilden wir zwei weitere Kennwerte von zweidimensionalen Zufallsgrößen, die die bisher betrachteten Kennwerte (Erwartungswerte und Varianzen der Randverteilungen, Erwartungswerte und Varianzen der bedingten Verteilungen) ergänzen.

Definition 2.52: *Sind X und Y zwei beliebige Zufallsgrößen, so wird die Größe*

$$cov(X, Y) := E[(X - E(X))(Y - E(Y))] \qquad (2.124)$$

*als **Kovarianz** von X und Y und die Größe*

$$\varrho(X, Y) := \frac{E[(X - E(X))(Y - E(Y))]}{\sqrt{D^2(X)D^2(Y)}} \qquad (2.125)$$

*als **Korrelationskoeffizient** von X und Y (kurz $\varrho_{X,Y}$) bezeichnet.*

Der in (2.125) eingeführte Korrelationskoeffizient $\varrho(X, Y)$ ist damit die auf das Produkt der Standardabweichungen von X und Y bezogene Kovarianz. Diese Standardisierung der Kovarianz ist sinnvoll, weil gezeigt werden kann, daß der so gebildete Korrelationskoeffizient stets im Intervall $[-1, +1]$ liegt.

Die Interpretation dieser beiden Kennwerte erschließen wir uns über die zweidimensionale Normalverteilung aus Beispiel 2.53:

Beispiel 2.53 (Fortsetzung):   Für die Kovarianz der Normalverteilung gilt wegen (2.123) und (2.106)

$$E((X - \mu_1)(Y - \mu_2)) = \int\limits_{-\infty}^{+\infty} \int\limits_{-\infty}^{+\infty} (t_1 - \mu_1)(t_2 - \mu_2)\, C \, \exp\left[-\frac{1}{2}Q(t_1, t_2)\right] dt_1\, dt_2\,.$$

Benutzen wir die Produktdarstellung (2.112) für die zweidimensionale Normalverteilung, so gilt:

$$cov(X, Y) = \int\limits_{-\infty}^{+\infty} \int\limits_{-\infty}^{+\infty} (t_1 - \mu_1)(t_2 - \mu_2)\varphi(t_1; \mu_1, \sigma_1)\, \varphi(t_2; \mu_2^*, \sigma_2^*)\, dt_2\, dt_1$$

$$= \int\limits_{-\infty}^{+\infty} (t_1 - \mu_1)\varphi(t_1; \mu_1, \sigma_1) \int\limits_{-\infty}^{+\infty} \frac{t_2 - \mu_2}{\sigma_2^*\sqrt{2\pi}}\, \exp\left[-\frac{1}{2}\frac{(t_2 - \mu_2^*)^2}{\sigma_2^{*2}}\right]\, dt_2\, dt_1\,.$$

Nach Integration über t_2 ergibt sich:

$$cov(X, Y) = \int\limits_{-\infty}^{+\infty} (t_1 - \mu_1)\varphi(t_1; \mu_1, \sigma_1) \cdot \varrho\frac{\sigma_2}{\sigma_1}(t_1 - \mu_1)\, dt_1$$

$$= \varrho \frac{\sigma_2}{\sigma_1} \int\limits_{-\infty}^{+\infty} (t_1 - \mu_1)^2 \varphi(t_1; \mu_1, \sigma_1)\, dt_1 = \varrho \frac{\sigma_2}{\sigma_1} \sigma_1^2 = \varrho\, \sigma_1 \sigma_2\,.$$

Hier ist $cov(X, Y) = \varrho\sigma_1\sigma_2$ und damit $\varrho(X, Y) = \varrho$ als fünfter Parameter der zweidimensionalen Normalverteilung deren Korrelationskoeffizient. ◁

Wiederholen Sie an dieser Stelle den im Beispiel 2.53 herausgearbeiteten Einfluß von ϱ auf die Gestalt der Dichte und auf den bedingten Erwartungswert und die bedingte Varianz.

Nach diesen Betrachtungen wird es möglich, einige weitere Eigenschaften des Erwartungswertes und der Varianz anzugeben:

- Zwischen den Erwartungswerten und Varianzen der Zufallsgrößen X, Y und $X \pm Y$ bestehen folgende Beziehungen:

$$E(X \pm Y) \;=\; E(X) \pm E(Y); \tag{2.126}$$
$$D^2(X \pm Y) \;=\; D^2(X) + D^2(Y) \pm 2cov(X, Y), \tag{2.127}$$

falls die entsprechenden Erwartungswerte und Varianzen existieren.

- Sind die Zufallsgrößen X und Y unabhängig, dann gilt:

$$cov(X, Y) \;=\; 0; \tag{2.128}$$
$$E(X \cdot Y) \;=\; E(X) \cdot E(Y); \tag{2.129}$$
$$D^2(X \pm Y) \;=\; D^2(X) + D^2(Y), \tag{2.130}$$

falls die entsprechenden Erwartungswerte und Varianzen existieren.

Sind die Zufallsgrößen X und Y unabhängig, dann folgt aus (2.128) $\varrho(X, Y) = 0$. Warum?

Die Umkehrung dieser Aussage gilt im allgemeinen nicht, d. h., falls $\varrho(X, Y) = 0$ ist, dann brauchen die Zufallsgrößen X und Y nicht unabhängig zu sein. Im Beispiel 2.53 haben wir jedoch mit der zweidimensionalen Normalverteilung zwei Zufallsgrößen betrachtet, für die diese Umkehrung der Aussage möglich ist.

Für $X = Y$ gilt $cov(X, X) = D^2(X)$ und damit $\varrho(X, X) = 1$; für $X = -Y$ erhalten wir $cov(X, -X) = -D^2(X)$ und $\varrho(X, -X) = -1$ (bei der zweidimensionalen Normalverteilung wurden diese Grenzfälle ausgeschlossen).

Nicht zuletzt wegen der angeführten Eigenschaften ist der Korrelationskoeffizient $\varrho(X, Y)$ ein Kennwert für den linearen algebraischen Zusammenhang zwischen X und Y.

Wenden wir uns kurz den höherdimensionalen Fällen zu. Hier ist es zweckmäßig, durchweg die Hilfsmittel der Matrizenrechnung heranzuziehen.

Eine mehrdimensionale Zufallsgröße schreiben wir dazu in Form eines Spaltenvektors mit zufälligen Komponenten $\vec{X} = (X_1, X_2, \ldots, X_n)^T$. An die Stelle des Erwartungswertes tritt der Vektor der Erwartungswerte

$E(\vec{X}) = (E(X_1), E(X_2), \ldots, E(X_n))^T$,

d. h. der Vektor aus den Erwartungswerten der Randverteilungen.

Liegt eine n–dimensionale Zufallgröße mit den Komponenten $X_1, X_2, \ldots, X_n$ vor, so können jeweils paarweise n^2 Kovarianzen $cov(X_i, X_j)$ $(i, j = 1, 2, \ldots, n)$ gebildet werden, die übersichtlich in Form einer Matrix, der *Kovarianzmatrix*, dargestellt werden können:

$$\Sigma_{\vec{X}} := \begin{pmatrix} cov\,(X_1, X_1) & cov\,(X_1, X_2) & \ldots & cov\,(X_1, X_n) \\ cov\,(X_2, X_1) & cov\,(X_2, X_2) & \ldots & cov\,(X_2, X_n) \\ \cdots\cdots\cdots\cdots \\ cov\,(X_n, X_1) & cov\,(X_n, X_2) & \ldots & cov\,(X_n, X_n) \end{pmatrix} \qquad (2.131)$$

In ihrer Hauptdiagonale stehen wegen $cov(X_i, X_i) = D^2(X_i)$ die Varianzen der einzelnen Zufallsgrößen. Außerdem ist die Kovarianzmatrix eine symmetrische Matrix $(cov(X_i, X_j) = cov(X_j, X_i))$.

Am Beispiel der zweidimensionalen Normalverteilung wollen wir uns die damit verbundenen Vorteile verdeutlichen.

Beispiel 2.53 (Fortsetzung): Die zweidimensionale Normalverteilung soll mit den Hilfsmitteln der Matrizenrechnung dargestellt werden:

1. Wir betrachten den Zufallsvektor $\vec{X} = (X_1, X_2)^T$.

2. Die Erwartungswerte bilden den Vektor $\vec{\mu} = E(\vec{X}) = (\mu_1, \mu_2)^T$.

3. Die Kovarianzmatrix hat die Gestalt

$$\Sigma_{\vec{X}} = \begin{pmatrix} \sigma_1^2 & \varrho\sigma_1\sigma_2 \\ \varrho\sigma_1\sigma_2 & \sigma_2^2 \end{pmatrix} \qquad (2.132)$$

4. Die Determinante der Kovarianzmatrix ist $det\Sigma_{\vec{X}} = \sigma_1^2\sigma_2^2(1 - \varrho^2)$.

   Für $\sigma_1, \sigma_2 > 0$ und $|\varrho| < 1$ (dies sind die Voraussetzungen an die Parameter der zweidimensionalen Normalverteilung) ist $det\Sigma_{\vec{X}} > 0$.

5. Die Inverse der Kovarianzmatrix lautet damit

$$\Sigma_{\vec{X}}^{-1} = (1 - \varrho^2)^{-1} \begin{pmatrix} \sigma_1^{-2} & -\varrho\sigma_1^{-1}\sigma_2^{-1} \\ -\varrho\sigma_1^{-1}\sigma_2^{-1} & \sigma_2^{-2} \end{pmatrix} \qquad (2.133)$$

6. Führen wir mit $\vec{t} = (t_1, t_2)^T$ den Spaltenvektor der unabhängigen Veränderlichen für die Dichtefunktion ein, so kann die quadratische Form $Q(\vec{t})$, die in der Definition der Dichte verwendet wird, folgendermaßen geschrieben werden:

$$Q(\vec{t}) = (\vec{t} - \vec{\mu})^T \Sigma_{\vec{X}}^{-1} (\vec{t} - \vec{\mu}). \qquad (2.134)$$

7. Die in der Dichtefunktion auftretende Konstante hat die Gestalt

$$C = ((2\pi)^n det\Sigma_{\vec{X}})^{-1/2}, \tag{2.135}$$

wobei hier $n = 2$ zu setzen ist.

8. Die Dichtefunktion erscheint damit in der Darstellung

$$f_{\vec{X}}(\vec{t}) = C \exp(-\frac{1}{2}Q(\vec{t})), \tag{2.136}$$

die auch für höhere Dimensionen gültig bleibt. $\triangleleft$

2.3.9   Funktionen von mehrdimensionalen Zufallsgrößen

Analog zum Problem der Funktionen von eindimensionalen Zufallsgrößen (vgl. 2.3.3.3) treten häufig auch solche von mehrdimensionalen Zufallsgrößen auf. Wir wollen ein Beispiel angeben.

Beispiel 2.54: Die Reparaturdauer eines Gerätes eines bestimmten Typs ist eine stetige Zufallsgröße. Sie unterliege einer Exponentialverteilung mit dem Parameter λ. Es sind 10 Geräte eines Typs ausgefallen, die zu reparieren sind. Es ist die Verteilung der Gesamtreparaturdauer zu bestimmen. Wir definieren:
$X_i \quad := \quad$ „Zufällige Reparaturdauer des i-ten Gerätes $(i = 1, 2, \ldots, 10)$";
$S_{10} \quad := \quad$ „Gesamtreparaturdauer".
Auf Grund der Aufgabenstellung gilt:

$$S_{10} = g(X_1, \ldots, X_{10}) = \sum_{i=1}^{10} X_i. \quad \triangleleft$$

Im obigen Beispiel tritt als Funktion der dort betrachteten zehndimensionalen Zufallsgröße $(X_1, \ldots, X_{10})$ die Summe der einzelnen Größen $X_1, \ldots, X_{10}$ auf. Bei einer zweidimensionalen Zufallsgröße (X, Y) können außer der Summe $Z = X + Y$ u. a. die folgenden Funktionen auftreten:

$$Z_1 = X - Y; \quad Z_2 = X \cdot Y; \quad Z_3 = \frac{X}{Y}.$$

2.3.9.1   Lineare Funktionen mehrdimensionaler stetiger Zufallsgrößen

Zur anschaulicheren Darstellung gehen wir von einer zweidimensionalen Problemstellung aus, die in der gewählten Matrizenschreibweise auch die in höheren Dimensionen gültigen Resultate zum Ausdruck bringt.

Aus einer zweidimensionalen Zufallsgröße $\vec{X} = (X_1, X_2)^T$ soll durch eine lineare Transformation

$$\begin{aligned} Y_1 &= a_{11}X_1 + a_{12}X_2 + b_1; \\ Y_2 &= a_{21}X_1 + a_{22}X_2 + b_2 \end{aligned} \qquad (2.137)$$

wiederum eine zweidimensionale Zufallsgröße $\vec{Y} = (Y_1, Y_2)^T$ hervorgehen.

Mit der Matrix $A = (a_{ij})$ und dem Vektor $\vec{b} = (b_1, b_2)^T$ kann diese lineare Transformation in der Form

$$\vec{Y} = A\vec{X} + \vec{b} \qquad (2.138)$$

geschrieben werden.

Die im eindimensionalen Fall häufig benutzten Eigenschaften von Erwartungswert und Varianz können in folgende Ergebnisse für den Erwartungswertvektor und die Kovarianzmatrix übertragen werden:

$$\begin{aligned} E(\vec{Y}) &= A E(\vec{X}) + \vec{b}; \qquad &(2.139) \\ \Sigma_{\vec{Y}} &= A \Sigma_{\vec{X}} A^T. \qquad &(2.140) \end{aligned}$$

Beispiel 2.55: Der zweidimensionale Zufallsvektor $\vec{Y} = (Y_1, Y_2)^T$ soll für $|a| \leq 1$ durch folgende Transformation

$$\begin{aligned} Y_1 &= X_1 \\ Y_2 &= aX_1 + \sqrt{1 - a^2}\, X_2 \end{aligned}$$

erzeugt werden. Dabei sei vorausgesetzt, daß der Vektor $\vec{X} = (X_1, X_2)^T$ aus zwei unabhängigen standardnormalverteilten Komponenten besteht. Zu berechnen sind der Erwartungswertvektor und die Kovarianzmatrix von $\vec{Y}$.

Lösung:

1. Für $\vec{X}$ gilt:

$$E(\vec{X}) = \vec{0} \text{ (Nullvektor) und } \Sigma_{\vec{X}} = \begin{pmatrix} 1 & 0 \\ 0 & 1 \end{pmatrix} \text{ (Einheitsmatrix).}$$

2. Die Transformationsmatrix lautet:

$$A = \begin{pmatrix} 1 & 0 \\ a & \sqrt{1 - a^2} \end{pmatrix} \; .$$

3. Wegen (2.139) gilt:

$$E(\vec{Y}) = A E(\vec{X}) = \vec{0}.$$

4. Die Kovarianzmatrix errechnet sich nach (2.140) wie folgt:

$$\Sigma_{\vec{Y}} = \begin{pmatrix} 1 & 0 \\ a & \sqrt{1-a^2} \end{pmatrix} \begin{pmatrix} 1 & 0 \\ 0 & 1 \end{pmatrix} \begin{pmatrix} 1 & a \\ 0 & \sqrt{1-a^2} \end{pmatrix} = \begin{pmatrix} 1 & a \\ a & 1 \end{pmatrix}.$$

Wir erkennen, daß die Komponenten von $\vec{Y}$ abhängige Zufallsgrößen mit der Kovarianz $cov(Y_1, Y_2) = a$ sind. Wegen $D^2(Y_1) = 1$ und $D^2(Y_2) = 1$ gilt dann $\varrho(Y_1, Y_2) = \varrho = a.$ $\lhd$

In Analogie zu der im eindimensionalen Fall hergeleiteten Transformationsformel für die Dichte einer stetigen Zufallsgröße entsteht im mehrdimensionalen Fall folgendes Ergebnis:

Ist $\vec{X}$ ein stetiger Zufallsvektor mit der Dichte $f_{\vec{X}}(\vec{t}\,)$, A eine nichtsinguläre quadratische Matrix und $\vec{Y}$ gemäß (2.138) eine lineare Funktion von $\vec{X}$, so hat auch $\vec{Y}$ eine Dichte, die durch

$$f_{\vec{Y}}(\vec{t}\,) = (|det A|)^{-1} f_{\vec{X}}(A^{-1}(\vec{t} - \vec{b}\,)) \tag{2.141}$$

gegeben ist.

Beispiel 2.53 (Fortsetzung): X_1, X_2 seien zwei unabhängige, der Standardnormalverteilung unterliegende Zufallsgrößen. Zu bestimmen ist die gemeinsame Verteilung von

$$\begin{aligned} Y_1 &= a_{11}X_1 + a_{12}X_2 + \mu_1; \\ Y_2 &= a_{21}X_1 + a_{22}X_2 + \mu_2 \end{aligned} \tag{2.142}$$

oder kurz:

$$\vec{Y} = A\vec{X} + \vec{\mu}. \tag{2.143}$$

Lösung:

1. Nach Voraussetzung ist der Erwartungswertvektor von $\vec{X} = (X_1, X_2)^T$ der Nullvektor und die Kovarianzmatrix die zweireihige Einheitsmatrix I.

2. Die quadratische Form in der Dichte der zweidimensionalen Normalverteilung von $\vec{X}$ nimmt damit folgende einfache Gestalt an:

$$Q_{\vec{X}}(t_1, t_2) = (t_1, t_2) \begin{pmatrix} 1 & 0 \\ 0 & 1 \end{pmatrix} (t_1, t_2)^T = \vec{t}\,\vec{t}^{\,T} = t_1^2 + t_2^2. \tag{2.144}$$

3. Wenden wir die Transformationsformel für die zweidimensionale Dichte an, so wirkt sich dies auf die quadratische Form in folgender Weise aus:

$$\begin{aligned} Q_{\vec{Y}}(t_1, t_2) &= (A^{-1}(\vec{t} - \vec{\mu})^T)^T A^{-1}(\vec{t} - \vec{\mu}) \\ &= (\vec{t} - \vec{\mu})^T (A^{-1})^T A^{-1}(\vec{t} - \vec{\mu}) \\ &= (\vec{t} - \vec{\mu})^T (AA^T)^{-1}(\vec{t} - \vec{\mu}). \end{aligned}$$

4. Berücksichtigen wir, daß $\Sigma_{\vec{Y}} = AIA^T = AA^T$ die Kovarianzmatrix von $\vec{Y}$ mit der Determinante $det\Sigma_{\vec{Y}} = det(AA^T) = (detA)^2$ ist, so liefert die Transformationsformel wiederum die Dichte einer zweidimensionalen Normalverteilung. Auf diese Weise ist eine zweidimensionale Standardnormalverteilung mit unabhängigen Komponenten in eine beliebige zweidimensionale Normalverteilung überführt worden.   ◁

In diesem Beispiel kommt eine weitere besondere Eigenschaft der Normalverteilung zum Ausdruck:

Satz 2.8: *Die Klasse der Normalverteilungen ist abgeschlossen bezüglich linearer Transformationen, d.h., lineare Transformationen normalverteilter (mehrdimensionaler) Zufallsgrößen sind wiederum normalverteilt. Die Parameter werden nach den Formeln (2.139), (2.140) transformiert.*

Das folgende Beispiel soll zeigen, wie aus der Sicht von Funktionen mehrdimensionaler Zufallsgrößen eine Zugangsmöglichkeit zur Verteilung einer Summe von Zufallsgrößen entsteht.

Beispiel 2.56: X_1, X_2 seien zwei beliebige stetige Zufallsgrößen mit der gemeinsamen Dichte $f_{\vec{X}}(\vec{t})$. Zu bestimmen ist die gemeinsame Verteilung von

$$Y_1 = X_1; \tag{2.145}$$
$$Y_2 = X_1 + X_2$$

oder kurz: $\vec{Y} = A\vec{X}$ mit $A = \begin{pmatrix} 1 & 0 \\ 1 & 1 \end{pmatrix}.$

Lösung:
1. Die Transformationsmatrix hat die Determinante $detA = 1$.
2. Die Inverse der Transformationsmatrix ist

$$A^{-1} = \begin{pmatrix} 1 & 0 \\ -1 & 1 \end{pmatrix}.$$

3. Damit wird

$$A^{-1}(t_1, t_2)^T = (t_1, t_2 - t_1)^T.$$

4. Die Transformationsformel (2.141) liefert damit folgendes Ergebnis

$$f_{\vec{Y}}(\vec{t}) = f_{Y_1, Y_2}(t_1, t_2) = f_{X_1, X_2}(t_1, t_2 - t_1). \tag{2.146}$$

5. Sind die ursprünglichen Zufallsgrößen außerdem unabhängig, so entsteht

$$f_{\vec{Y}}(\vec{t}) = f_{Y_1, Y_2}(t_1, t_2) = f_{X_1}(t_1)f_{X_2}(t_2 - t_1). \quad ◁ \tag{2.147}$$

2.3.9.2 Summen von unabhängigen Zufallsgrößen

Wir wollen uns auf zweidimensionale Zufallsgrößen (X, Y) beschränken und uns mit der Verteilung der Zufallsgröße $Z = X + Y$ beschäftigen. Dabei setzen wir die Unabhängigkeit der Zufallsgrößen X und Y voraus. Die Verteilung einer Summe unabhängiger Zufallsgrößen wird auch als *Faltung* der Verteilungen der Summanden bezeichnet. Im Fall diskreter ganzzahliger Zufallsgrößen X und Y mit den Werten $\ldots, -2, -1, 0, 1, 2, \ldots$ können wir die Einzelwahrscheinlichkeiten von Z mit den Werten $\ldots, -2, -1, 0, 1, 2, \ldots$ wie folgt berechnen:

$$P(Z = k) = \sum_{i,j:i+j=k} P(X = i, Y = j) \quad (k = 0, \pm 1, \pm 2, \ldots).$$

Wegen der Unabhängigkeit von X und Y gilt

$$P(Z = k) = \sum_{i,j:i+j=k} P(X = i)P(Y = j)$$

und damit für $k = 0, \pm 1, \pm 2, \ldots$

$$P(Z = k) = \sum_{i} P(X = i)P(Y = k - i). \tag{2.148}$$

In den vorangehenden Abschnitten sind wir mehrfach auf die Binomialverteilung als Verteilung der absoluten Häufigkeit eines Ereignisses A unter den Voraussetzungen des Bernoulli–Versuchsschemas eingegangen. Welche Schlußfolgerungen hinsichtlich der Eigenschaften dieser Verteilung lassen sich mit den jetzt vorhandenen Kenntnissen über die Summation von Zufallsgrößen gewinnen?

1. Die nach dem Bernoulli–Schema durchgeführten n unabhängigen Wiederholungen eines zufälligen Versuchs (mit $p = P(A)$) beschreiben wir durch n unabhängige Zufallsgrößen $X_1, X_2, \ldots, X_n$, wobei $X_i = 1$ ist, wenn das Ereignis A in der i-ten Wiederholung eintritt, und $X_i = 0$ ist, wenn $\overline{A}$ in der i-ten Wiederholung eintritt. Jede dieser identisch verteilten Zufallsgrößen unterliegt damit einer Null-Eins-Verteilung mit $P(X_i = 1) = p$.

2. Die absolute Häufigkeit S_n von A in den n unabhängigen Wiederholungen kann dann als Summe $S_n = X_1 + X_2 + \ldots + X_n$ von n unabhängigen identisch verteilten Zufallsgrößen geschrieben werden.
   Diese Summendarstellung können wir für $n > 1$ auch als Iterationsvorschrift $S_n = S_{n-1} + X_n$ angeben.

3. Die Anwendung der Beziehung (2.148) auf diese Iterationsvorschrift liefert dann für $k = 1, 2, \ldots, n$

$$\begin{aligned} P(S_n = k) &= P(S_{n-1} = k)P(X_n = 0) + P(S_{n-1} = k - 1)P(X_n = 1) \\ &= P(S_{n-1} = k)(1 - p) + P(S_{n-1} = k - 1)p, \end{aligned}$$

und für $k = 0$: $P(S_n = 0) = P(S_{n-1} = 0)P(X_n = 0) = P(S_{n-1} = 0)(1 - p)$. Damit entstehen Rekursionsformeln für die Einzelwahrscheinlichkeiten der Binomialverteilung.

4. Außerdem läßt sich auf diese Weise folgende Summationseigenschaft der Binomialverteilung verdeutlichen.

Werden in zwei unabhängigen Teilserien jeweils nach dem Bernoulli–Schema die absoluten Häufigkeiten S_{n_1}, S_{n_2} eines Ereignisses A in n_1 bzw. n_2 Wiederholungen eines zufälligen Versuchs bestimmt, so ist $S_{n_1} + S_{n_2}$ die absolute Häufigkeit in den insgesamt $n_1 + n_2$ Wiederholungen. Da sowohl hinter den einzelnen unabhängigen Summanden als auch hinter ihrer Summe das gleiche Summationsschema im obigen Sinne steht, ist zu erwarten, daß die Summe zweier unabhängiger binomialverteilter Zufallsgrößen mit den Parametern (n_1, p) und (n_2, p) wiederum einer Binomialverteilung mit den Parametern $(n = n_1 + n_2, p)$ unterliegt.

Im Fall stetiger Zufallsgrößen greifen wir zunächst auf die Ergebnisse aus Beispiel 2.56 zurück. Dort haben wir aus der gemeinsamen Dichte von (X_1, X_2) die gemeinsame Dichte von $(Y_1 = X_1, Y_2 = X_1 + X_2)$ bestimmt. Interessieren wir uns nur für die Dichte der Summe $Y_2 = X_1 + X_2$, so erhalten wir diese als Randverteilungsdichte aus der gemeinsamen Verteilung, d. h. durch Integration der gemeinsamen Dichte über t_1:

$$f_{Y_2}(t_2) = \int_{-\infty}^{+\infty} f_{(Y_1, Y_2)}(t_1, t_2)\, dt_1 = \int_{-\infty}^{+\infty} f_{(X_1, X_2)}(t_1, t_2 - t_1)\, dt_1. \qquad (2.149)$$

Bei Unabhängigkeit der Zufallsgrößen X_1, X_2 entsteht hieraus

$$f_{Y_2}(t_2) = \int_{-\infty}^{+\infty} f_{X_2}(t_2 - t_1) f_{X_1}(t_1)\, dt_1. \qquad (2.150)$$

Integrale der Form (2.150) werden als *Faltungsintegrale* bezeichnet. Die Behandlung derartiger Integrale kann analytische Schwierigkeiten bereiten. Deshalb sind Aussagen über den entstehenden Verteilungstyp häufig sehr nützlich. Eine derartige Aussage betrifft erneut die Normalverteilung. Bei dem hier gewählten Weg der Herleitung von (2.150) kann folgende Argumentation benutzt werden: Unterliegt (X_1, X_2) einer zweidimensionalen Normalverteilung, so gilt dies auch für die lineare Transformation $(Y_1 = X_1, Y_2 = X_1 + X_2)$. Außerdem sind die Randverteilungen der Normalverteilungen wiederum Normalverteilungen. Damit unterliegt die Summe $Y_2 = X_1 + X_2$ zweier normalverteilter Zufallsgrößen ebenfalls einer Normalverteilung, ihre Parameter können nach den Rechenregeln für Erwartungswert und Varianz bestimmt werden.

Wir wählen einen zweiten Weg zur Herleitung dieser wichtigen Ergebnisse:

Im Fall stetiger Zufallsgrößen X und Y mit den Dichtefunktionen $f_X(t_1)$ und $f_Y(t_2)$ können wir die Verteilungsfunktion $F_Z(t)$ von $Z = X + Y$ mit Hilfe der Beziehung

$$F_Z(t) = P(Z \leq t) = \iint\limits_{t_1+t_2 \leq t} f_{(X,Y)}(t_1, t_2)\, \mathrm{d}t_1\, \mathrm{d}t_2$$

bestimmen. Für unabhängige X, Y erhalten wir mit Hilfe von (2.122) und nach Umformung der Integrationsgrenzen:

$$F_Z(t) = \int\limits_{-\infty}^{+\infty} \int\limits_{-\infty}^{t-t_1} f_Y(t_2)\, \mathrm{d}t_2\, f_X(t_1)\, \mathrm{d}t_1.$$

Die Integration bezüglich t_2 liefert dann

$$F_Z(t) = \int\limits_{-\infty}^{+\infty} F_Y(t - t_1) f_X(t_1)\, \mathrm{d}t_1. \tag{2.151}$$

Aus (2.151) erhalten wir durch Differentiation nach t die Dichtefunktion der Verteilung von Z gemäß (2.150) mit $X_1 = X$, $X_2 = Y$.

Beispiel 2.57: Es seien X_1, X_2, X_3, X_4 unabhängige, im Intervall $[0, 1]$ gleichmäßig stetig verteilte Zufallsgrößen. Unter Verwendung der Formel (2.150) und unter Berücksichtigung, daß $Z = S_2 = X_1 + X_2$ Werte aus dem Intervall $[0; 2]$ annehmen kann, erhalten wir

$$f_{S_2}(t) = \begin{cases} 0 & \text{für} & t \leq 1, \\ t & \text{für} & 0 < t \leq 1, \\ 2 - t & \text{für} & 1 < t \leq 2, \\ 0 & \text{für} & 2 < t \quad. \end{cases} \tag{2.152}$$

Die Verteilung der Zufallsgröße $S_3 = X_1 + X_2 + X_3 = S_2 + X_3$ errechnet sich als Faltung der Verteilungen von S_2 und X_3. Für $S_4 = X_1 + X_2 + X_3 + X_4$ gilt dann die Darstellung $S_4 = S_3 + X_4$. Diese Zufallsgröße kann Werte aus dem Intervall

$[0, 4]$ annehmen. Mit dem Faltungsintegral (2.150) gilt für die Dichte von S_4

$$f_{S_4}(t) = \begin{cases} 0 & \text{für} \quad t \leq 0, \\[1mm] \dfrac{t^3}{6} & \text{für} \quad 0 < t \leq 1, \\[1mm] -\dfrac{t^3}{2} + 2t^2 - 2t + \dfrac{2}{3} & \text{für} \quad 1 < t \leq 2, \\[1mm] \dfrac{t^3}{2} - 4t^2 + 10t - \dfrac{22}{3} & \text{für} \quad 2 < t \leq 3, \\[1mm] -\dfrac{t^3}{6} + 2t^2 - 8t + \dfrac{32}{3} & \text{für} \quad 3 < t \leq 4, \\[1mm] 0 & \text{für} \quad 4 < t \quad . \end{cases} \tag{2.153}$$

Im Bild 2.26 sind die Dichtefunktionen der Zufallsgrößen $S_1 = X_1, S_2$ und S_4 graphisch dargestellt.

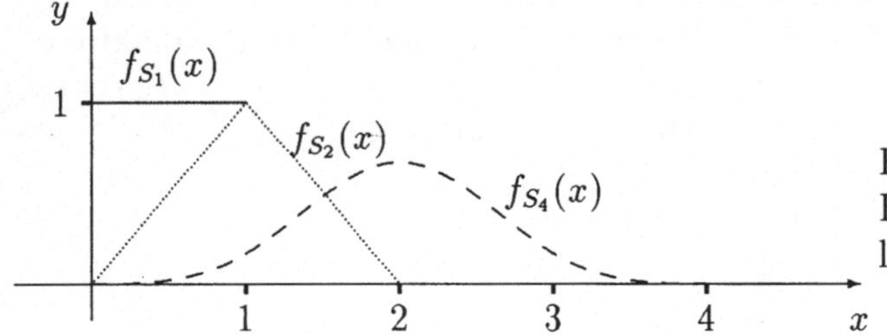

Bild 2.26:
Faltung der Gleichverteilung

Die Verteilung von S_2 wird auf Grund der Form der Dichte als Dreieckverteilung bezeichnet. Die Zufallsgröße S_4 hat gemäß (2.126) und (2.130) den Erwartungswert $E(S_4) = 4 \cdot \frac{1}{2}$ und die Varianz $D^2(S_4) = 4 \cdot \frac{1}{12} = 3$. Betrachten wir den Fall von n unabhängigen und im Intervall $[0, 1]$ gleichmäßig stetig verteilten Zufallsgrößen X_k $(k = 1, 2, \ldots, n)$ und bilden $S_n = \sum\limits_{k=1}^{n} X_k$, so gilt wegen (2.126) und (2.130) $E(S_n) = n \cdot \frac{1}{2}$ und $D^2(S_n) = n \cdot \frac{1}{12}$, d. h., mit wachsendem n wächst sowohl der Erwartungswert als auch die Varianz. Das Bild der Dichte von S_4 ist der Gaußschen Glockenkurve sehr ähnlich. Auf diese Problematik wird im Abschnitt 2.3.11.2 eingegangen. ◁

Während sich für die Summe zweier binomialverteilter Zufallsgrößen wieder eine binomialverteilte Zufallsgröße ergeben hat, ist im Beispiel 2.57 der Verteilungstyp nicht erhalten geblieben. Es zeigt sich also, daß bei der Summation von Zufallsgrößen nur in speziellen Fällen der Verteilungstyp unverändert bleibt. Verteilungen, bei denen der Verteilungstyp bei Summation (z. T. unter zusätzlichen Voraussetzungen) erhalten bleibt, sind neben der Binomialverteilung und der Normalverteilung zum Beispiel die Poissonverteilung und die Gammaverteilung.

Wird die Verteilung der Summe von n unabhängigen Zufallsgrößen X_i $(i = 1, \ldots, n)$ mit identischer Verteilung gesucht, so sprechen wir von der *n-fachen Faltung der Verteilung* von X. Diese wird schrittweise unter Anwendung der Formeln (2.148), (2.150) bzw. (2.151) berechnet.

Wir setzen die Behandlung des Beispiels 2.54 fort.

Beispiel 2.54 (Fortsetzung): Die zufälligen Reparaturzeiten X_i $(i = 1, \ldots, 10)$ seien unabhängig und identisch exponentialverteilt:

$$F_{X_i}(t) = \begin{cases} 0 & \text{für } t < 0, \\ 1 - e^{-\lambda t} & \text{für } t \geq 0 \end{cases} \qquad (\lambda > 0 \, ; \quad i = 1, \ldots, 10).$$

Um die Verteilung der Gesamtreparaturdauer $S_{10} = \sum_{i=1}^{10} X_i$ zu bestimmen, haben wir also die 10fache Faltung der Exponentialverteilung vorzunehmen. Wir erhalten eine *Erlangverteilung*[22] der Ordnung 10 mit der Verteilungsfunktion

$$F_{S_{10}}(t) = \begin{cases} 0 & \text{für } t < 0, \\ 1 - \sum_{k=0}^{9} \frac{(\lambda t)^k}{k!} e^{-\lambda t} & \text{für } t \geq 0 \end{cases}$$

und der Dichtefunktion

$$f_{S_{10}}(t) = \begin{cases} 0 & \text{für } t \leq 0, \\ \frac{\lambda^{10} t^9}{9!} e^{-\lambda t} & \text{für } t > 0. \end{cases} \qquad \triangleleft$$

2.3.9.3 Produkt und Quotient unabhängiger Zufallsgrößen

Sind X_1, X_2 unabhängige stetige Zufallgrößen, so können die Dichten des Produktes $Z_1 = X_1 X_2$ und des Quotienten $Z_2 = X_1/X_2$ nach folgenden Beziehungen berechnet werden:

$$f_{Z_1}(t) = \int_{-\infty}^{+\infty} \frac{1}{|y|} f_{X_1}\left(\frac{t}{y}\right) f_{X_2}(y) \, \mathrm{d}y, \qquad (2.154)$$

$$f_{Z_2}(t) = \int_{-\infty}^{+\infty} |y| f_{X_1}(ty) f_{X_2}(y) \, \mathrm{d}y. \qquad (2.155)$$

Beispiel 2.58: Gesucht ist die Dichtefunktion des Quotienten zweier unabhängiger Zufallsgrößen, die beide der Standardnormalverteilung unterliegen.

---

[22]Angner Krarup Erlang (1878-1929), dänischer Mathematiker.

Lösung:
1. Gemäß Formel (2.155) erhalten wir

$$
\begin{aligned}
f_{Z_2}(t) &= \int_{-\infty}^{+\infty} |y| \frac{1}{2\pi} \exp\left(-\frac{y^2 t^2}{2}\right) \exp\left(-\frac{y^2}{2}\right) \, dy \\
&= \frac{1}{2\pi} \int_{-\infty}^{+\infty} |y| \exp\left(-\frac{y^2(1+t^2)}{2}\right) \, dy \\
&= \frac{1}{\pi} \int_{0}^{+\infty} y \exp\left(-\frac{y^2(1+t^2)}{2}\right) \, dy \\
&= \frac{1}{\pi(1+t^2)} \int_{0}^{+\infty} \exp(-z) \, dz \ . \\
f_{Z_2}(t) &= \frac{1}{\pi(1+t^2)} \ .
\end{aligned}
$$

2. Die entstehende Dichte ist die einer *Cauchy-Verteilung*[23], die bereits im Beispiel 2.35 behandelt wurde.
3. Es läßt sich zeigen, daß die Cauchy-Verteilung keinen Erwartungswert (und
   damit auch keine Varianz) besitzt. Beim Umgang mit Quotienten von Zufallsgrößen ist folglich besondere Vorsicht geboten.   ◁

2.3.9.4 Grundverteilungen der mathematischen Statistik

Wir behandeln in diesem Abschnitt einige Funktionen mehrdimensionaler Zufallsgrößen, die große Bedeutung in der mathematischen Statistik haben und in
engem Zusammenhang mit der Normalverteilung stehen.
Chi-Quadrat (χ^2)-Verteilung
Wir gehen von der Voraussetzung aus, daß $X_1, \ldots, X_n$ unabhängige Zufallgrößen sind, die alle einer Standardnormalverteilung ($\mu = 0$, $\sigma = 1$) unterliegen,
und betrachten die Zufallsgröße

$$
Y_n = \sum_{i=1}^{n} X_i^2. \tag{2.156}
$$

Y_n ist eine stetige Zufallsgröße mit der Dichtefunktion

$$
f_{Y_n}(t) = \begin{cases} 0 & \text{für } t \le 0, \\[2ex] \dfrac{\left(\frac{1}{2}\right)^{\frac{n}{2}} t^{\frac{n}{2}-1}}{\Gamma\left(\frac{n}{2}\right)} \, e^{-\frac{t}{2}} & \text{für } t > 0. \end{cases} \tag{2.157}
$$

---

[23]Augustin Louis Cauchy (1789-1857), französischer Mathematiker.

Hierbei ist $\Gamma(x) = \int\limits_{0}^{+\infty} t^{x-1}e^{-t}\,dt$ $(x > 0)$ die Gammafunktion.

Diese Verteilung ist in die Klasse der Gammaverteilungen einzuordnen.

Y_n hat die Kennwerte $E(Y_n) = n$ und $D^2(Y_n) = 2n$.

Der Parameter n ist hierbei die Anzahl der in die Summe Y_n eingehenden unabhängigen Summanden, die *Anzahl der Freiheitsgrade.*

Definition 2.53: *Eine Zufallsgröße Y_n mit der Dichtefunktion (2.157) unterliegt einer* **Chi-Quadrat-Verteilung** *(kurz χ^2-Verteilung)* **mit n Freiheitsgraden.**

Wir verdeutlichen uns das Entstehen dieser Grundverteilung durch Fortsetzen der Betrachtungen zum Beispiel 2.42.

Beispiel 2.42 (Fortsetzung): X unterliege einer Standardnormalverteilung. Zu charakterisieren ist die Zufallsgröße $Y_1 = X^2$:

1. Nach (2.73) gilt:

$$f_{Y_1}(t) = \begin{cases} 0 & \text{für } t \leq 0, \\[2mm] \dfrac{1}{2\sqrt{t}}[f_X(+\sqrt{t}) + f_X(-\sqrt{t})] & \text{für } t > 0. \end{cases}$$

2. Durch Einsetzen der Dichte der Standardnormalverteilung und Berücksichtigen der Symmetrieeigenschaften entsteht hieraus für $t > 0$

$$f_{Y_1}(t) = \frac{1}{\sqrt{2\pi t}}e^{-\frac{t}{2}}.$$

3. Wegen $\Gamma(1/2) = \sqrt{\pi}$ liegt damit die Dichte einer Chi-Quadrat-Verteilung mit einem Freiheitsgrad vor, d. h. die Dichte einer Gammaverteilung mit den Parametern $\alpha = \frac{1}{2}$ und $\lambda = \frac{1}{2}$. $\lhd$

Student-Verteilung (t-Verteilung)[24]

Wir gehen von folgenden Voraussetzungen aus:

- X sei eine normalverteilte Zufallsgröße mit den Parametern $\mu = 0$ und $\sigma = 1$;
- Y_n unterliege einer Chi-Quadrat-Verteilung mit n Freiheitsgraden;
- X und Y_n seien unabhängige Zufallsgrößen.

Unter diesen Voraussetzungen betrachten wir die stetige Zufallsgröße

$$Z_n := \frac{X}{\sqrt{\dfrac{Y_n}{n}}}. \tag{2.158}$$

---

[24]Student - Pseudonym für W.S. Gosset (1876-1937), englischer Naturforscher.

Sie hat für $-\infty < t < +\infty$ die Dichtefunktion

$$f_{Z_n}(t) = \frac{\Gamma(\frac{n+1}{2})}{\sqrt{n\pi}\,\Gamma\left(\frac{n}{2}\right)}(1 + \frac{t^2}{n})^{-\frac{n+1}{2}}.\tag{2.159}$$

Definition 2.54: *Eine stetige Zufallsgröße* Z_n *mit der Dichtefunktion* (2.159) *unterliegt einer* **Student-Verteilung** (*t-Verteilung*) **mit** n **Freiheitsgraden**.

Den Spezialfall $n = 1$ lernten wir bereits im Beispiel 2.58 als Cauchy-Verteilung kennen.

Fishersche F-Verteilung[25]

Wir betrachten den Quotienten

$$W_{n_1,n_2} = \frac{n_2 Y_{n_1}}{n_1 Y_{n_2}},$$

wobei Y_{n_1} und Y_{n_2} unabhängige Chi-Quadrat-verteilte Zufallsgrößen mit den Freiheitsgraden n_1 bzw. n_2 sind.

W_{n_1,n_2} ist eine stetige Zufallsgröße mit der Dichtefunktion

$$f_{W_{n_1,n_2}}(t) = \begin{cases} 0 & \text{für} \quad t \leq 0, \\[2ex] \dfrac{\left(\dfrac{n_1}{n_2}\right)^{\frac{n_1}{2}}}{B\left(\dfrac{n_1}{2},\dfrac{n_2}{2}\right)}\, t^{\frac{n_1}{2}-1}(1 + \frac{n_1}{n_2}t)^{-\frac{n_1+n_2}{2}} & \text{für} \quad t > 0. \end{cases}$$

$$\tag{2.160}$$

Dabei ist $B(p,q) = \int\limits_0^1 t^{p-1}(1-t)^{q-1}\,\mathrm{d}t$ die Betafunktion.

Diese Verteilung gehört zur Klasse der Beta-Verteilungen.

Definition 2.55: *Eine stetige Zufallsgröße* W_{n_1,n_2} *unterliegt einer* **Fisherschen F-Verteilung mit** (n_1,n_2) **Freiheitsgraden**, *wenn sie die Dichtefunktion* (2.160) *besitzt.*

Anmerkung: 1. Wir haben uns hier auf die Angabe der wichtigsten Ergebnisse zu den behandelten Verteilungen beschränkt. Eine ausführlichere Darstellung dieser Problematik finden Sie z.B. in [FIS].

---

[25]Sir Ronald Aylmer Fisher (1890-1962), englischer Statistiker.

2. Die Verteilungsfunktionen bzw. Quantile der hier aufgetretenen Verteilungen sind im Anhang in Tafeln zusammengefaßt. In Verbindung mit Fragen der mathematischen Statistik werden wir den Gebrauch der Tafeln kennenlernen.

2.3.10 Charakteristische Funktionen

In diesem Abschnitt werden wir ein in der Wahrscheinlichkeitsrechnung wichtiges analytisches Hilfsmittel betrachten. Dabei werden komplexwertige Zufallsgrößen der Form e^{iX} untersucht, wobei i die imaginäre Einheit ist. Da die imaginäre Einheit eine Konstante ist, sind nachfolgend die Beziehungen für Erwartungswerte von Funktionen von Zufallsgrößen benutzt worden (siehe Abschnitte 2.3.3.3 und 2.3.9)

2.3.10.1 Definition und Beispiele

Definition 2.56: *Für eine Zufallsgröße X wird*

$$\varphi_X(s) := E(e^{isX}) \qquad (s \ beliebig\ reell) \tag{2.161}$$

als **charakteristische Funktion** *der Zufallsgröße X bezeichnet.*

Aus der Definition folgt wegen (2.62) bzw. (2.63) die Berechnungsformel für $\varphi_X(s)$ sowohl für diskrete als auch für stetige Zufallsgrößen. Es gilt:

$$\varphi_X(s) = \sum_{k=1}^{+\infty} e^{isx_k} P(X = x_k), \tag{2.162}$$

wenn X eine diskrete Zufallsgröße mit den Werten x_k $(k = 1, 2, \ldots)$ ist, bzw.

$$\varphi_X(s) = \int\limits_{-\infty}^{+\infty} e^{isx} f_X(x)\,\mathrm{d}x, \tag{2.163}$$

wenn X eine stetige Zufallsgröße mit der Dichtefunktion $f_X(x)$ ist.[26] Da

---

[26]Die Berechnungsformel (2.163) für stetige Zufallsgrößen zeigt uns, daß $\varphi_X(s)$ die aus der Analysis bekannte Fouriertransformierte der Dichtefunktion $f_X(x)$ ist. Unter Verwendung des Stieltjes-Integrals gilt für beliebige Zufallsgrößen

$$\varphi_X(s) = \int\limits_{-\infty}^{+\infty} e^{isx}\,\mathrm{d}F_X(x).$$

$|e^{isx}| \leq 1$ ist, läßt sich zeigen, daß zu jeder Zufallsgröße X eindeutig eine charakteristische Funktion $\varphi_X(s)$ existiert. Auch die Umkehrung ist gültig. Im Abschnitt 2.3.10.5 werden wir näher darauf eingehen.

Wir wollen nun für spezielle Verteilungen die charakteristische Funktion berechnen.

Beispiel 2.59: Die Zufallsgröße X unterliege einer Poissonverteilung mit dem Parameter $\lambda > 0$. Die zugehörige charakteristische Funktion ergibt sich nach (2.162) wie folgt:

$$\varphi_X(s) = \sum_{k=0}^{+\infty} e^{isk} P(X = k) = \sum_{k=0}^{+\infty} e^{isk} \frac{\lambda^k}{k!} e^{-\lambda} = e^{-\lambda} \sum_{k=0}^{+\infty} \frac{(\lambda e^{is})^k}{k!} = e^{-\lambda} e^{\lambda e^{is}}$$

$$\varphi_X(s) = e^{\lambda(e^{is}-1)}. \tag{2.164}$$

Dieses Ergebnis folgt aus der Tatsache, daß für $|x| < \infty$

$$\sum_{k=0}^{+\infty} \frac{x^k}{k!} = e^x$$

gilt. ◁

Beispiel 2.60: Die standardisierte Zufallsgröße Y unterliege einer Normalverteilung mit $E(Y) = 0$ und $D^2(Y) = 1$. Damit gilt nach (2.163) für die entsprechende charakteristische Funktion $\varphi_Y(s)$:

$$\varphi_Y(s) = \int_{-\infty}^{+\infty} e^{isy} f_Y(y)\,\mathrm{d}y = \frac{1}{\sqrt{2\pi}} \int_{-\infty}^{+\infty} e^{isy} e^{-\frac{y^2}{2}}\,\mathrm{d}y = \frac{1}{\sqrt{2\pi}} \int_{-\infty}^{+\infty} e^{isy-\frac{y^2}{2}}\,\mathrm{d}y$$

$$= \frac{1}{\sqrt{2\pi}} \int_{-\infty}^{+\infty} e^{-\frac{(y-is)^2}{2}} e^{-\frac{s^2}{2}}\,\mathrm{d}y.$$

Unter Berücksichtigung der Beziehung

$$\int_{-\infty}^{+\infty} e^{-\frac{(y-is)^2}{2}}\,\mathrm{d}y = \sqrt{2\pi}$$

gilt:

$$\varphi_Y(s) = e^{-\frac{s^2}{2}}. \quad ◁ \tag{2.165}$$

Beispiel 2.61: Die Zufallsgröße X unterliege einer Normalverteilung mit den Parametern $E(X) = \mu$ und $D^2(X) = \sigma^2$. Zur Berechnung der charakteristischen Funktion $\varphi_X(s)$ verwenden wir die zwischen der Zufallsgröße Y aus Beispiel 2.60 und der Zufallsgröße X bestehende Beziehung

$$X = \sigma Y + \mu.$$

Aus (2.161) folgt

$$\begin{aligned}
\varphi_X(s) &= E(e^{is(\sigma Y + \mu)}) = E(e^{is\sigma Y} e^{is\mu}) = e^{is\mu} E(e^{is\sigma Y}) = e^{is\mu} \varphi_Y(\sigma s) \\
&= e^{is\mu} e^{-\frac{(\sigma s)^2}{2}}.
\end{aligned}$$

Begründen Sie die einzelnen Schritte! Verwenden Sie dazu die Eigenschaft (2.64) aus Abschnitt 2.3.3.3 und das Ergebnis von Beispiel 2.60!
Damit ergibt sich als charakteristische Funktion einer normalverteilten Zufallsgröße Y mit den Parametern μ und σ

$$\varphi_Y(s) = e^{is\mu - \frac{\sigma^2 s^2}{2}}. \quad \triangleleft \tag{2.166}$$

Beispiel 2.62: Die Zufallsgröße X unterliege einer Gammaverteilung mit der Dichtefunktion

$$f_X(x) = \frac{\lambda^\alpha x^{\alpha-1}}{\Gamma(\alpha)} e^{-\lambda x} \quad \text{für} \quad x > 0.$$

Für $x \leq 0$ gilt $f_X(x) = 0$.
Damit ergibt sich für die charakteristische Funktion

$$\varphi_X(s) = \int\limits_0^\infty e^{isx} \frac{\lambda^\alpha x^{\alpha-1}}{\Gamma(\alpha)} e^{-\lambda y} \, \mathrm{d}x = \frac{\lambda^\alpha}{\Gamma(\alpha)} \int\limits_0^\infty x^{\alpha-1} e^{-(\lambda - is)x} \, \mathrm{d}x \,.$$

Die Integration liefert

$$\varphi_X(s) = \left(\frac{\lambda}{\lambda - is} \right)^\alpha = \left(1 - \frac{is}{\lambda} \right)^{-\alpha}. \quad \triangleleft \tag{2.167}$$

2.3.10.2   Berechnung von Momenten

Mit Hilfe der charakteristischen Funktionen lassen sich die existierenden Momente einer Zufallsgröße ermitteln. Wir wollen die Formel zur Berechnung des

Erwartungswertes hier lediglich für eine stetige Zufallsgröße X herleiten. Nach (2.163) gilt für die charakteristische Funktion:

$$\varphi_X(s) = \int\limits_{-\infty}^{+\infty} e^{isx} f_X(x)\,\mathrm{d}x.$$

Wir bilden die erste Ableitung von $\varphi_X(s)$, die dann existiert, wenn $E(X)$ existiert. Es ist

$$\varphi_X'(s) = \int\limits_{-\infty}^{+\infty} ix e^{isx} f_X(x)\,\mathrm{d}x.$$

Für $s = 0$ gilt:

$$\varphi_X'(0) = i \int\limits_{-\infty}^{+\infty} x f_X(x)\,\mathrm{d}x = iE(X)\,.$$

Damit erhalten wir für den Erwartungswert $E(X)$:

$$E(X) = \frac{\varphi_X'(0)}{i}.$$

Zeigen Sie, daß bei entsprechendem Vorgehen für die existierenden gewöhnlichen Momente $E(X^k)$ beliebiger Zufallsgrößen X die Beziehung

$$E(X^k) = \frac{\varphi_X^{(k)}(0)}{i^k} \quad (k = 1, 2, \ldots) \tag{2.168}$$

gilt!

Anmerkung: Wegen (2.70) läßt sich die Varianz $D^2(X)$ der Zufallsgröße X mit Hilfe der Beziehung

$$D^2(X) = \frac{\varphi_X''(0)}{i^2} - \left(\frac{\varphi_X'(0)}{i}\right)^2 = -\varphi_X''(0) + (\varphi_X'(0))^2 \tag{2.169}$$

berechnen.

Die Anwendung des Zusammenhangs zwischen der charakteristischen Funktion $\varphi_X(s)$ und den gewöhnlichen Momenten $E(X^k)$ einer Zufallsgröße X wollen wir an zwei Beispielen verdeutlichen.

Beispiel 2.59 (Fortsetzung): Die Zufallsgröße X unterliege einer Poissonverteilung mit dem Parameter λ. Für die charakteristische Funktion von X gilt:

$$\varphi_X(s) = \exp\left[\lambda(e^{is} - 1)\right].$$

Daraus folgt

$$\varphi'_X(s) = \lambda i e^{is} \exp\left[\lambda(e^{is} - 1)\right].$$

Damit erhalten wir

$$E(X) = \frac{\varphi'_X(0)}{i} = \frac{\lambda i}{i} = \lambda.$$

Berechnen Sie die Varianz $D^2(X)$ nach (2.169). $\lhd$

Beispiel 2.61 (Fortsetzung): Die Zufallsgröße X unterliege einer Normalverteilung mit den Parametern μ und σ. Damit gilt nach (2.166) für die charakteristische Funktion:

$$\varphi_X(s) = \exp\left[i\mu s - \frac{\sigma^2 s^2}{2}\right];$$

$$\varphi'_X(s) = (i\mu - \sigma^2 s)\exp\left[i\mu s - \frac{\sigma^2 s^2}{2}\right].$$

Aus dieser Ableitung erhalten wir für $s = 0$:

$$E(X) = \frac{\varphi'_X(0)}{i} = \frac{i\mu}{i} = \mu$$

(vgl. (2.95)). Mit (2.169) kann entsprechend die Varianz $D^2(X)$ berechnet werden. $\lhd$

2.3.10.3 Der Multiplikationssatz

Die charakteristischen Funktionen haben außer für die Berechnung der Momente von Zufallsgrößen auch für die Berechnung der Verteilung von Summen unabhängiger Zufallsgrößen, d. h. der Faltung von Wahrscheinlichkeitsverteilungen (vgl. 2.3.9.2), wesentliche Bedeutung.

Grundlage hierfür ist der folgende Multiplikationssatz:

Satz 2.9: *Es seien X und Y zwei beliebige unabhängige Zufallsgrößen mit den charakteristischen Funktionen $\varphi_X(s)$ und $\varphi_Y(s)$. Die charakteristische Funktion $\varphi_Z(s)$ der Zufallsgröße $Z = X + Y$ ist das Produkt der charakteristischen Funktionen der Zufallsgrößen X und Y:*

$$\varphi_Z(s) = \varphi_X(s)\varphi_Y(s). \tag{2.170}$$

Der Beweis dieses Satzes beruht darauf, daß bei unabhängigen Zufallsgrößen X und Y auch deren Funktionen e^{isX} und e^{isY} unabhängig sind und damit

$$E(e^{is(X+Y)}) = E(e^{isX} \cdot e^{isY}) = E(e^{isX})E(e^{isY})$$

gilt. Mit Hilfe dieses Multiplikationssatzes können wir also die Faltung von Verteilungen auf die Multiplikation der entsprechenden charakteristischen Funktionen zurückführen. Der Satz 2.9 läßt sich auch auf die Summe endlich vieler unabhängiger Zufallsgrößen erweitern.

Beispiel 2.63: X und Y seien unabhängige normalverteilte Zufallsgrößen mit den Parametern μ_X und σ_X bzw. μ_Y und σ_Y. Wir wollen die charakteristische Funktion $\varphi_Z(s)$ der Zufallsgröße $Z = X + Y$ berechnen.

Für die charakteristische Funktion von X bzw. Y ergibt sich nach Beispiel 2.61:

$$\varphi_X(s) = \exp\left[i\mu_X s - \frac{\sigma_X^2 s^2}{2}\right] \quad \text{bzw.} \quad \varphi_Y(s) = \exp\left[i\mu_Y s - \frac{\sigma_Y^2 s^2}{2}\right]$$

und mit Hilfe des Multiplikationssatzes für die gesuchte charakteristische Funktion:

$$\varphi_Z(s) = \exp\left[i\mu_X s + i\mu_Y s - \frac{\sigma_X^2 s^2}{2} - \frac{\sigma_Y^2 s^2}{2}\right].$$

Setzen wir $\mu_X + \mu_Y = \mu_Z$ und $\sigma_X^2 + \sigma_Y^2 = \sigma_Z^2$, so ergibt sich schließlich:

$$\varphi_Z(s) = \exp\left[i\mu_Z s - \frac{\sigma_Z^2 s^2}{2}\right].$$

Der Vergleich dieses Ergebnisses mit der charakteristischen Funktion einer normalverteilten Zufallsgröße zeigt uns, daß die zu $\varphi_Z(s)$ gehörende Zufallsgröße Z ebenfalls normalverteilt ist und die Parameter $\mu_Z = \mu_X + \mu_Y$ und $\sigma_Z = \sqrt{\sigma_X^2 + \sigma_Y^2}$ besitzt. Hieraus können wir die wichtige Folgerung ziehen, daß die Summe zweier unabhängiger normalverteilter Zufallsgrößen wieder eine normalverteilte Zufallsgröße ist, deren Erwartungswert die Summe der einzelnen Erwartungswerte und deren Varianz die Summe der einzelnen Varianzen ist.

Betrachten wir das arithmetische Mittel $\overline{X} = \frac{1}{n}\sum\limits_{k=1}^{n} X_k$ von n normalverteilten Zufallsgrößen X_k mit den Parametern $E(X_k) = \mu$ und $D^2(X_k) = \sigma^2$, so lautet die charakteristische Funktion

$$\varphi_{\overline{X}}(s) = E\left(\exp\left[is\frac{1}{n}\sum_{k=1}^{n} X_k\right]\right) = \exp\left[is\mu - \frac{\sigma^2 s^2}{2n}\right],$$

d. h., das arithmetische Mittel ist in diesem Fall wieder eine normalverteilte Zufallsgröße mit $E(\overline{X}) = \mu$ und $D^2(\overline{X}) = \frac{\sigma^2}{n}$ (vgl. Satz 3.2). $\quad\triangleleft$

Beispiel 2.64: Die unabhängigen Zufallsgrößen X_k ($k = 1, 2, \ldots, n$) unterliegen einer Null-Eins-Verteilung. Gesucht ist die charakteristische Funktion von

$$S_n = \sum_{k=1}^{n} X_k.$$

Lösung: Wegen (2.161) gilt

$$\varphi_{X_k}(s) = e^{is1}p + e^{is0}(1-p) = e^{is}p - p + 1 = 1 + p(e^{is} - 1) \,.$$

Unter Verwendung von (2.170) für ein Produkt von n Faktoren ergibt sich:

$$\varphi_{S_n}(s) = (1 + p(e^{is} - 1))^n \,. \tag{2.171}$$

Bemerkung: Da S_n einer Binomialverteilung unterliegt (vgl. Abschnitt 2.3.9.2) ist durch (2.171) die charakteristische Funktion der Binomialverteilung gegeben.

◁

Abschließend wollen wir charakteristische Funktionen benutzen, um die in Formel (2.157) gegebene Form der Dichtefunktion für die Chi-Quadrat-Verteilung zu beweisen. Die charakteristische Funktion der Zufallsgrößen X_k^2 mit $X_k \sim N(0;1)$ $(k = 1, 2, \ldots, n)$ (vgl. Abschnitt 2.3.9.4) ist wegen Formel (2.167) mit $\lambda = \frac{1}{2}$

$$\varphi_{X_k^2}(s) = (1 - 2is)^{-\frac{1}{2}} \,.$$

Nach (2.9) gilt dann für $Y_n = \sum_{k=1}^{n} X_k^2$ bei unabhängigen Zufallsgrößen X_k

$$\varphi_{Y_n}(s) = \prod_{k=1}^{n} \varphi_{X_k^2}(s) = (1 - 2is)^{-\frac{n}{2}} \,.$$

Dies ist die charakteristische Funktion einer Gammaverteilung mit $\alpha = \frac{n}{2}$ und $\lambda = \frac{1}{2}$. Die entsprechende Dichtefunktion lautet (siehe Beispiel 2.62):

$$f_{Y_n}(t) = \frac{\left(\frac{1}{2}\right)^{\frac{n}{2}} t^{\frac{n}{2}-1}}{\Gamma\left(\frac{n}{2}\right)} \, e^{-\frac{t}{2}} \,.$$

Damit ist die Gültigkeit der Beziehung (2.157) bewiesen.

2.3.10.4   Erzeugende Funktionen

Bei diskreten Zufallsgrößen mit nichtnegativen ganzzahligen Werten ist die charakteristische Funktion eine Potenzreihe in $z = e^{is}$:

$$\varphi_X(s) = \sum_{k=0}^{\infty} (e^{is})^k P(X = k) = \sum_{k=0}^{\infty} z^k P(X = k).$$

Derartige Potenzreihen bezeichnen wir in der Wahrscheinlichkeitsrechnung als *erzeugende Funktionen.*

Definition 2.57: *Ist X eine Zufallsgröße mit nichtnegativen ganzzahligen Werten k $(k = 0, 1, 2, \ldots)$, so heißt*

$$g_X(z) := E(z^X) = \sum_{k=0}^{\infty} z^k P(X = k) \quad (|z| \le 1) \qquad (2.172)$$

die **erzeugende Funktion** *von X.*

Durch die Einzelwahrscheinlichkeiten $P(X = k)$ $(k = 0, 1, 2, \ldots)$ ist $g_X(z)$ eindeutig bestimmt.

Beispiel 2.65: Die Zufallsgröße X sei binomialverteilt mit den Parametern n und p. Dann erhalten wir die erzeugende Funktion $g_X(z)$ aus der Formel (2.171), indem $e^{is} = z$ gesetzt wird:

$$g_X(z) = (1 + p(z - 1))^n. \quad \lhd \qquad (2.173)$$

Analog zu den charakteristischen Funktionen lassen sich mit Hilfe von $g_X(z)$ die existierenden Momente der Zufallsgröße X berechnen. Es gilt beispielsweise

$$E(X) = g_X'(1) \qquad (2.174)$$

und

$$E(X^2) = g_X''(1) + g_X'(1). \qquad (2.175)$$

Warum?

Bei gegebener erzeugender Funktion einer Zufallsgröße X lassen sich die Einzelwahrscheinlichkeiten $P(X = k)$ durch Koeffizientenvergleich der Potenzreihe

$$\sum_{k=0}^{\infty} z^k P(X = k)$$

mit der Taylorreihenentwicklung von $g_X(z)$ im Punkt $z = 0$ bestimmen. Wir erhalten:

$$P(X = k) = \frac{g_X^{(k)}(0)}{k!}. \qquad (2.176)$$

Überprüfen Sie die Richtigkeit von (2.176)!

Beispiel 2.66: Die Zufallsgröße X sei binomialverteilt mit den Parametern n und p. Mit ihrer erzeugenden Funktion

$$g_X(z) = (1 + p(z - 1))^n$$

erhalten wir

$$g'_X(z) = np(1 + p(z - 1))^{n-1};$$
$$g''_X(z) = n(n - 1)p^2(1 + p(z - 1))^{n-2};$$
$$\vdots$$
$$g_X^{(k)}(z) = n(n - 1)\ldots(n - k + 1)p^k(1 + p(z - 1))^{n-k}$$

und

$$g_X^{(k)}(0) = \frac{n!}{(n - k)!}p^k(1 - p)^{n-k} \quad (k = 0, 1, \ldots, n).$$

Dann gilt nach (2.176)

$$P(X = k) = \binom{n}{k}p^k(1 - p)^{n-k} \quad (k = 0, 1, \ldots, n). \quad \lhd$$

Anmerkung: Das Bestimmen der Einzelwahrscheinlichkeiten der Zufallsgröße X bei gegebener erzeugender Funktion $g_X(z)$ ist nach (2.176) eindeutig möglich.

2.3.10.5 Weiterführende Betrachtungen

Wir kommen nun auf die im Anschluß an die Definition der charakteristischen Funktion getroffene Bemerkung über die Existenz und Eindeutigkeit der Wahrscheinlichkeitsverteilung bei gegebener charakteristischer Funktion zurück. Folgender Satz ist von grundlegender Bedeutung:

Satz 2.10: *Durch die charakteristische Funktion ist die Verteilungsfunktion eindeutig bestimmt. Ist $\varphi_X(s)$ die charakteristische Funktion bzw. $F_X(t)$ die Verteilungsfunktion einer Zufallsgröße X, und sind t_1 und t_2 Stetigkeitsstellen von $F_X(t)$, so gilt*

$$F_X(t_2) - F_X(t_1) = \frac{1}{2\pi}\lim_{T\to\infty}\int_{-T}^{+T}\frac{e^{-ist_1} - e^{-ist_2}}{is}\varphi_X(s)\,\mathrm{d}s. \qquad (2.177)$$

Bilden wir in (2.177) den Grenzwert $t_1 \to -\infty$, wobei t_1 die Stetigkeitsstellen von $F_X(t)$ durchläuft, und setzen wir $t_2 = t$, so ergibt sich

$$F_X(t) = \frac{1}{2\pi}\lim_{t_1\to-\infty}\lim_{T\to\infty}\int_{-T}^{+T}\frac{e^{-ist_1} - e^{-ist}}{is}\varphi_X(s)\,\mathrm{d}s. \qquad (2.178)$$

Auf Grund der Zusammenhänge zwischen Verteilungsfunktion und Dichtefunktion bzw. Einzelwahrscheinlichkeiten ergeben sich aus (2.178)

$$f_X(t) = \frac{1}{2\pi} \int\limits_{-\infty}^{+\infty} e^{-ist} \varphi_X(s)\mathrm{d}s \qquad (2.179)$$

und

$$P(X = k) = \frac{1}{2\pi} \int\limits_{-\pi}^{\pi} e^{-isk} \varphi_X(s)\mathrm{d}s \quad (k = 0, 1, \ldots). \qquad (2.180)$$

(2.179) gilt für stetige und (2.180) für diskrete Zufallsgrößen mit ganzzahligen Werten. Die Beziehungen (2.177), (2.178), (2.179) und (2.180) bezeichnen wir als *Umkehrformeln*, die es prinzipiell gestatten, aus der charakteristischen Funktion die Wahrscheinlichkeitsverteilung zu bestimmen.
Sie finden weiterführende Betrachtungen beispielsweise in [FIS], [GNE].

2.3.11 Grenzwertsätze

2.3.11.1 Gesetze der großen Zahlen

In Abschnitt 2.2.1 haben wir die relative Häufigkeit eines Ereignisses als einen Schätzwert für die entsprechende Wahrscheinlichkeit kennengelernt. Wir wollen nun erneut auf diesen Zusammenhang zwischen Wahrscheinlichkeit und relativer Häufigkeit zurückkommen. Dazu gehen wir von einer beliebigen Anzahl n von Versuchen aus, die nach dem Bernoullischen Versuchsschema (vgl. Abschnitt 2.3.6.2) durchgeführt werden. In jedem einzelnen Versuch kann dann also entweder das zufällige Ereignis A mit der Wahrscheinlichkeit $p\,(0 < p < 1)$ oder das Ereignis $\overline{A}$ mit der Wahrscheinlichkeit $1 - p$ eintreten. Durch die Zuordnung $P(X_i = 1) = p$ und $P(X_i = 0) = 1 - p$ wollen wir die Versuche mit Hilfe der unabhängigen Zufallsgrößen X_i $(i = 1, \ldots, n)$, die einer Null-Eins-Verteilung unterliegen, beschreiben. Die Zufallsgröße

$$S_n := \sum_{i=1}^{n} X_i$$

genügt dann einer Binomialverteilung mit den Parametern $E(S_n) = np$ und $D^2(S_n) = np(1 - p)$ (vgl. Abschnitt 2.3.9.2). Dividieren wir S_n durch n, so ergibt sich die relative Häufigkeit des zufälligen Ereignisses A bei n Versuchen, d. h.

$$H_n(A) = \frac{S_n}{n} = \frac{1}{n} \sum_{i=1}^{n} X_i \qquad\qquad (2.181)$$

mit

$$E(H_n(A)) = p, \qquad D^2(H_n(A)) = \frac{1}{n}p(1-p)$$

(vgl. (2.80) und (2.81)). Daß sich mit wachsendem n die Varianz der relativen Häufigkeit verringert, d.h., daß bei großem n das Wirken des Zufalls auf die relative Häufigkeit in den Hintergrund tritt, können wir auch mit Wahrscheinlichkeiten der Form $P(|H_n(A) - p| < \varepsilon)$ für jedes beliebige $\varepsilon > 0$ ausdrücken. Diese Wahrscheinlichkeiten können über die Binomialverteilung berechnet werden, was allerdings für große n zu Schwierigkeiten führen kann. Eine grobe Abschätzung dieser Wahrscheinlichkeiten nach unten kann mit der Tschebyscheffschen Ungleichung (2.98) vorgenommen werden. Diese kann hier auf folgende Form gebracht werden:

$$P(|H_n(A) - p| < \varepsilon) \geq 1 - \frac{p(1-p)}{n\varepsilon^2} \quad (\varepsilon > 0 \text{ beliebig}).$$

Durch Grenzübergang ($n \longrightarrow +\infty$) erhalten wir das im folgenden Satz zusammengefaßte Ergebnis:

Satz 2.11: (**Gesetz der großen Zahlen von Bernoulli**) *Ist $X_1, X_2, \ldots$ eine Folge unabhängiger identisch verteilter Zufallsgrößen mit*

$$P(X_i = 1) = p \quad und \quad P(X_i = 0) = 1 - p \quad (0 < p < 1),$$

so gilt für alle $\varepsilon > 0$

$$\lim_{n \to \infty} P\left(\left|\frac{1}{n} \sum_{i=1}^{n} X_i - p\right| < \varepsilon\right) = 1. \qquad\qquad (2.182)$$

Mit diesem Satz ist die Stabilität der relativen Häufigkeit, auf die wir schon im Abschnitt 2.2.1 hingewiesen haben, präzisiert worden. Wesentlich hierbei ist, daß die Wahrscheinlichkeit eines zufälligen Ereignisses nicht der Grenzwert der relativen Häufigkeit im Sinne der „klassischen" Analysis ist, sondern daß die Wahrscheinlichkeit des Ereignisses $\{|H_n(A) - p| < \varepsilon\}$ gegen Eins konvergiert. Wir sagen, daß $H_n(A)$ *in Wahrscheinlichkeit* gegen p *konvergiert*.

Satz 2.11 läßt sich in folgender Weise verallgemeinern:

> **Satz 2.12: (Gesetz der großen Zahlen von Chintschin[27])** *Ist* $X_1, X_2, \ldots$
> *eine Folge von unabhängigen und identisch verteilten Zufallsgrößen mit*
> $E(X_i) = m_1 < \infty$, *so gilt für alle* $\varepsilon > 0$
>
> $$\lim_{n \to \infty} P\left(\left|\frac{1}{n}\sum_{i=1}^{n} X_i - m_1\right| < \varepsilon\right) = 1. \qquad (2.183)$$
>
> *Die Stabilitätseigenschaften, die bei der relativen Häufigkeit zu beobachten
> sind, liegen folglich auch beim arithmetischen Mittel von unabhängigen und
> identisch verteilten Zufallsgrößen vor.*

2.3.11.2 Der zentrale Grenzwertsatz

Auf die besondere Bedeutung der Normalverteilung haben wir bereits mehrfach
hingewiesen. Wir greifen hier auf das Beispiel 2.57 zurück.

Beispiel 2.57 (Fortsetzung): Für die Summe S_4 von vier unabhängigen gleichmäßig stetig auf $[0, 1]$ verteilten Zufallsgrößen ist durch (2.153) die Dichtefunktion gegeben. Die Dichte der zugehörigen standardisierten Zufallsgröße

$$Z_4 = \frac{S_4 - E(S_4)}{\sqrt{D^2(S_4)}} = (S_4 - 2)\sqrt{3}$$

kann aus (2.153) und der Transformationsformel (2.71) bestimmt werden. Sie
ist in Bild 2.27 gemeinsam mit der Dichte der Standardnormalverteilung dargestellt.

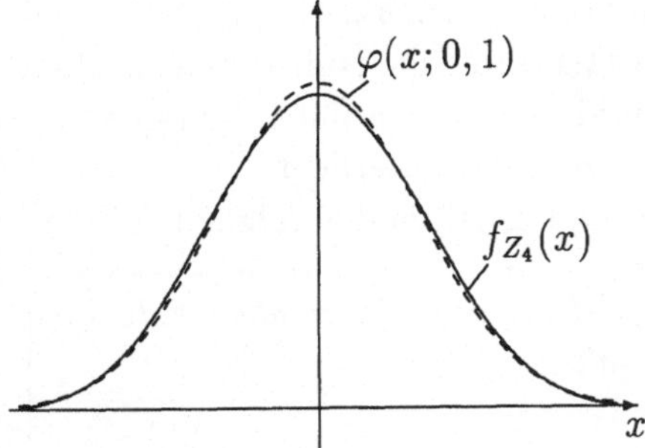

Bild 2.27: Dichtefunktionen der
Standardnormalverteilung und der
standardisierten Zufallsgröße Z_4

Die hier beobachtete Annäherung der Verteilung der standardisierten Summen
Z_n an die Standardnormalverteilung wird mit wachsender Anzahl n der Summanden immer stärker. Bereits bei $n = 12$ würde in unserem Bild der Unter-

---

[27]Alexander Jakowlewitsch Chintschin (1894-1959), russischer Mathematiker.

schied zwischen der Dichte von $Z_{12} = S_{12} - 6$ und der Dichte der Standardnormalverteilung nicht mehr darstellbar sein. Dies ist die Grundlage dafür,
näherungsweise normalverteilte Zufallsgrößen aus gleichmäßig verteilten Zufallsgrößen zu erzeugen (sog. 12-er Regel).   ◁

Eine theoretische Begründung dafür, wann eine Zufallsgröße als normalverteilt
angesehen werden kann, liefert folgender Satz:

Satz 2.13: **(Zentraler Grenzwertsatz)** *Ist $X_1, X_2, \ldots$ eine Folge von un-*
abhängigen und identisch verteilten Zufallsgrößen mit $E(X_i) = m_1 < \infty$ und
$D^2(X_i) = d^2 < \infty$, so gilt mit $S_n = \sum\limits_{i=1}^{n} X_i$ für jedes reelle t

$$\lim_{n \to \infty} P\left(\frac{S_n - nm_1}{\sqrt{n}d} \le t\right) = \Phi(t; 0, 1) = \frac{1}{\sqrt{2\pi}} \int\limits_{-\infty}^{t} e^{-\frac{x^2}{2}} \, dx. \qquad (2.184)$$

Mit anderen Worten heißt dies, daß die Folge der Verteilungen der standardisierten Summen

$$\frac{S_n - nm_1}{\sqrt{n}d} \qquad (2.185)$$

gegen die Normalverteilung mit den Parametern $\mu = 0$ und $\sigma = 1$ konvergiert.
Wir nennen S_n in diesem Fall *asymptotisch normalverteilt* mit dem Erwartungswert nm_1 und der Standardabweichung $\sqrt{n}d$ (asymptotisch $N(nm_1; \sqrt{n}d)$-
verteilt).

Den Beweis des Satzes 2.13 wollen wir hier nicht führen. Der Leser findet ihn
und weitere Grenzwertsätze z. B. in [REN].

Wir wollen nun als Spezialfall des Satzes 2.13 den Satz von Moivre[28]-Laplace
kennenlernen. Ausgangspunkt ist das Bernoullische Versuchsschema, bei dem jeder einzelne Versuch analog zu Abschnitt 2.3.11.1 durch die Null-Eins-verteilten
Zufallsgrößen X_i ($i = 1, 2, \ldots$) beschrieben wird und die absolute Häufigkeit S_n
einer Binomialverteilung mit den Parametern n und p unterliegt.

Wir wenden den zentralen Grenzwertsatz an und erhalten den folgenden Satz:

Satz 2.14: **(Satz von Moivre-Laplace)** *Ist S_n eine binomialverteilte Zu-*
fallsgröße mit den Parametern n und p, so gilt für jedes reelle t

$$\lim_{n \to \infty} P\left(\frac{S_n - np}{\sqrt{np(1-p)}} \le t\right) = \Phi(t; 0, 1). \qquad (2.186)$$

---

[28]Abraham de Moivre (1667-1754), französischer Mathematiker.

Das heißt, wenn bei dem der Binomialverteilung zugrundeliegenden Bernoullischen Versuchsschema bei festem p die Anzahl der unabhängigen Versuche gegen unendlich strebt, dann konvergiert die Verteilungsfunktion der standardisierten binomialverteilten Zufallsgröße gegen die Verteilungsfunktion einer normalverteilten Zufallsgröße mit den Parametern 0 und 1.

Die Bedeutung des Satzes 2.14 wollen wir an einem Beispiel verdeutlichen.

Beispiel 2.67: Mit Hilfe unabhängiger Versuche wird die Wahrscheinlichkeit eines zufälligen Ereignisses durch die relative Häufigkeit geschätzt. Unter Anwendung des Satzes von Moivre-Laplace soll nun untersucht werden, wie groß die Anzahl der unabhängigen Versuche sein muß, damit mit einer Wahrscheinlichkeit von mindestens 0.95 das Ergebnis mit einem Fehler kleiner $\varepsilon = 0.1$ behaftet ist, d.h., die Anzahl n der durchzuführenden unabhängigen Versuche ist aus der Beziehung

$$P\big(\big|\frac{S_n}{n} - P(A)\big| < 0.1\big) \geq 0.95$$

zu bestimmen.

Mit $P(A) = p$ führen wir folgende Umformungen durch:

$$P\big(\big|\frac{S_n}{n} - p\big| < 0.1\big) = P(|S_n - np| < 0.1 \cdot n)$$

$$= P\big(\big|\frac{S_n - np}{\sqrt{np(1-p)}}\big| < \frac{0.1 \cdot n}{\sqrt{np(1-p)}}\big)$$

$$= P\big(-\frac{\sqrt{n} \cdot 0.1}{\sqrt{p(1-p)}} < \frac{S_n - np}{\sqrt{np(1-p)}} < \frac{\sqrt{n} \cdot 0.1}{\sqrt{p(1-p)}}\big)$$

$$\approx \Phi\big(\frac{\sqrt{n} \cdot 0.1}{\sqrt{p(1-p)}}; 0, 1\big) - \Phi\big(-\frac{\sqrt{n} \cdot 0.1}{\sqrt{p(1-p)}}; 0, 1\big) \quad \text{(vgl. Satz 2.14)}$$

$$= 2\Phi\big(\frac{\sqrt{n} \cdot 0.1}{\sqrt{p(1-p)}}; 0, 1\big) - 1$$

$$\geq 2\Phi\big(\frac{\sqrt{n} \cdot 0.1}{\sqrt{0.25}}; 0, 1\big) - 1.$$

Da p in der Regel unbekannt ist, benutzten wir hier die Abschätzung $p(1-p) \leq 0.25$. Wir kommen der Aufgabenstellung nach, indem wir nun

$$2\Phi\big(\frac{\sqrt{n} \cdot 0.1}{\sqrt{0.25}}; 0, 1\big) - 1 \geq 0.95$$

bzw.

$$\Phi\left(\frac{\sqrt{n}\cdot 0.1}{\sqrt{0.25}};0,1\right) \geq 0.975$$

fordern.

Mit Hilfe der Tafel 1 des Anhangs ergibt sich für $\Phi(t_0;0,1) = 0.975$ der Wert $t_0 = 1.96$. Die gesuchte Anzahl der Versuche ist die kleinste natürliche Zahl n mit

$$\frac{\sqrt{n}\cdot 0.1}{\sqrt{0.25}} \geq 1.96$$

und damit $n = 97$.

Wir müssen also mindestens 97 Versuche durchführen, um die gesuchte Wahrscheinlichkeit in durchschnittlich 95% aller derartigen Versuchsserien mit der geforderten Genauigkeit zu ermitteln. $\lhd$

In der Tabelle 2.8 sind für verschiedene Wahrscheinlichkeiten γ und ausgewählte Werte ε die Anzahlen n der erforderlichen Versuche zusammengestellt, die sich unter Verwendung der Beziehung $P\left(|\frac{S_n}{n} - P(A)| < \varepsilon\right) \geq \gamma$ ergeben.

	$\varepsilon = 0.1$	$\varepsilon = 0.01$
$\gamma = 0.90$	$n \geq 68$	$n \geq 6724$
$\gamma = 0.95$	$n \geq 97$	$n \geq 9604$
$\gamma = 0.99$	$n \geq 166$	$n \geq 16590$

Tabelle 2.8: Versuchsanzahl in Abhängigkeit von γ und ε

2.3.11.3   Weiterführende Bemerkungen

1. Im Abschnitt 2.3.11.1 untersuchten wir das Verhalten der Zufallsgröße $H_n(A)$ und leiteten die Beziehung (2.182) her. Hierbei erkannten wir, daß $P(A)$ nicht der Grenzwert von $H_n(A)$ im Sinne der „klassischen" Analysis ist. Wir erhielten nur eine Aussage über das Konvergenzverhalten der Wahrscheinlichkeit des Ereignisses $\{|H_n(a) - P(A)| < \varepsilon\}$ und nannten dieses Konvergenzverhalten *Konvergenz in Wahrscheinlichkeit*. Diesen Begriff können wir im allgemeinen wie folgt definieren:

Definition 2.58: *Eine Folge von Zufallsgrößen* $X_1, X_2, \ldots$ *heißt* **konvergent in Wahrscheinlichkeit** *gegen a, wenn für alle* $\varepsilon > 0$

$$\lim_{n\to\infty} P(|X_n - a| < \varepsilon) = 1$$

gilt.

Neben der Konvergenz in Wahrscheinlichkeit wird in der Wahrscheinlichkeitsrechnung noch eine andere Art des Konvergenzverhaltens behandelt.

Definition 2.59: *Eine Folge von Zufallsgrößen* $X_1, X_2, \ldots$ *heißt* **konvergent mit Wahrscheinlichkeit 1** *gegen* a, *wenn*

$$P(\lim_{n \to \infty} X_n = a) = 1$$

gilt.

Vergleichen wir die Definitionen 2.58 und 2.59, so ist zu erkennen, daß in Definition 2.59 nicht die Konvergenz der Wahrscheinlichkeit, sondern die Wahrscheinlichkeit der Konvergenz gegen einen Grenzwert untersucht wird. Zwischen beiden Konvergenzarten besteht folgender Zusammenhang:

Wenn eine Folge $X_1, X_2, \ldots$ von Zufallsgrößen mit Wahrscheinlichkeit 1 gegen a konvergiert, so konvergiert sie auch in Wahrscheinlichkeit gegen a. Die Umkehrung dieser Aussage gilt nicht (siehe [REN]).

Hieraus erkennen wir, daß die Konvergenz mit Wahrscheinlichkeit 1 ein „stärkeres" Konvergenzverhalten als die Konvergenz in Wahrscheinlichkeit ausdrückt. Deshalb sagen wir auch, daß eine Folge von Zufallsgrößen, deren arithmetische Mittel mit Wahrscheinlichkeit 1 gegen eine Größe a konvergieren, dem *starken Gesetz der großen Zahlen* unterliegt. Entsprechend wird von einer Folge von Zufallsgrößen, deren arithmetische Mittel in Wahrscheinlichkeit gegen eine Größe a konvergieren, gesagt, daß sie dem *schwachen Gesetz der großen Zahlen* unterliegt.

Mit den Sätzen 2.11 und 2.12 haben wir also zwei Formen des schwachen Gesetzes der großen Zahlen kennengelernt. Wir wollen abschließend das starke Gesetz der großen Zahlen in der Form von Kolmogorow angeben:

Satz 2.15: (Starkes Gesetz der großen Zahlen von Kolmogorow)
Eine Folge $X_1, X_2, \ldots$ *von unabhängigen und identisch verteilten Zufallsgrößen unterliegt genau dann dem starken Gesetz der großen Zahlen, wenn* $m_1 = E(X_i)$ $(i = 1, 2, \ldots)$ *existiert. Es gilt in diesem Fall:*

$$P\Big(\lim_{n \to \infty} \frac{1}{n} \sum_{i=1}^{n} X_i = m_1 \Big) = 1.$$

In [REN] finden Sie hierzu ausführliche Untersuchungen.

2. In die Gruppe der Grenzverteilungsaussagen für Summen unabhängiger Zufallsgrößen gehört auch der Poissonsche Grenzwertsatz (vgl. [REN]), der den

asymptotischen Zusammenhang zwischen Binomialverteilung und Poissonverteilung beschreibt. Bei der Einführung der Poissonverteilung sind wir kurz darauf eingegangen.

3. Grenzverteilungsaussagen haben wir hier nur hinsichtlich des asymptotischen Verhaltens von Summen unabhängiger Zufallsgrößen behandelt.
Eine wichtige Klasse analoger Aussagen bezieht sich z. B. auf das asymptotische Verhalten der „Extremwerte" $min(X_1, \ldots, X_n)$ und $max(X_1, \ldots, X_n)$ von unabhängigen identisch verteilten Zufallsgrößen.
Zu den auf diese Weise begründeten „Extremwertverteilungen" (vgl. [MLS]) gehört z. B. die Weibullverteilung als mögliche Grenzverteilung des Minimums von Zufallsgrößen.

2.3.12　Aufgaben

2.24 Ein Arbeiter bedient drei unabhängig voneinander arbeitende Maschinen. Jede einzelne Maschine verlangt innerhalb eines bestimmten Zeitintervalls T die Aufmerksamkeit des Arbeiters mit der Wahrscheinlichkeit 0.4. Es sei X die zufällige Anzahl der Maschinen, die im Zeitintervall T die Aufmerksamkeit des Arbeiters verlangen. Bestimmen Sie
a) die Verteilungstabelle von X;
b) $P(X \leq 1)$;
c) die Verteilungsfunktion $F_X(t)$;
d) $E(X)$;
e) $D^2(X)$!

2.25 Ein Hersteller von Schaltelementen gibt an, daß etwa 4 % der gefertigten Elemente fehlerhaft sind. Ein Kunde bezieht regelmäßig große Lieferungen mit einer konstanten Stückzahl. In der Annahmekontrolle werden jeder Lieferung zufällig 25 Stück entnommen und überprüft. Sind mehr als zwei fehlerhafte Stücke in einer Probe, so wird die Annahme verweigert. Wie groß ist die Wahrscheinlichkeit für die Annahme einer solchen Lieferung? Wie ändert sich die Annahmewahrscheinlichkeit, wenn der Anteil der fehlerhaften Stücke 2 % bzw. 5 % beträgt?

2.26 Bestimmen Sie die Quantile Q_p ($p = 0.1; 0.2; 0.3; 0.4; 0.5$) der binomialverteilten Zufallsgröße X_4 aus Beispiel 2.27!

2.27 Einer Lieferung von 30 Teilen, die 5 Ausschußteile enthält, werden zufällig 4 Teile entnommen und überprüft. X sei die zufällige Anzahl der dabei festgestellten Ausschußteile. Bestimmen Sie die Wahrscheinlichkeit dafür, daß die Anzahl der festgestellten Ausschußteile kleiner als zwei ist!

2.28 Ein Automat fertigt Teile, deren Länge X eine normalverteilte Zufallsgröße mit $\mu = 40\,\mathrm{mm}$ und $\sigma = 0.5\,\mathrm{mm}$ ist. Der Toleranzbereich sei durch das Intervall $[38.8\,\mathrm{mm}, 41.0\,\mathrm{mm}]$ gegeben.
a) Wie groß ist die Wahrscheinlichkeit dafür, daß ein gefertigtes Stück normgerecht ist?
b) Wieviel Prozent der gefertigten Teile sind mindestens 38.6 mm lang?
c) Für welchen Wert b gilt $P(39.2 \leq X < b) = 0.9370$?
d) Für welchen Wert c gilt $P(|X - \mu| < c) = 0.95$?
e) Wie groß ist der normgerechte Anteil, wenn sich der Wert μ im Laufe der Zeit nach 40.2 mm verschiebt und σ sich nicht verändert?

2.29 Der Durchmesser einer auf einer automatischen Anlage gefertigten Kugel kann als normalverteilte Zufallsgröße X mit den Parametern $\mu = 20$ mm und $\sigma = 0.5$ mm angesehen werden. Eine derartige Kugel genügt den Qualitätsansprüchen, wenn ihr Durchmesser im Intervall $[19.5; 22]$ liegt.
a) Wie groß ist die Wahrscheinlichkeit dafür, daß eine Kugel den Qualitätsansprüchen genügt?
b) Wie groß ist die Wahrscheinlichkeit dafür, daß unter 1000 produzierten Kugeln genau 2 zu finden sind, deren Durchmesser kleiner als 18.5 mm ist?

2.30 In einer Abteilung einer Firma werden zwei Sorten von Widerständen gefertigt. Die Größe R_1 der Widerstände der ersten Sorte sei eine normalverteilte Zufallsgröße mit $\mu_1 = 600\ \Omega$ und $\sigma_1 = 8\ \Omega$, und die Größe R_2 der Widerstände der zweiten Sorte sei ebenfalls normalverteilt mit $\mu_2 = 200\ \Omega$ und $\sigma_2 = 6\ \Omega$. Die Zufallsgrößen R_1 und R_2 sind unabhängig. Eine Reihenschaltung bestehe aus zwei Widerständen unterschiedlicher Sorte.
a) Wie groß ist die Wahrscheinlichkeit dafür, daß der Gesamtwiderstand einer Reihenschaltung mindestens 780 Ω beträgt?
b) In welchen Grenzen $800 - c$ und $800 + c$ liegt mit einer Wahrscheinlichkeit von 0.99 der Gesamtwiderstand?

2.31 Bei der Herstellung von bestimmten Bauteilen beträgt der Ausschußanteil 3%. Wieviel Bauteile muß ein Kunde wenigstens bestellen, damit er mit einer Wahrscheinlichkeit von 0.99 mindestens 1200 brauchbare Teile erhält?

2.32 Die Zerfallszeit X einer radioaktiven Substanz ist eine exponentialverteilte Zufallsgröße. Unter der Halbwertszeit versteht man diejenige Zeit, in der 50% der radioaktiven Substanz zerfallen ist. Dies ist das 0.5-Quantil der Zufallsgröße X. Für Radon beträgt die Halbwertszeit 3.83 Tage.
a) Bestimmen Sie den Parameter λ dieser Exponentialverteilung!
b) Nach welcher Zeit sind 95 % der Atome zerfallen?

2.33 Die zufällige Zeit X bis zum ersten Ausfall eines Bauelements unterliege einer Exponentialverteilung mit der Verteilungsfunktion

$$F_X(t) = \begin{cases} 0 & \text{für} \quad t \le 0, \\ 1 - e^{-\lambda t} & \text{für} \quad t > 0. \end{cases}$$

Beweisen Sie folgende Beziehung für die bedingte Wahrscheinlichkeit dafür, daß das Bauelement bis zur Zeit $t + s$ ausfällt, wenn bei einer Inspektion zur Zeit t festgestellt wurde, daß das Element bis zu dieser Zeit ausfallfrei gearbeitet hat:

$$P(X \le t + s | X > t) = \begin{cases} 0 & \text{für} \quad s \le 0, \\ 1 - e^{-\lambda s} & \text{für} \quad s > 0. \end{cases}$$

Interpretieren Sie diese Eigenschaft der Exponentialverteilung!

2.34 Ein System bestehe aus zwei im Sinne der Zuverlässigkeit in Reihe geschalteten Elementen (vgl. Beispiel 2.11). Die zufällige Zeit X_1 bzw. X_2 bis zum ersten Ausfall der Elemente unterliegt einer Exponentialverteilung mit dem Parameter λ_1 bzw. λ_2. Zeigen Sie, daß im Fall der Unabhängigkeit beider Elemente die zufällige Zeit S bis zum ersten Systemausfall ebenfalls einer Exponentialverteilung mit dem Parameter $\lambda_1 + \lambda_2$ unterliegt. Verallgemeinern Sie das Ergebnis auf eine Reihenschaltung aus einer beliebigen Anzahl unabhängiger Elemente!
Hinweis: Bestimmen Sie zunächst die sog. Überlebenswahrscheinlichkeit $P(S > t)$!

2.35 Zeigen Sie, daß die Summe Z zweier unabhängiger Zufallsgrößen X_1 und X_2, die jeweils einer Poissonverteilung mit den Parametern λ_1 bzw. λ_2 unterliegen, ebenfalls poissonverteilt mit dem Parameter $\lambda_1 + \lambda_2$ ist
a) mit Hilfe der Beziehung (2.148); b) mit Hilfe charakteristischer Funktionen!

2.36 Der Meßwert für den Radius eines Kreises sei durch $R = l + X$ gegeben. Dabei ist l die wahre Länge und X eine im Intervall $(-a, a)$ gleichmäßig stetig verteilte Zufallsgröße, die den Meßfehler charakterisiert. Dabei ist a klein gegenüber l. Berechnen Sie Dichte und Verteilungsfunktion des zufälligen Flächeninhaltes $A = \pi \cdot R^2$!

2.37 Ein Arbeiter stellt mit Wahrscheinlichkeit 0.9 ein Erzeugnis her, für das ein Jahr Garantie übernommen werden kann. Mit der Wahrscheinlichkeit 0.09 wird ein beschädigtes Erzeugnis, das sich jedoch ausbessern läßt, und mit der Wahrscheinlichkeit 0.01 ein total unbrauchbares Stück hergestellt. Bezogen auf 3 ausgewählte Erzeugnisse sei $X :=$ „Anzahl der Erzeugnisse, für die ein Jahr Garantie übernommen wird", und $Y :=$ „Anzahl der beschädigten Stücke".
a) Bestimmen Sie die Verteilungstabelle der zweidimensionalen Zufallsgröße (X, Y)!
b) Berechnen Sie die Einzelwahrscheinlichkeiten der Randverteilung von X bzw. Y!
c) Wie lautet die Verteilungstabelle der bedingten Einzelwahrscheinlichkeiten von X unter der Bedingung $\{Y = 1\}$?

2.38 Gegeben sind die unabhängigen Zufallsgrößen X_1 und X_2 mit den Dichtefunktionen

$$f_{X_1}(t) = f_{X_2}(t) = \begin{cases} 0 & \text{für} \quad t \leq 0, \\ 2te^{-t^2} & \text{für} \quad t > 0. \end{cases}$$

Ermitteln Sie die Dichtefunktion der Zufallsgröße $Z = \dfrac{X_1}{X_2}$!

2.39 Die Körpergröße X und das Körpergewicht Y von Männern einer bestimmten Altersgruppe wurden untersucht. Die zweidimensionale Zufallsgröße (X, Y) unterliegt einer Normalverteilung mit den Parametern $\mu_1 = 175$ cm, $\mu_2 = 78$ kg, $\sigma_1 = 7.5$ cm, $\sigma_2 = 11.4$ kg und $\varrho = 0.4$. Ermitteln Sie:
a) das mittlere Körpergewicht der Männer, die eine Körpergröße von 180 cm haben, d.h. $E(Y|X = 180)$ und die entsprechende Varianz;
b) $E(Y|X = 170)$ und $D^2(Y|X = 170)$;
c) die bedingte Dichtefunktion $f_Y(t_2|X = 180)$;
d) die Wahrscheinlichkeit $P(61 \leq Y \leq 91|X = 180)$!

2.40 Zeigen Sie, daß die Funktion

$$f_{(X,Y)}(t_1, t_2) = \begin{cases} \frac{1}{3}(t_1 + t_2) & \text{für} \quad 0 \leq t_1 \leq 2,\, 0 \leq t_2 \leq 1, \\ 0 & \text{sonst.} \end{cases}$$

die Eigenschaften einer Dichtefunktion einer zweidimensionalen Zufallsgröße (X, Y) besitzt! Berechnen Sie die Wahrscheinlichkeit $P((X, Y) \in B)$ für den Bereich $B = \left\{ (t_1, t_2) : t_1^2 + t_2^2 \leq 1,\, t_1 \geq 0,\, t_2 \geq 0 \right\}$!

3 Mathematische Statistik

In den vorangehenden Abschnitten machten wir uns damit vertraut, reale Sachverhalte mit Methoden der Wahrscheinlichkeitsrechnung durch ein stochastisches Modell zu beschreiben. Dabei gingen wir immer davon aus, daß uns die wahren Werte der Parameter bzw. Kennwerte des jeweiligen Modells, z. B. Wahrscheinlichkeiten, Erwartungswerte, Varianzen, bekannt sind. Das ist im allgemeinen jedoch nicht der Fall. Es erhebt sich deshalb die Frage, wie diese Kennwerte durch Messungen bzw. Beobachtungen am realen Sachverhalt ermittelt werden können. Mit anderen Worten: Wie kann die Brücke zwischen dem „theoretischen" Modell und dem realen Sachverhalt geschlagen werden? Dies ist die Aufgabe der mathematischen Statistik, mit der wir uns in diesem Kapitel beschäftigen wollen. Um einige wichtige Fragestellungen charakterisieren zu können, wollen wir von einem Beispiel ausgehen:

Beispiel 3.1: Einen Betrieb verlassen regelmäßig Lieferungen eines bestimmten Erzeugnisses, wobei jede Partie dieselbe Stückzahl enthält. In der Ausgangskontrolle des Betriebes wird überprüft, ob der Fehleranteil der Fertigung 3 % nicht übersteigt. Dazu wird jeder Partie eine Probe von 25 Stück entnommen und die Anzahl fehlerhafter Stücke in ihr ermittelt. Von 18 Partien liegen folgende Beobachtungswerte vor:

Nr. der Probe	Fehleranzahl	H	Nr. der Probe	Fehleranzahl	H	Nr. der Probe	Fehleranzahl	H
1	0	0.00	7	0	0.00	13	2	0.08
2	2	0.08	8	4	0.16	14	3	0.12
3	1	0.04	9	1	0.04	15	0	0.00
4	3	0.12	10	0	0.00	16	1	0.04
5	0	0.00	11	0	0.00	17	1	0.04
6	0	0.00	12	1	0.04	18	2	0.08
H = relative Häufigkeit								

Welche Rückschlüsse können wir aus den vorliegenden Beobachtungswerten auf den maximal zulässigen Fehleranteil von 3% in der Fertigung ziehen? Aus der Wahrscheinlichkeitsrechnung wissen wir, daß einem Prozentsatz von 3% eine Wahrscheinlichkeit von 0.03 entspricht. Folglich beträgt die Wahrscheinlichkeit, daß ein gefertigtes Stück nicht den Qualitätsanforderungen genügt, dann 0.03. Ob die Fertigung das geforderte Qualitätsniveau einhält, könnten wir „naiv" mit Hilfe der relativen Häufigkeit der Anzahl der Fehler in den einzelnen Proben näherungsweise bestimmen. Bei den Proben 2, 3, 4, 8, 9, 12, 13, 14, 16, 17,

18 hat diese einen Wert größer als die zulässige Wahrscheinlichkeit von 0.03. Wählten wir als Kriterium einer qualitätsgerechten Fertigung, daß die relative Häufigkeit eines Fehlers in einer Probe höchstens gleich 0.03 sein darf, dann wäre diese Forderung bei den o. g. 11 Proben nicht erfüllt, d. h., die entsprechende Partie wäre nicht qualitätsgerecht und dementsprechend abzulehnen. Für unsere Einschätzung könnten wir mit unseren Kenntnissen der Wahrscheinlichkeitsrechnung aber auch einen „sachgerechten" Weg gehen. Wir wählen dazu als stochastisches Modell für die Anzahl der fehlerhaften Stücke in einer Probe von 25 Stücken aus einer Partie eine binomialverteilte Zufallsgröße S_{25} mit dem bekannten Parameter $n = 25$ und dem hypothetischen Parameter $p = 0.03$. Für diese können wir die in der Tabelle erfaßten Wahrscheinlichkeiten errechnen:

k	0	1	2	3	4	5
$P(S_{25} \leq k)$	0.4670	0.8281	0.9621	0.9939	0.9993	1.0000
$P(S_{25} > k)$	0.5330	0.1719	0.0379	0.0061	0.0007	0.0000

Aus der Tabelle ersehen wir, daß bei einer Fertigung mit 3 % Ausschuß in einer Probe z. B. maximal 2 Ausschußteile mit einer Wahrscheinlichkeit von 0.9621 und mehr als 2 Ausschußteile mit einer Wahrscheinlichkeit von 0.0379, also praktisch kaum, auftreten. Liegen mehr als 2 Ausschußteile vor, ist eher zu vermuten, daß sich der Ausschußanteil in der Fertigung verändert hat, d. h., daß er größer als 3 % geworden ist. Wählen wir dies als Kriterium für die Ablehnung einer Partie, dann wird nur noch bei den Proben 4, 8, 14 die entsprechende Partie als nicht qualitätsgerecht abzulehnen sein.

Im Ergebnis dieser Betrachtung erheben sich wichtige Fragestellungen: Wie kann aus den in den Proben vorliegenden Beobachtungswerten die Fehlerwahrscheinlichkeit des Fertigungsprozesses näherungsweise bestimmt, d. h. geschätzt werden? Kann diese Schätzung verbessert, also genauer werden, wenn die Anzahl der Stücke in der Probe vergrößert wird? Wie ist eine Abweichung der Schätzung vom zulässigen Fehleranteil der Fertigung von 3 % zu bewerten? Kann bei kleineren Abweichungen die Fertigung als qualitätsgerecht eingestuft werden, d. h., sind derartige Abweichungen als zufallsbedingt aufzufassen? Entspricht bei größeren Abweichungen die Fertigung noch dem geforderten Qualitätsniveau, d. h., können unter Berücksichtigung gewisser Forderungen zulässige Grenzen für auftretende Abweichungen angegeben werden?   ◁

Die Beantwortung derartiger Fragen ist mit Methoden der mathematischen Statistik möglich, von denen wir im folgenden wesentliche kennenlernen. Die Grundlagen für ihre Anwendung bilden Meß- oder Beobachtungswerte am realen Sachverhalt. In unserem Beispiel sind es die Anzahlen fehlerhafter Stücke in den 18 Proben. Im Abschnitt 3.1 soll gezeigt werden, wie diese veranschaulicht und mit den Begriffen der Wahrscheinlichkeitsrechnung in Verbindung gebracht werden können. Im Abschnitt 3.2 werden wir uns mit den Grundbegriffen der Schätz- und im Abschnitt 3.3 mit denen der Testtheorie beschäftigen. Mit Fragen der Regressions- und Korrelationsanalyse befassen wir uns im Abschnitt 3.4.

3.1 Grundgesamtheit, Stichprobe

> **Definition 3.1:** *Eine Zufallsgröße X als stochastisches Modell eines durch eine Größe charakterisierten realen Sachverhalts bezeichnen wir in der mathematischen Statistik als* **Grundgesamtheit**. *Eine Menge von n Realisierungen $(x_1, x_2, \ldots, x_n)$[1] einer Grundgesamtheit X bezeichnen wir als* **konkrete Stichprobe**, *kurz Stichprobe, vom Umfang n. Jede einzelne Realisierung nennen wir* **Element** *der Stichprobe.*

Mit der Definition werden die häufig benutzten Sprechweisen: „Die Grundgesamtheit unterliegt einer Exponentialverteilung", „Aus einer normalverteilten Grundgesamtheit X wird eine Stichprobe vom Umfang $n = 100$ gezogen" verständlich. Realisierungen sind Beobachtungs- bzw. Meßwerte an einem realen Sachverhalt. Sie werden auch als Daten bezeichnet.

Beispiel 3.1 (Fortsetzung): Die Grundgesamtheit ist eine diskrete Zufallsgröße X, von der jede Realisierung nur zwei Werte annehmen kann. Ordnen wir einer Realisierung den Wert 1 bzw. 0 zu, wenn das gefertigte Stück fehlerhaft bzw. qualitätsgerecht ist, so unterliegt X einer Null-Eins-Verteilung. Jede der Fertigung entnommene Probe stellt eine Stichprobe vom Umfang $n = 25$ dar; in der Probe 4 haben 3 Elemente den Wert 1 und 22 Elemente den Wert 0.   ◁

Im folgenden gehen wir nur auf den eindimensionalen Fall ein. Das Vorgehen im mehrdimensionalen Fall werden wir in Abschnitt 3.4 kennenlernen.

An drei Beispielen wollen wir nun das Herangehen bei der Auswertung einer Stichprobe vom Umfang n aus einer Grundgesamtheit darstellen. Wir müssen dabei beachten, ob die Stichprobe aus einer diskreten oder einer stetigen Grundgesamtheit gezogen wurde.

Als Ergebnis von Beobachtungen bzw. Messungen am realen Sachverhalt wird die Menge dieser unbearbeiteten Daten, die ja eine Stichprobe darstellt, häufig als Urliste, auch als Protokoll, bezeichnet. Als wichtiger Schritt zur Anwendung der Methoden der mathematischen Statistik kommt es darauf an, diese Daten

---

[1]Im allgemeinen wird für die konkrete Stichprobe $x_1, x_2, \ldots, x_n$ geschrieben.

überschaubar zu machen, d. h., sie zu ordnen, gegebenenfalls zu verdichten und nach Möglichkeit graphisch darzustellen. Die entsprechenden Methoden werden unter dem Begriff „Beschreibende Statistik" bzw. „Explorative Datenanalyse" zusammengefaßt. Die bei vielen dieser Methoden erforderlichen Zahlenrechnungen sind, besonders wenn der Stichprobenumfang n groß ist, „per Hand" sehr zeitaufwendig, wenn nicht unmöglich. Es ist deshalb ratsam, schon von dieser Stufe der Bearbeitung an einen Computer und eine entsprechende Statistiksoftware zu nutzen. Kritisch sollte man zur Gewinnung der Daten am realen Sachverhalt und deren Erfassung stehen und an die Interpretation der mit dem Computer erzielten Ergebnisse herangehen.

Beispiel 3.1 (Fortsetzung): Jede der 18 Proben ist eine Stichprobe aus der Null-Eins-verteilten diskreten Grundgesamtheit X. Für unsere Darstellung wollen wir die Werte der Probe 4 wählen. Die möglichen Werte 0 bzw. 1 der Grundgesamtheit liegen bei 22 bzw. 3 Elementen der Stichprobe vor. Diese absoluten Häufigkeiten $h_0 = 22$ und $h_1 = 3$ werden in einer empirischen Verteilungstafel (Häufigkeitstabelle) zusammengefaßt. Meist werden in ihr noch die entsprechenden relativen Häufigkeiten $H_0 = \frac{h_0}{25}$ und $H_1 = \frac{h_1}{25}$ festgehalten.

m	h_m	H_m
0	22	0.88
1	3	0.12

Tabelle 3.1: Empirische Verteilungstafel für das Beispiel 3.1

Zur Veranschaulichung der in der empirischen Verteilungstafel enthaltenen geordneten und verdichteten Daten dient ein *Liniendiagramm*. Bei ihm werden in einem Koordinatensystem auf der Abszisse die in der Stichprobe aufgetretenen Werte und auf der Ordinate die zugehörigen absoluten oder relativen Häufigkeiten als Linien abgetragen.

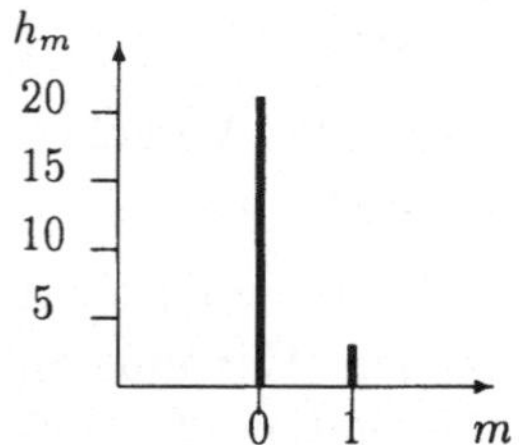

Bild 3.1: Liniendiagramm für das Beispiel 3.1   ◁

Beispiel 3.2: Zur Analyse der Druckfestigkeit einer Betonsorte werden unter gleichen Bedingungen Probewürfel gefertigt. Die Messung der Druckfestigkeit in N/mm^2 ergab bei 20 Probewürfeln folgende Ergebnisse:

20.7; 20.3; 23.2; 15.9; 23.7; 22.3; 20.0; 18.8; 23.0; 20.4; 21.3; 20.8; 19.8; 22.2; 17.6; 21.0; 20.1; 24.9; 21.4; 18.7 .

Die Druckfestigkeit der Betonsorte ist als stetige Zufallsgröße aufzufassen. Die

Ergebnisse der Messungen stellen eine Stichprobe vom Umfang $n = 20$ dar, die aus einer stetigen Grundgesamtheit gezogen wurde.
Die Elemente haben also die Werte:

$$x_1 = 20.7, \quad x_2 = 20.3, \ldots, x_{19} = 21.4, \quad x_{20} = 18.7. \quad \lhd$$

Ein erster Schritt bei der Auswertung einer derartigen Stichprobe vom Umfang n besteht darin, die Elemente der Stichprobe der Größe nach zu ordnen. Wir erhalten die sogenannte empirische *Variationsreihe*, deren Werte wir mit

$$x_1^* \leq x_2^* \leq \ldots \leq x_{n-1}^* \leq x_n^*$$

bezeichnen. Folglich ist
- der kleinste Wert der Elemente der Stichprobe: $x_1^* = x_{\min}$;

- der größte Wert der Elemente der Stichprobe: $x_n^* = x_{\max}$.

Beispiel 3.2 (Fortsetzung): Die empirische Verteilungstafel ist in Tabelle 3.2 erfaßt. Sie enthält neben der empirischen Variationsreihe mit $x_1^* = x_{\min} = 15.9$, $x_2^* = 17.6, \ldots, x_{20}^* = x_{\max} = 24.9$ die relativen Summenhäufigkeiten $\sum\limits_{j=1}^{m} H_j$, $m = 1, 2, \ldots, 20$.

m	x_m^*	$\sum\limits_{j=1}^{m} H_j$	m	x_m^*	$\sum\limits_{j=1}^{m} H_j$
1	15.9	0.05	11	20.8	0.55
2	17.6	0.10	12	21.0	0.60
3	18.7	0.15	13	21.3	0.65
4	18.8	0.20	14	21.4	0.70
5	19.8	0.25	15	22.2	0.75
6	20.0	0.30	16	22.3	0.80
7	20.1	0.35	17	23.0	0.85
8	20.3	0.40	18	23.2	0.90
9	20.4	0.45	19	23.7	0.95
10	20.7	0.50	20	24.9	1.00

Tabelle 3.2: Empirische Verteilungstafel für das Beispiel 3.2 $\quad \lhd$

Die relative Summenhäufigkeit $\sum\limits_{j=1}^{m} H_j, m = 1, 2, \ldots, n$, wird auch *konkrete empirische Verteilungsfunktion* von X genannt. Zu ihrer graphischen Darstellung werden auf der Abszisse eines Koordinatensystems die Werte $x_m^*, m = 1, 2, \ldots, n$, der Stichprobe und auf der Ordinate die entsprechenden relativen Summenhäufigkeiten aufgetragen. Es ergibt sich eine Treppenfunktion.

Beispiel 3.2 (Fortsetzung): In Bild 3.2 ist die konkrete empirische Verteilungsfunktion eingetragen. Zum Vergleich wurde zusätzlich die Kurve der Verteilungsfunktion einer normalverteilten Zufallsgröße mit dem Erwartungswert

20.8 und der Standardabweichung 2.1 eingezeichnet. Der Vergleich der beiden Kurven läßt uns vermuten, daß die Stichprobe aus einer normalverteilten Grundgesamtheit gezogen wurde. Mit einem Anpassungstest, der im Abschnitt 3.3.9 dargestellt wird, werden wir dies prüfen können.

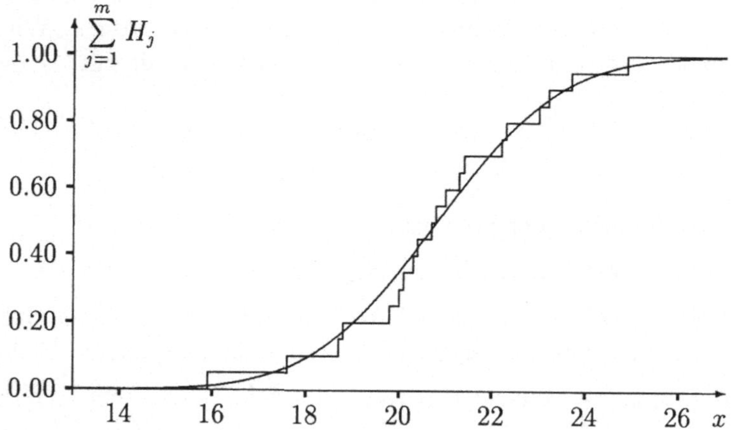

Bild 3.2: Relative Summenhäufigkeit für das Beispiel 3.2　◁

Im Abschnitt 2.3.3 wurde dargestellt, daß bestimmte Kennwerte wichtige Aussagen über die Verteilung einer Zufallsgröße liefern. Es ist vorteilhaft, die in einer Stichprobe enthaltene Information in entsprechender Weise zu beschreiben. In diesem Zusammenhang wollen wir von empirischen Kennwerten sprechen. Diese wollen wir als Schätzungen von Kennwerten des zugrundegelegten stochastischen Modells auffassen und das Symbol des Kennwerts mit einem Dach versehen. Ist z. B. p das Symbol des Kennwerts, so erhält die zugehörige Schätzung das Symbol $\hat{p}$.

Das *empirische arithmetische Mittel* $\overline{x}$ gibt uns Aufschluß über die Lage des Zentrums der Werte einer Stichprobe. Für eine Stichprobe vom Umfang n mit den Werten $x_1, x_2, \ldots, x_n$ ist es wie folgt erklärt:

$$\overline{x} := \frac{1}{n} \sum_{i=1}^{n} x_i \,. \tag{3.1}$$

Es fragt sich nun, in welchem Maße die Werte der Stichprobe streuen. So haben z. B. die beiden Stichproben: 2.1, 3.2, 5.4, 6.1 und 3.9, 4.1, 4.5, 4.3 das gleiche empirische arithmetische Mittel, unterscheiden sich aber wesentlich voneinander. Die Werte der ersten Stichprobe streuen insgesamt stärker als die der zweiten. Die *empirische Varianz* s^2 (auch empirische mittlere quadratische Abweichung) ist ein Maß zur Erfassung der Streuung der Werte einer Stichprobe. Sie baut auf den Abweichungen der Werte x_i vom empirischen arithmetischen Mittel $\bar{x}$ dieser Werte auf und ist wie folgt erklärt:

$$s^2 := \frac{1}{n-1} \sum_{i=1}^{n} (x_i - \bar{x})^2 = \frac{1}{n-1} \left[\sum_{i=1}^{n} x_i^2 - \frac{1}{n} \left(\sum_{i=1}^{n} x_i \right)^2 \right] . \qquad (3.2)$$

Die positive Quadratwurzel s von s^2 nennen wir *empirische Standardabweichung*.

Anmerkung: Im Abschnitt 3.2.2.4 werden wir begründen, warum in Formel (3.2) die Division durch $(n-1)$ und nicht durch n erfolgt, wie es auf Grund der Erklärung des empirischen arithmetischen Mittels zu erwarten wäre. Begründen Sie, warum es nicht sinnvoll ist, in der Formel (3.2) die Summe der Abweichungsquadrate durch die Summe der Abweichungen zu ersetzen!

Der *empirische Variationskoeffizient* $\hat{v}$ gibt die empirische Standardabweichung s bezogen auf das empirische arithmetische Mittel $\bar{x}$ an:

$$\hat{v} := \frac{s}{\bar{x}} . \qquad (3.3)$$

Er wird bei Untersuchungen der Praxis zum Vergleich der Streuungen zweier empirischer Verteilungen herangezogen.

Ausgehend von der empirischen Variationsreihe x_m^* $(m = 1, 2, \ldots, n)$ einer Stichprobe vom Umfang n kann die Lage des Zentrums auch durch den empirischen Median $\tilde{x}$ und das Streuungsverhalten der Werte dieser Stichprobe durch die Variationsbreite, auch Streubreite oder Spannweite, R charakterisiert werden.

Der *empirische Median* $\tilde{x}$ ist wie folgt erklärt:[2]

$$\tilde{x} := x^*_{\text{int}(n \cdot 0.5) + 1} \quad . \qquad (3.4)$$

Häufig wird bei geradzahligem n als Median auch das arithmetische Mittel aus den beiden „in der Mitte liegenden" Werten der empirischen Variationsreihe gewählt:

$$\tilde{x} = \frac{x_k^* + x_{k+1}^*}{2} \quad \text{mit} \quad n = 2k \ \ .. \qquad (3.5)$$

Bei stark asymmetrischen Häufigkeitsverteilungen und bei nur wenigen Meßwerten wird der empirische Median oft als Maß für die Lage des Zentrums angewandt.

---

[2]int (x): größte ganze Zahl, die kleiner oder gleich x ist.

Die *Variationsbreite R* ist ein einfaches Streuungsmaß:

$$R := x_n^* - x_1^* = x_{\max} - x_{\min} \,.$$ (3.6)

Einige weitere wichtige empirische Kennwerte zur Erfassung der in einer Stichprobe enthaltenen Information sind folgende:
Als *empirisches Quantil* $\hat{Q}_p$ der Ordnung p $(0 < p < 1)$ wird bezeichnet:

$$\hat{Q}_p := x_{\mathrm{int}(np)+1}^* \,.$$ (3.7)

Speziell ist $\hat{Q}_{0.5} = \tilde{x}$ der empirische Median. $\hat{Q}_{0.25}$ bzw. $\hat{Q}_{0.75}$ werden unteres bzw. oberes empirisches *Quartil*, auch unterer bzw. oberer Viertelwert, und ihre Differenz $\hat{Q}_{0.75} - \hat{Q}_{0.25}$ empirischer Quartilabstand genannt.
Die *empirische Schiefe* $\hat{\gamma}$ ermöglicht Aussagen über die Asymmetrie einer Häufigkeitsverteilung:

$$\hat{\gamma} := \frac{\dfrac{1}{n}\sum_{i=1}^{n}(x_i - \overline{x})^3}{s^3} \,.$$ (3.8)

Sie ist das relative Maß der Abweichung von der Symmetrie einer Verteilung und kann positive oder negative Werte annehmen.
Der *empirische Exzeß* $\hat{e}$ ist ein Maß für den Grad der Abweichung einer empirischen Verteilung von der einer normalverteilten Grundgesamtheit:

$$\hat{e} := \frac{\dfrac{1}{n}\sum_{i=1}^{n}(x_i - \overline{x})^4}{s^4} - 3 \,.$$ (3.9)

Wurde die Stichprobe aus einer normalverteilten Grundgesamtheit gezogen, so hat er annähernd den Wert 0. In übrigen kann er positiv oder negativ sein.
Das *geometrische Mittel G* wird als Mittelwertmaß häufig bei Untersuchungen in der Ökonomie angewandt, z. B. bei der Berechnung von Wachstumsraten. Für eine Stichprobe vom Umfang n mit positiven Meßwerten wird es wie folgt erklärt:

$$G := \sqrt[n]{\prod_{i=1}^{n} x_i} \,.$$ (3.10)

Seine Berechnung erfolgt zweckmäßig auf logarithmischem Wege:

$$\lg G = \frac{1}{n}\sum_{i=1}^{n} \lg x_i \,.$$

Beispiel 3.2 (Fortsetzung): Bis auf das geometrische Mittel wollen wir die oben eingeführten empirischen Kennwerte berechnen:
Empirisches arithmetisches Mittel:

$$\overline{x} = \frac{1}{20}(20.7 + 20.3 + \ldots + 21.4 + 18.7) = 20.81 \approx 20.8 \ .$$

Empirische mittlere quadratische Abweichung:

$$\begin{aligned} s^2 &= \frac{1}{19}[(20.7 - 20.81)^2 + (20.3 - 20.81)^2 + \ldots + (18.7 - 20.81)^2] \\ &= 4.52 \approx 4.5 \ . \end{aligned}$$

Empirische Standardabweichung:

$$s = 2.13 \approx 2.1 \ .$$

Empirischer Variationskoeffizient:

$$\hat{v} = \frac{2.13}{20.81} \approx 0.1 \ .$$

Empirischer Median:

$$\hat{Q}_{0.5} = \tilde{x} = x^*_{10+1} = x^*_{11} = 20.8.$$

Empirische Variationsbreite:

$$R = 24.9 - 15.9 = 9 \ .$$

Empirische Quartile:

$$- \ \hat{Q}_{0.25} = x^*_{\text{int}(20 \cdot 0.25) + 1} = x^*_6 = 20.0 \ ;$$

$$- \ \hat{Q}_{0.75} = x^*_{\text{int}(20 \cdot 0.75) + 1} = x^*_{16} = 22.3 \ ;$$

- empirischer Quartilabstand: $\hat{Q}_{0.75} - \hat{Q}_{0.25} = 22.3 - 20 = 2.3$.

Empirische Schiefe:

$$\hat{\gamma} = \frac{\frac{1}{20}[(20.7 - 20.81)^3 + \ldots + (18.7 - 20.81)^3]}{(2.13)^3} = -0.26 \approx -0.3 \ .$$

Empirischer Exzeß:

$$\hat{e} = \frac{\dfrac{1}{20}[(20.7 - 20.81)^4 + \ldots + (18.7 - 20.81)^4]}{(2.13)^4} - 3 = -0.08 \approx -0.1 \;.$$

Die mittlere Druckfestigkeit der Probe beträgt 20.8 N/mm² ($\overline{x} \approx 20.8$). Die empirische Standardabweichung $s = 2.1$ N/mm² ist etwa $\frac{1}{10}$ der mittleren Druckfestigkeit ($\hat{v} \approx 0.1$). Die Hälfte der Beobachtungswerte liegt im Bereich von 20.0 N/mm² bis 22.3 N/mm²($\hat{Q}_{0.25} = 20.0$; $\hat{Q}_{0.75} = 22.3$). Im Vergleich mit dem empirischen Quartilabstand ($\hat{Q}_{0.75} - \hat{Q}_{0.25} = 2.3$) weist die Größe der empirischen Variationsbreite ($R = 9$) allerdings darauf hin, daß einige Beobachtungswerte „weit außen" liegen. Die Abweichung von der Symmetrie ($\hat{\gamma} \approx -0.3$) hat eine linksschiefe Tendenz. Es ist zu vermuten, daß die Stichprobe aus einer normalverteilten Grundgesamtheit gezogen wurde ($\hat{e} \approx -0.1$).

Der Praktiker hat mit dieser Information eine Entscheidungshilfe zur Einschätzung der Druckfestigkeit der untersuchten Betonsorte.   ◁

Beispiel 3.3: Bei 120 Wellen, die der laufenden Produktion eines Präzisionsdrehautomaten entnommen wurden, ist die Maßabweichung des Durchmessers vom Nennmaß ermittelt und in der Urliste (Tabelle 3.3) in μm festgehalten worden.

+ 2.5	+ 16.0	+ 1.0	− 17.0	− 1.0	− 6.5	− 4.0	+ 18.0	− 10.5	+ 2.0
− 1.0	+ 15.0	+ 5.0	+ 11.0	+ 3.0	+ 3.0	+ 6.5	+ 7.0	− 6.0	− 7.0
+ 8.0	+ 6.5	+ 13.0	− 8.0	+ 8.0	+ 4.0	− 2.0	+ 22.0	+ 10.0	+ 11.0
+ 18.5	+ 1.5	+ 12.0	+ 11.0	+ 17.0	+ 8.5	0.0	− 3.5	+ 20.0	+ 9.5
+ 3.5	+ 2.0	+ 6.0	− 2.0	+ 12.0	+ 18.0	+ 3.0	+ 6.5	+ 16.0	+ 3.0
− 4.5	+ 13.0	0.0	− 0.5	+ 5.5	+ 9.0	− 7.5	+ 17.0	+ 9.0	− 14.5
− 5.5	− 1.5	− 12.0	+ 14.0	+ 1.0	− 12.0	+ 2.0	+ 28.0	− 5.0	+ 7.0
0.0	+ 0.5	− 8.5	+ 8.0	+ 0.5	− 3.0	+ 14.0	+ 2.5	+ 2.0	− 11.0
+ 7.5	− 2.5	+ 24.0	+ 1.5	− 13.0	+ 8.5	+ 6.0	+ 19.0	+ 13.0	+ 6.0
+ 16.0	+ 4.5	+ 9.0	+ 1.0	+ 1.5	+ 11.0	+ 4.5	+ 4.0	− 7.5	+ 4.0
+ 10.0	+ 9.5	+ 4.5	− 13.5	+ 19.0	− 16.0	− 4.0	+ 14.0	+ 8.0	− 4.0
− 0.5	+ 26.0	− 1.5	+ 7.5	+ 10.5	+ 13.0	− 15.5	+ 21.0	− 15.0	− 11.5

Tabelle 3.3: Urliste für das Beispiel 3.3

In diesem Beispiel ist die Maßabweichung als stetige Zufallsgröße X aufzufassen. Dementsprechend wurde die Stichprobe vom Umfang $n = 120$ aus einer stetigen Grundgesamtheit X gezogen. Es liegt im Vergleich zum vorangehenden Beispiel eine sogenannte „große" Stichprobe vor. In einem solchen Fall wird diese unter Verwendung einer Klasseneinteilung geordnet, verdichtet und graphisch veranschaulicht.   ◁

Um die Stichprobe für eine Klasseneinteilung aufzubereiten, zerlegen wir ein Intervall der reellen Achse, in dem alle Werte der Urliste liegen, in Teilintervalle, die wir als Klassen bezeichnen. Diese werden durch ihre obere und untere Klassengrenze bzw. durch ihre Klassenbreite und durch ihre Klassenmitte charakterisiert. Die untere bzw. obere Klassengrenze der ersten bzw. letzten Klasse muß dabei nicht mit $x_{\min}$ bzw. $x_{\max}$ übereinstimmen. Sie kann kleiner als $x_{\min}$ bzw. größer als $x_{\max}$ sein. Die unterschiedliche Festlegung der unteren Klassengrenze der ersten Klasse wird als unterschiedliche Reduktionslage der empirischen Verteilungstafel bezeichnet. Abweichende Reduktionslagen haben auf Berechnungen, die unter Verwendung einer solchen Tafel durchgeführt werden, kaum Einfluß. Hinsichtlich der Anzahl der zu bildenden Klassen – diese Anzahl soll mit k bezeichnet werden – gibt es keine feste Vorschrift. Wird k zu klein gewählt, verwischt sich häufig das Typische der Grundgesamtheit X, und ein großer Informationsverlust tritt ein. Auf der anderen Seite bringt ein zu großes k wenig Übersichtlichkeit. So wird u.a. empfohlen $6 \leq k \leq 20$ oder auch $k \leq 5 \lg n$ festzulegen. Die Festlegung der Klassenbreiten, das sind die Differenzen der jeweiligen oberen und unteren Klassengrenzen, richtet sich nach dem Umfang n der Stichprobe und nach der Variationsbreite R. Wird die Klassenbreite d für alle Klassen konstant gehalten, lassen sich spätere Berechnungen sehr vereinfachen. Durch die Klassenmitten u_m $(m = 1, 2, \ldots k)$ werden all die Meßwerte repräsentiert, die in der betreffenden Klasse liegen. Dabei ergibt sich die jeweilige Klassenmitte als arithmetisches Mittel der zugehörigen Klassengrenzen. Nach der Klasseneinteilung werden entweder „per Hand" mit einer Strichliste oder unter Verwendung eines Computers die Anzahlen der Elemente der Stichprobe ermittelt, die in den einzelnen Klassen liegen. Wir vereinbaren, Meßwerte, die auf Klassengrenzen fallen, der "nächstniederen" Klasse zuzuordnen. Auf diese Möglichkeit der Zuordnung wollen wir uns im folgenden beschränken.

Die Anzahl der in der Klasse m liegenden Meßwerte wird mit h_m bezeichnet, wobei $\sum\limits_{m=1}^{k} h_m = n$ gilt. Für die relative Häufigkeit H_m ergibt sich dann $H_m = h_m/n$ und für die relative Summenhäufigkeit $\sum\limits_{j=1}^{m} H_j$ $(m = 1, 2, \ldots, k)$. Die empirische Verteilungstafel und die entsprechenden graphischen Darstellungen der relativen Häufigkeit als *Histogramm* und der relativen Summenhäufigkeit als Treppenfunktion geben einen ersten Eindruck über die Verteilung der Grundgesamtheit X.

Beispiel 3.3 (Fortsetzung): Aus der Urliste entnehmen wir die Werte $x_{\max} = 28$ und $x_{\min} = -17$. Daraus ergibt sich die Variationsbreite

$$R = x_{\max} - x_{\min} = 45.$$

Wählen wir die Klassenbreite $d = 6$, die Klassenanzahl $k = 8$ und -18 als untere Klassengrenze der ersten Klasse, so erhalten wir die in Tabelle 3.4 angegebene empirische Verteilungstafel.

Klassengrenzen	Klassen-mitte	absolute Häufigkeit	relative Häufigkeit	relative Summen-häufigkeit
	u_m	h_m	H_m	$\sum\limits_{j=1}^{m} H_j$
größer -18 bis -12	-15	9	0.075	0.075
größer -12 bis -6	-9	10	0.083	0.158
größer -6 bis 0	-3	20	0.167	0.325
größer 0 bis 6	3	30	0.250	0.575
größer 6 bis 12	9	27	0.225	0.800
größer 12 bis 18	15	15	0.125	0.925
größer 18 bis 24	21	7	0.058	0.983
größer 24 bis 30	27	2	0.017	1.000
		120	1	

Tabelle 3.4: Empirische Verteilungstafel für das Beispiel 3.3

Von Tabelle 3.4 werden in Bild 3.3 die relativen Häufigkeiten als Histogramm und in Bild 3.4 die relativen Summenhäufigkeiten als Treppenfunktion veranschaulicht. Zum Vergleich wurden für eine normalverteilte Zufallsgröße mit dem Erwartungswert 4.16 und der Standardabweichung 9.7 in Bild 3.3 die Dichtefunktion und in Bild 3.4 die Verteilungsfunktion zusätzlich eingetragen.

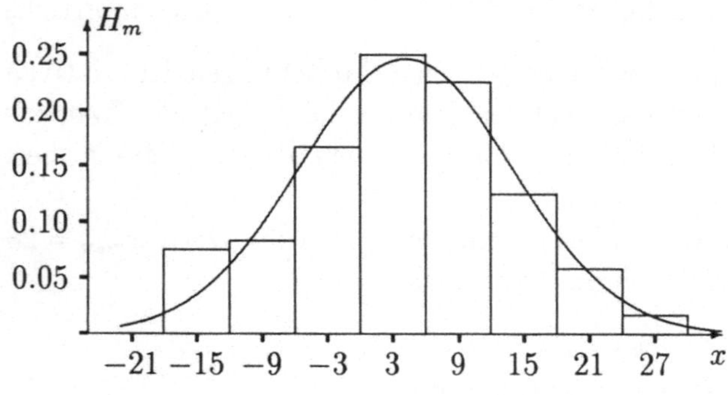

Bild 3.3: Relative Häufigkeiten bei einer Klassenanzahl $k = 8$ für das Beispiel 3.3

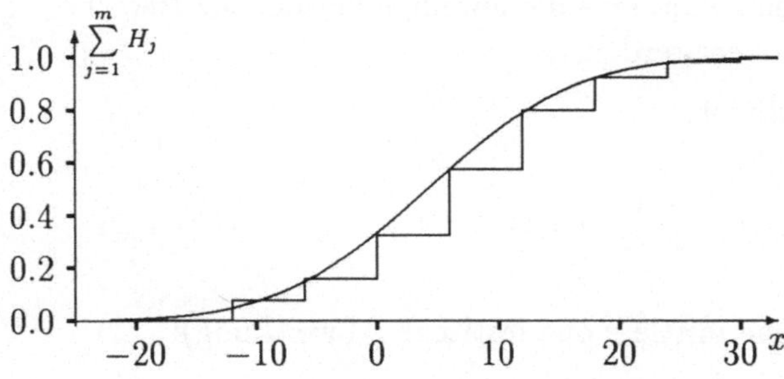

Bild 3.4: Relative Summenhäufigkeiten bei einer Klassenanzahl $k = 8$ für das Beispiel 3.3

Auf Grund der „guten Anpassung" des Histogramms bzw. der Treppenfunktion an die Dichte- bzw. Verteilungsfunktion der speziellen Normalverteilung vermuten wir, daß die Stichprobe aus einer normalverteilten Grundgesamtheit gezogen wurde. Im Abschnitt 3.3.9 werden wir näher darauf eingehen.
Bild 3.5 bzw. 3.6 zeigt das Histogramm der relativen Häufigkeiten bei einer Klassenzahl $k = 5$ bzw. $k = 17$.

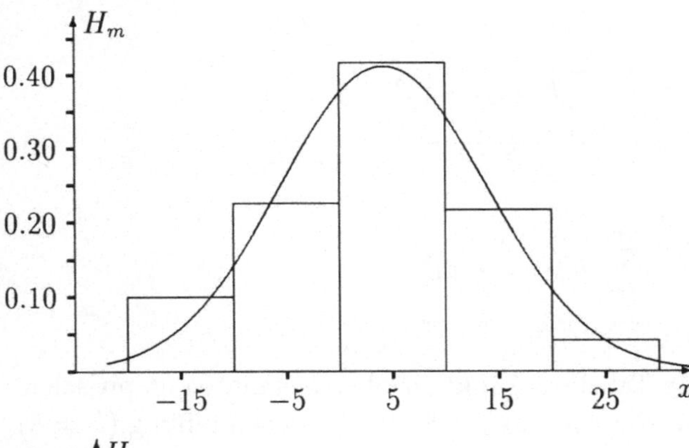

Bild 3.5: Relative Häufigkeiten bei einer Klassenanzahl $k = 5$ für das Beispiel 3.3

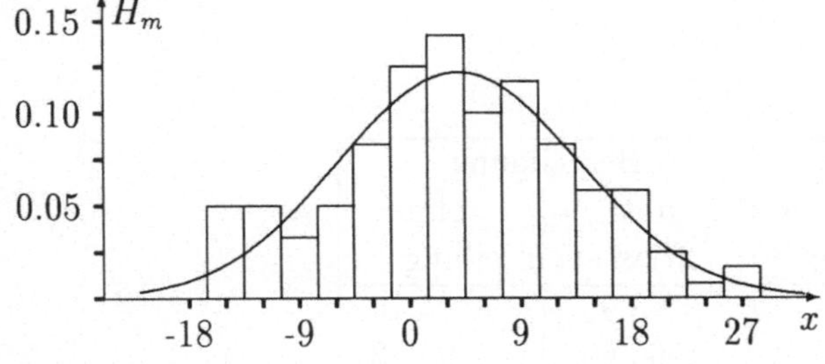

Bild 3.6: Relative Häufigkeiten bei einer Klassenanzahl $k = 17$ für das Beispiel 3.3

Durch beide Darstellungen wird die oben gemachte Aussage hinsichtlich der Wahl der Anzahl der Klassen verdeutlicht. $\triangleleft$
Wie schon dargestellt, ist es sinnvoll, die in der Stichprobe enthaltene Information durch empirische Kennwerte zu beschreiben. Für eine Stichprobe vom Umfang n, deren Elemente in k Klassen eingeteilt wurden, soll für einige der

oben eingeführten empirischen Kennwerte die jeweilige Formel zur Berechnung eines Näherungswertes angegeben werden:

Empirisches arithmetisches Mittel:

$$\overline{x} \approx \frac{1}{n} \sum_{m=1}^{k} h_m u_m \, .$$

Empirische Varianz (empirische mittlere quadratische Abweichung):

$$s^2 \approx \frac{1}{n-1} \sum_{m=1}^{k} (u_m - \overline{x})^2 h_m \, .$$

Empirischer Variationskoeffizient:

$$\hat{v} \approx \frac{s}{\overline{x}} \, .$$

Empirische Schiefe:

$$\hat{\gamma} \approx \frac{\dfrac{1}{n} \sum_{m=1}^{k} h_m (u_m - \overline{x})^3}{s^3} \, .$$

Empirischer Exzeß:

$$\hat{e} \approx \frac{\dfrac{1}{n} \sum_{m=1}^{k} h_m (u_m - \overline{x})^4}{s^4} - 3 \, .$$

Beispiel 3.3 (Fortsetzung): In Tabelle 3.5 sind die oben genannten empirischen Kennwerte der Stichprobe für die von uns gewählte Klasseneinteilung ($k = 8$) und ohne Klasseneinteilung zusammengestellt.

empirische Kennwerte	Berechnung	
	mit	ohne
	Klasseneinteilung	
$\overline{x}$	3.95	4.16
s^2	96.80	94.13
s	9.84	9.70
$\hat{v}$	2.49	2.33
$\hat{\gamma}$	−0.06	−0.04
$\hat{e}$	−0.36	−0.29

Tabelle 3.5: Empirische Kennwerte für das Beispiel 3.3

Zur Tabelle 3.5 sind zwei Anmerkungen zu machen:

1. Die mit und ohne Klasseneinteilung berechneten empirischen Kennwerte zeigen im vorliegenden Beispiel gewisse Unterschiede; denn bei der Ermittlung der empirischen Kennwerte mit Klasseneinteilung repräsentieren die Klassenmitten alle Werte der Stichprobe, die in der jeweiligen Klasse liegen. Die dabei auftretenden Abweichungen können aber bis zu einer halben Klassenbreite betragen. Die so berechneten empirischen Kennwerte sind – wie oben erwähnt – dementsprechend Näherungswerte der ohne Klasseneinteilung berechneten empirischen Kennwerte.

2. Die aus der Stichprobe ermittelten empirischen Kennwerte ergeben:
- eine mittlere Maßabweichung von $4.16\,\mu$m $(\overline{x} = 4.16)$;
- eine empirische Standardabweichung von $9.70\,\mu$m $(s = 9.70)$;
- eine linksschiefe Verteilung mit Tendenz zur Symmetrie $(\hat{\gamma} = -0.04)$ und zur Normalverteilung $(\hat{e} = -0.29)$.

Der Praktiker hat zu entscheiden, ob er mit dieser Lage des Produktionsprozesses einverstanden sein kann oder – bezogen auf die Aussagen der ersten beiden Anstriche – entsprechende Maßnahmen einleiten sollte. $\lhd$

Nun ist aber eine konkrete Stichprobe nicht die einzige konkrete Stichprobe, die unter gleichen Bedingungen aus einer Grundgesamtheit gezogen werden kann. Es ist deshalb erforderlich, die Gesamtheit aller möglichen konkreten Stichproben vom Umfang n zu erfassen und zu kennzeichnen. Dazu beschreiben wir das i-te Element einer Stichprobe durch eine Zufallsgröße X_i $(i = 1, 2, \ldots, n)$, die derselben Verteilung wie die Grundgesamtheit X unterliegt. Das Element x_i der konkreten Stichprobe ist dann eine Realisierung von X_i.

Definition 3.2: *Als* **mathematische Stichprobe** *bezeichnen wir die n-dimensionale Zufallsgröße $(X_1, X_2, \ldots X_n)$ mit den untereinander unabhängigen und identisch entsprechend der Grundgesamtheit X verteilten Komponenten X_i $(i = 1, 2, \ldots, n)$.*

Entsprechend dieser Definition ist die konkrete Stichprobe $(x_1, x_2, \ldots, x_n)$ also eine Realisierung dieser n-dimensionalen Zufallsgröße.

Aus den bisherigen Ausführungen ist offensichtlich, daß die oben eingeführten empirischen Kennwerte Funktionen der Elemente einer konkreten Stichprobe $x_1, x_2, \ldots, x_n$ sind. Ist z.B. u der empirische Kennwert, dann gilt $u = g(x_1, x_2, \ldots, x_n)$. Für eine mathematischen Stichprobe $(X_1, X_2, \ldots, X_n)$ sind diese empirischen Kennwerte Zufallsgrößen, die von den Elementen der mathematischen Stichprobe abhängen. Sie werden als *Stichprobenfunktionen* bezeichnet. In diesem Fall ist der empirische Kennwert eine Zufallsgröße U, und es gilt: $U = g(X_1, X_2, \ldots, X_n)$. Dann ist $u = g(x_1, x_2, \ldots, x_n)$ eine Realisierung von $U = g(X_1, X_2, \ldots, X_n)$.

Wichtige Beispiele von Stichprobenfunktionen sind

das arithmetische Mittel

$$\overline{X} = \frac{1}{n} \sum_{i=1}^{n} X_i$$

und die empirische Varianz

$$S^2 = \frac{1}{n-1} \sum_{i=1}^{n} (X_i - \overline{X})^2 \quad .$$

Mit Hilfe einer Stichprobe können wir auch Informationen über die im allgemeinen unbekannte Verteilungsfunktion $F_X(t)$ $(-\infty < t < +\infty)$ einer Grundgesamtheit X erhalten, die wir in diesem Zusammenhang auch als theoretische Verteilungsfunktion bezeichnen wollen. Dazu gehen wir von einer mathematischen Stichprobe $(X_1, X_2, \ldots, X_n)$ vom Umfang n aus einer Grundgesamtheit X aus. Mit $S_n(t)$ bezeichnen wir die Anzahl der Elemente der Stichprobe, deren Wert kleiner oder gleich t $(-\infty < t < +\infty)$ ist. Die Funktion ist für jedes beliebige feste t eine Zufallsgröße. Durch Relativierung von $S_n(t)$ erhalten wir die *empirische Verteilungsfunktion*

$$F_n(t) = \frac{S_n(t)}{n} \quad (-\infty < t < +\infty) ,$$

die ebenfalls für jedes beliebige feste t eine Zufallsgröße ist. Eine konkrete empirische Verteilungsfunktion $\hat{F}_n(t)$ der Grundgesamtheit X ist demzufolge eine Realisierung von $F_n(t)$. Sie ist eine Treppenfunktion, die für $t < x_{\min}$ Null ist, um $\frac{1}{n}$ (oder ein Vielfaches davon) springt, wenn t den Wert eines Elements hat, und für alle $t \geq x_{\max}$ Eins ist. Sie ist einer bestimmten konkreten Stichprobe zugeordnet und gibt – wie schon mehrfach darauf hingewiesen – eine Vorstellung vom Verlauf der theoretischen Verteilungsfunktion der Grundgesamtheit X.

Beispiel 3.3 (Fortsetzung): Bild 3.7 zeigt für die gegebene konkrete Stichprobe vom Umfang $n = 120$ die konkrete empirische Verteilungsfunktion $\hat{F}_{120}(t)$. Zum Vergleich wurde wiederum für die normalverteilte Zufallsgröße mit dem Erwartungswert 4.16 und der Standardabweichung 9.7 die theoretische Verteilungsfunktion zusätzlich eingetragen.

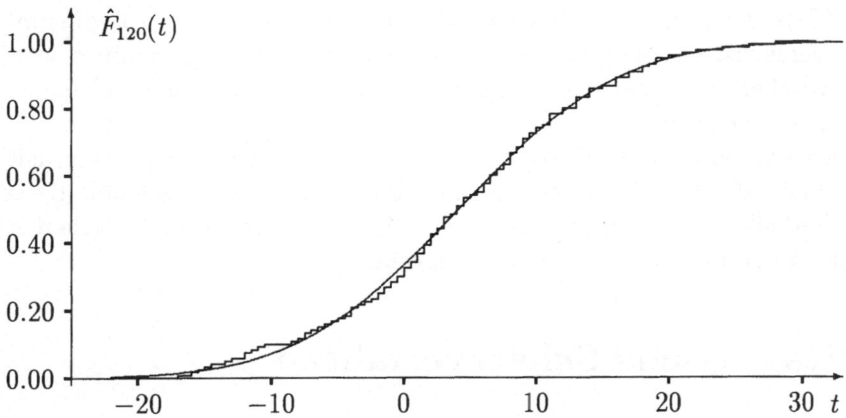

Bild 3.7: Konkrete empirische Verteilungsfunktion für das Beispiel 3.3   ◁

Einen wichtigen Zusammenhang zwischen der empirischen Verteilungsfunktion $F_n(t)$ und der theoretischen Verteilungsfunktion $F_X(t)$ der Grundgesamtheit X gibt der Satz von Gliwenko, der häufig auch Hauptsatz der mathematischen Statistik genannt wird. Er lautet:

> **Satz 3.1: (Satz von Gliwenko[3])** *Ist $F_n(t)$ die empirische Verteilungsfunktion der mathematischen Stichprobe $(X_1, X_2, \ldots, X_n)$ vom Umfang n und $F_X(t)$ die Verteilungsfunktion der Grundgesamtheit X, dann konvergiert $F_n(t)$ für $n \to \infty$ mit Wahrscheinlichkeit 1 gleichmäßig in t gegen die Verteilungsfunktion $F_X(t)$.*

Mit anderen Worten: Mit wachsendem Stichprobenumfang kommt $F_n(t)$ der unbekannten Verteilungsfunktion $F_X(t)$ der Grundgesamtheit X beliebig nahe (mit Wahrscheinlichkeit 1). Den Beweis des Satzes finden Sie in [FIS], [REN].

Ausgangspunkt für die Anwendung von Methoden der mathematischen Statistik ist in jedem Fall eine konkrete Stichprobe aus der Grundgesamtheit, die in geeigneter Art und Weise aufbereitet und verdichtet wurde. Die Art und Weise der Entnahme einer konkreten Stichprobe aus der Grundgesamtheit, d. h. die Ermittlung der Beobachtungs- bzw. Meßwerte am realen Sachverhalt, ist eine wesentliche Voraussetzung dafür, daß aus den in ihr enthaltenen Informationen „richtige" Schlüsse hinsichtlich der Grundgesamtheit gezogen werden können. Wir müssen also sichern, daß die konkrete Stichprobe repräsentativ für die Grundgesamtheit ist, d. h., daß die Elemente dieser konkreten Stichprobe eine „Zufallsstichprobe" bilden. Das ist dann der Fall, wenn die Beobachtun-

---

[3]Waleri Iwanowitsch Gliwenko (1897-1940), russischer Mathematiker.

gen bzw. Messungen am realen Sachverhalt alle unter den gleichen Bedingungen, z. B. Versuchsbedingungen, Produktionsbedingungen, vorgenommen werden und zwischen ihnen keine Abhängigkeiten, z. B. bei aufeinanderfolgenden Beobachtungen, bestehen.

Aufgabe der mathematischen Statistik ist es, aus der aus einer Grundgesamtheit gezogenen und aufbereiteten konkreten „Zufallsstichprobe" Aussagen über diese Grundgesamtheit zu machen. Auf daraus resultierende Fragen und Methoden werden wir in den nächsten Abschnitten eingehen.

3.2 Statistische Schätzverfahren

3.2.1 Einleitung

In diesem Abschnitt werden wir uns mit Fragen der Schätzung spezieller Kennwerte bzw. Parameter beschäftigen. Die ihnen zugrunde liegende Fragestellung haben wir bereits in den einleitenden Betrachtungen zum Abschnitt 3 kennengelernt. So haben wir uns im Beispiel 3.1 für den Schätzwert der unbekannten Wahrscheinlichkeit p interessiert. Dabei wurde als Schätzung die relative Häufigkeit verwendet.

Weiterhin wurden im Beispiel 3.3 zur Charakterisierung der Maßhaltigkeit bei der Produktion auf Präzisionsdrehautomaten Meßwerte der Abweichung des Durchmessers vom Nennmaß untersucht. Zur Bewertung der Maßhaltigkeit wurden Erwartungswert und Varianz dieser stetigen Zufallsgröße X analysiert. Wird davon ausgegangen, daß X einer Normalverteilung unterliegt, sind dies die Parameter μ und σ^2, für die das empirische arithmetische Mittel und die empirische Varianz als Schätzwerte verwendet werden können. Wir wollen weiter folgendes Beispiel betrachten:

Beispiel 3.4: Die Grundgesamtheit X: „Anzahl der Atome einer radioaktiven Substanz, die in einer bestimmten Zeiteinheit zerfallen" unterliege einer Poissonverteilung. Diese ist durch ihre Einzelwahrscheinlichkeiten

$$P(X = k) = \frac{\lambda^k}{k!}e^{-\lambda} \quad (k = 0, 1, 2, \ldots)$$

vollständig beschrieben. In diesem Fall ist der unbekannte Kennwert (Parameter) λ auf der Grundlage einer konkreten Stichprobe zu schätzen.   ◁

Alle betrachteten Beispiele haben gemeinsam, daß von der Grundgesamtheit X
- der Verteilungstyp als bekannt vorausgesetzt wird;
- wenigstens ein Parameter dieser Verteilung unbekannt ist.

Wir charakterisieren den Verteilungstyp einer stetigen bzw. diskreten Zufallsgröße X durch ihre Dichtefunktion $f(t; \Theta)$ $(-\infty < t < +\infty)$ bzw. ihre Einzelwahrscheinlichkeiten $P(X = x_i; \Theta) = p(x_i; \Theta)$ $(i = 1, 2, \ldots)$ mit dem ein- oder mehrdimensionalen Parameter Θ. Die statistischen Schätzverfahren dienen dazu, den Parameter Θ, von dem wir annehmen, daß er unbekannt ist, auf der Basis einer aus der Grundgesamtheit gezogenen Stichprobe zu schätzen. Diese Schätzungen, die Stichprobenfunktionen und dementsprechend Zufallsgrößen sind, werden *Schätzfunktionen* genannt. Diese bezeichnen wir für eine mathematische Stichprobe $(X_1, X_2, \ldots, X_n)$ vom Umfang n mit $\hat{\Theta} = g(X_1, X_2, \ldots, X_n)$. Ihre Realisierung, die auf Grund einer konkreten Stichprobe $x_1, x_2, \ldots, x_n$ – einer Realisierung von $(X_1, X_2, \ldots, X_n)$ – gewonnen wird und Schätzwert heißt, kennzeichnen wir mit $\hat{\vartheta} = g(x_1, x_2, \ldots, x_n)$.

Im folgenden wollen wir zwei Arten von Schätzungen betrachten. Dies ist einmal die Punkt- und zum anderen die Konfidenzschätzung.

3.2.2 Punktschätzungen

3.2.2.1 Begriff der Punktschätzung

Von einer *Punktschätzung* eines unbekannten Parameters Θ sprechen wir dann, wenn ein einziger aus einer Stichprobe gewonnener Wert mit dem unbekannten Parameter Θ identifiziert wird. In diesem Zusammenhang wird $\hat{\vartheta} = g(x_1, x_2, \ldots, x_n)$ *Punktschätzwert* genannt. Das arithmetische Mittel

$$\hat{\Theta}_1 = \overline{X} = g_1(X_1, X_2, \ldots, X_n)$$

und der Median

$$\hat{\Theta}_2 = \tilde{X} = g_2(X_1, X_2, \ldots, X_n)$$

sind *Punktschätzfunktionen* des Parameters $\Theta = E(X)$ einer Grundgesamtheit X mit symmetrischer Verteilung, weil in diesem Fall $E(X) = Q_{0.5}$ gilt. Entsprechend stellen die Realisierungen dieser Zufallsgrößen

$$\hat{\vartheta}_1 = \overline{x} = g_1(x_1, x_2, \ldots, x_n)$$

und

$$\hat{\vartheta}_2 = \tilde{x} = g_2(x_1, x_2, \ldots, x_n)$$

Punktschätzwerte des Parameters $\Theta = E(X)$ dieser Grundgesamtheit dar.

Wie wir gerade sahen, können zur Schätzung eines Parameters einer Grundgesamtheit mehrere Punktschätzfunktionen herangezogen werden. Es erhebt sich deshalb die Frage nach sinnvollen und praktikablen Methoden, mit deren Hilfe die Punktschätzungen gesucht werden.

3.2.2.2 Maximum-Likelihood-Methode

Eine dieser Methoden ist die Maximum-Likelihood-Methode (MLM). Sie wurde
von R.A. Fisher entwickelt, nachdem sie C.F. Gauß schon vorher in Spezialfällen
angewandt hatte. Bei ihr gehen wir von einer konkreten Stichprobe $x_1, x_2, \ldots, x_n$
vom Umfang n aus einer Grundgesamtheit X aus. Der Verteilungstyp von X
sei bekannt. Der Parameter Θ dieser Verteilung sei unbekannt und soll unter
Verwendung der in der konkreten Stichprobe über die Grundgesamtheit enthaltenen Information geschätzt werden.

Definition 3.3: *Ist $x_1, x_2, \ldots, x_n$ eine aus einer Grundgesamtheit X gezogene konkrete Stichprobe vom Umfang n und ist X eine diskrete bzw. stetige
Zufallsgröße mit den Einzelwahrscheinlichkeiten $P(X = x_i; \Theta)$ $(i = 1, 2, \ldots)$
bzw. der Dichte $f_X(t; \Theta)$, wobei der Parameter Θ unbekannt ist, dann wird die
Funktion*

$$L(x_1, x_2, \ldots x_n; \Theta) = \prod_{i=1}^{n} P(X = x_i; \Theta) \qquad (3.11)$$

bzw.

$$L(x_1, x_2, \ldots, x_n; \Theta) = \prod_{i=1}^{n} f_X(x_i; \Theta) \qquad (3.12)$$

*als **Likelihood-Funktion** bezeichnet.*
*Ein Schätzwert $\hat{\vartheta}$ des Parameters Θ, für den die Likelihood-Funktion an der
Stelle $\Theta = \hat{\vartheta}$ ein eindeutig bestimmtes Maximum besitzt, wird **Maximum-
Likelihood-Schätzung** (MLS) für Θ genannt.*

Die Likelihood-Funktion $L(x_1, x_2, \ldots, x_n; \Theta)$ ist für jede konkrete Stichprobe
eine Funktion des unbekannten Parameters Θ. Das Prinzip der Maximum-
Likelihood-Methode besteht im diskreten Fall z. B. darin, unter den möglichen Punktschätzwerten für Θ denjenigen auszuwählen, für den das Ereignis
$\{X_1 = x_1, X_2 = x_2, \ldots, X_n = x_n\}$ die größte Wahrscheinlichkeit besitzt.
Unter der Voraussetzung der Differenzierbarkeit der Likelihood-Funktion nehmen wir die Bestimmung der gesuchten Punktschätzung mit Hilfe der notwendigen Bedingung für ein relatives Maximum vor:

$$\frac{\mathrm{d}L}{\mathrm{d}\Theta} = 0. \qquad (3.13)$$

Wegen der Produktstruktur der Likelihood-Funktion ist es günstiger, den natürlichen Logarithmus der Likelihood-Funktion zu bilden und von der Gleichung

$$\frac{\mathrm{d}(\ln L)}{\mathrm{d}\Theta} = 0 \qquad (3.14)$$

an Stelle von (3.13) auszugehen. Begründen Sie diesen Schritt!

Eine Lösung dieser Gleichung, die wir mit $\hat{\vartheta} = g(x_1, x_2, \ldots, x_n)$ bezeichnen, ist eine Realisierung, ein Punktschätzwert, der entsprechenden Punktschätzfunktion $\hat{\Theta} = g(X_1, X_2, \ldots, X_n)$.

Beispiel 3.5: Wir wollen die Probe 4 aus Beispiel 3.1 betrachten. Es liegt eine konkrete Stichprobe vom Umfang $n = 25$ aus einer Null-Eins-verteilten Grundgesamtheit vor, in der $k = 3$ mal der Wert 1 und $n - k = 22$ mal der Wert 0 auftritt. Der Parameter $\theta = p = P(X = 1)$ soll geschätzt werden. Die Likelihood-Funktion hat dann nach (3.11) die Gestalt:

$$
\begin{aligned}
L(x_1, x_2, \ldots, x_{25}; p) &= \prod_{i=1}^{25} P(X = x_i; p) \\
&= [P(X = 1)]^3 [P(X = 0)]^{25-3} \\
&= p^3 (1 - p)^{22},
\end{aligned}
$$

wobei von den x_i drei den Wert 1 und 22 den Wert 0 haben. Wir bilden $\ln L = 3 \ln p + 22 \ln(1 - p)$ und erhalten gemäß (3.14):

$$
\frac{\mathrm{d}(\ln L)}{\mathrm{d}p} = \frac{3}{p} - \frac{22}{1 - p} = 0.
$$

Die Lösung dieser Maximum-Likelihood-Gleichung ist der Punktschätzwert

$$
\hat{\vartheta} = \hat{p} = \frac{3}{25} = 0.12.
$$

Allgemein erhalten wir als Punktschätzfunktion $\hat{\Theta} = S_n/n = H_n(A)$, wobei wir mit S_n die absolute Häufigkeit des Eintretens des Ereignisses $A = \{X = 1\}$ und mit n die Anzahl der Versuche kennzeichnen. Wir sehen also, daß die relative Häufigkeit die Maximum-Likelihood-Schätzung für den unbekannten Parameter $\Theta = p = P(A) = P(X = 1)$ ist. ◁

Beispiel 3.6: Es sei X eine $N(\mu; \sigma)$-verteilte Grundgesamtheit. In diesem Fall ist der unbekannte Parameter Θ eine zweidimensionale Größe mit den Komponenten μ und σ^2. Mit Hilfe der in einer konkreten Stichprobe $x_1, x_2, \ldots, x_n$ vom Umfang n enthaltenen Information sollen diese beiden Komponenten geschätzt werden. Dazu bilden wir die Likelihood-Funktion der Stichprobe:

$$
L(x_1, x_2, \ldots, x_n; \mu, \sigma^2) = \left(\frac{1}{\sqrt{2\pi\sigma^2}} \right)^n \exp\left[-\frac{1}{2\sigma^2} \sum_{i=1}^{n} (x_i - \mu)^2 \right]
$$

und den natürlichen Logarithmus dieser Funktion:

$$\ln L = -\frac{n}{2}\ln 2\pi - \frac{n}{2}\ln(\sigma^2) - \frac{1}{2\sigma^2}\sum_{i=1}^{n}(x_i - \mu)^2.$$

Durch Bildung der partiellen Ableitungen nach μ bzw. σ^2 erhalten wir das Likelihood- Gleichungssystem:

$$\frac{\partial(\ln L)}{\partial \mu} = \frac{1}{\sigma^2}\sum_{i=1}^{n}(x_i - \mu) = 0,$$

$$\frac{\partial(\ln L)}{\partial \sigma^2} = -\frac{n}{2\sigma^2} + \frac{1}{2\sigma^4}\sum_{i=1}^{n}(x_i - \mu)^2 = 0.$$

Aus der ersten Gleichung ergibt sich

$$\sum_{i=1}^{n} x_i - n\mu = 0$$

und damit der Punktschätzwert

$$\hat{\mu} = \frac{1}{n}\sum_{i=1}^{n} x_i = \overline{x}. \tag{3.15}$$

$\overline{x}$ setzen wir für μ in die zweite Gleichung ein und erhalten durch Umformung:

$$\sum_{i=1}^{n}(x_i - \overline{x})^2 = \sigma^2 n,$$

woraus sich weiter der zweite Punktschätzwert ergibt:

$$\hat{\sigma^2} = \frac{1}{n}\sum_{i=1}^{n}(x_i - \overline{x})^2 = s_1^2. \tag{3.16}$$

Die entsprechenden Punktschätzfunktionen für μ und σ^2 lauten dann gemäß (3.15) und (3.16):

$$\overline{X} = \frac{1}{n}\sum_{i=1}^{n} X_i$$

und

$$S_1^2 = \frac{1}{n}\sum_{i=1}^{n}(X_i - \overline{X})^2. \quad \lhd$$

3.2.2.3 Momentenmethode

Eine weitere Methode zur Konstruktion von Punktschätzungen ist die *Momentenmethode*. Bei der Momentenmethode wird von einer mathematischen Stichprobe $(X_1, X_2, \ldots, X_n)$ ausgegangen, die aus einer Grundgesamtheit X gezogen wurde. Die Wahrscheinlichkeitsverteilung von X soll von dem Parameter Θ abhängen. Der Parameter Θ sei eine k-dimensionale Größe, d. h., Θ besteht aus k Komponenten, für die Punktschätzfunktionen gesucht sind. Weiterhin sollen die im allgemeinen vom Parameter Θ abhängenden Momente m_r von X mindestens bis zur k-ten Ordnung existieren:

$$m_r = E(X^r) = g_r(\Theta) \quad (r = 1, 2, \ldots, k). \tag{3.17}$$

Zur Schätzung der unbekannten Komponenten des Parameters Θ wird das Moment m_r in (3.17) durch die Stichprobenfunktion

$$\hat{m}_r = \frac{1}{n} \sum_{j=1}^{n} X_j^r \quad (r = 1, 2, \ldots, k)$$

(empirisches Moment r-ter Ordnung) ersetzt. Damit ist ein Gleichungssystem gegeben, in dem die Komponenten des Parameters die Unbekannten sind. Existiert eine eindeutige Lösung dieses Gleichungssystems, so wird diese als Punktschätzung nach der Momentenmethode bezeichnet.

Beispiel 3.7: Die Zufallsgröße X unterliege einer Gammaverteilung mit der Dichtefunktion

$$f_X(x) = \frac{\lambda^\alpha x^{\alpha-1}}{\Gamma(\alpha)} e^{-\lambda x} \quad \text{für} \quad x > 0$$

und $E(X) = \frac{\alpha}{\lambda}$ bzw. $D^2(X) = \frac{\alpha}{\lambda^2}$ (vgl. Tabelle 2.6). Der Parameter Θ besteht aus den Komponenten λ und α.

Zu berechnen sind die Momentenschätzungen
a) für λ unter der Voraussetzung, daß $\alpha = \alpha_0$ bekannt ist;
b) für die unbekannten Komponenten λ und α.

Lösung:
a) Bei bekanntem α_0 und unbekanntem λ wird gemäß (3.17) zur Berechnung der Punktschätzfunktion für λ nur eine Gleichung benötigt:

$$E(X) = m_1 = \frac{\alpha_0}{\lambda} \quad \text{bzw.}$$

$$\hat{m}_1 = \frac{\alpha_0}{\hat{\lambda}} \ . \tag{3.18}$$

Das Umstellen von (3.18) nach $\hat{\lambda}$ liefert die Punktschätzfunktion

$$\hat{\lambda} = \frac{\alpha_0}{\hat{m}_1} = \frac{\alpha_0}{\dfrac{1}{n}\displaystyle\sum_{i=1}^{n} X_i} = \frac{\alpha_0}{\overline{X}} \, .$$

b) Da λ und α unbekannt sind, benötigen wir zwei Gleichungen zur Bestimmung von $\hat{\lambda}$ und $\hat{\alpha}$.
Wegen $D^2(X) = E(X^2) - (E(X))^2$ (vgl. (2.70)) gilt für das Moment 2. Ordnung

$$m_2 = E(X^2) = D^2(X) + (E(X))^2 = \frac{\alpha}{\lambda^2} + \left(\frac{\alpha}{\lambda}\right)^2 .$$

Damit lautet das Gleichungssystem zur Berechnung der Punktschätzfunktionen:

$$\hat{m}_1 \;=\; \frac{\hat{\alpha}}{\hat{\lambda}}; \tag{3.19}$$

$$\hat{m}_2 \;=\; \frac{\hat{\alpha}}{\hat{\lambda}^2} + \left(\frac{\hat{\alpha}}{\hat{\lambda}}\right)^2 = (1 + \hat{\alpha})\frac{\hat{\alpha}}{\hat{\lambda}^2} \, . \tag{3.20}$$

Aus (3.19) folgt

$$\hat{\lambda} = \frac{\hat{\alpha}}{\hat{m}_1} \, . \tag{3.21}$$

Wird (3.21) in (3.20) eingesetzt, so ergibt sich

$$\hat{m}_2 = (1 + \hat{\alpha}) \cdot \frac{\hat{\alpha}}{\left(\dfrac{\hat{\alpha}}{\hat{m}_1}\right)^2} = (1 + \hat{\alpha})\frac{\hat{m}_1^{\,2}}{\hat{\alpha}} = \left(\frac{1}{\hat{\alpha}} + 1\right) \hat{m}_1^{\,2} \quad .$$

Hieraus folgt durch Umstellung nach $\hat{\alpha}$:

$$\hat{\alpha} = \frac{\hat{m}_1^{\,2}}{\hat{m}_2 - \hat{m}_1^{\,2}} = \frac{\overline{X}^2}{\dfrac{1}{n}\displaystyle\sum_{i=1}^{n} X_i^2 - \overline{X}^2} \quad .$$

Die Punktschätzfunktion für $\hat{\alpha}$ wird in (3.21) eingesetzt und es gilt:

$$\hat{\lambda} = \frac{\hat{m}_1}{\hat{m}_2 - \hat{m}_1^{\,2}} = \frac{\overline{X}}{\dfrac{1}{n}\displaystyle\sum_{i=1}^{n} X_i^2 - \overline{X}^2} \quad . \quad \triangleleft$$

Anmerkung: Hinsichtlich weiterer Methoden zur Konstruktion von Punktschätzungen wird der Leser u. a. auf [RA1] und [RAO] verwiesen.

3.2.2.4 Eigenschaften von Punktschätzfunktionen

In den vorhergehenden Abschnitten haben wir gesehen, daß zur Schätzung von Parametern einer Grundgesamtheit verschiedene Methoden verwendet werden können. Dies kann zu verschiedenen Punktschätzfunktionen führen. Es erhebt sich die Frage, welche dieser Schätzfunktionen uns die beste Information über den unbekannten Parameter liefert, mit anderen Worten, welche dieser Schätzfunktionen wir wählen. Es ist zu klären, nach welchen Kriterien die entsprechenden Schätzfunktionen ausgewählt werden können. Zur Beantwortung dieser Frage stellte R.A. Fisher Kriterien für die Auswahl einer Punktschätzfunktion auf. Er fordert, daß eine „gute Schätzung" möglichst *erwartungstreu, konsistent* und *effizient* sein soll. Wir wollen diese Kriterien erklären und durch entsprechende Beispiele veranschaulichen.

Definition 3.4:   *Eine Punktschätzfunktion* $\hat{\Theta}(X_1, \ldots, X_n)$ *eines Parameters* Θ *nennen wir* **erwartungstreu (unverzerrt)**, *wenn der Erwartungswert von* $\hat{\Theta}$ *gleich dem Parameter* Θ *ist, d.h., wenn gilt:* $E(\hat{\Theta}) = \Theta$. *Eine Punktschätzfunktion* $\hat{\Theta}$ *eines Parameters* Θ *bezeichnen wir als* **asymptotisch erwartungstreu**, *falls für wachsenden Stichprobenumfang der Grenzwert des Erwartungswertes von* $\hat{\Theta}$ *gleich dem Parameter* Θ *ist, d.h., wenn gilt:* $\lim_{n \to \infty} E(\hat{\Theta}(X_1, \ldots, X_n)) = \Theta$.

Beispiel 3.8: Die Maximum-Likelihood-Schätzung für $\Theta = p = P(A)$ ist die relative Häufigkeit $\hat{\Theta} = H_n(A)$ (vgl. Beispiel 3.5). Damit gilt

$$E(\hat{\Theta}) = E(H_n(A)) = E(\frac{1}{n}S_n) = \frac{1}{n}E(S_n) \, .$$

Die Zufallsgröße S_n unterliegt einer Binomialverteilung (vgl. Abschnitt 2.3.9.2) mit den Parametern n und p und hat den Erwartungswert $E(S_n) = np$. Daraus folgt:

$$E(\hat{\Theta}) = \frac{1}{n}E(S_n) = \frac{1}{n}np = p \, , \tag{3.22}$$

d.h., $H_n(A)$ ist eine erwartungstreue Schätzung für $p = P(A)$.   ◁

Folgerung: Für die empirische Verteilungsfunktion gilt für jeden Wert t

$$F_n(t) = \frac{1}{n}S_n(t) \ (-\infty < t < +\infty),$$

wobei $S_n(t)$ die absolute Häufigkeit des Ereignisses $\{X \leq t\}$ bei einer mathematischen Stichprobe vom Umfang n ist. Die Zufallsgröße $S_n(t)$ unterliegt wieder

einer Binomialverteilung mit den Parametern n und $p = P(X \leq t) = F_X(t)$.
Damit gilt:

$$E(F_n(t)) = E\left(\frac{1}{n}S_n(t)\right) = \frac{1}{n}nF_X(t) = F_X(t)\,.$$

Die empirische Verteilungsfunktion ist folglich für jedes feste t eine erwartungstreue Schätzung der unbekannten Verteilungsfunktion.

Beispiel 3.9: Es ist zu zeigen, daß das arithmetische Mittel $\hat{\Theta} = \overline{X}$ eine erwartungstreue Punktschätzfunktion für den Erwartungswert $\Theta = E(X)$ der Grundgesamtheit X ist!
Lösung: Mit $\hat{\Theta} = \overline{X}$ und $\Theta = E(X) = E(X_i)$ $(i = 1, 2, \ldots, n)$ ergibt sich:

$$E(\overline{X}) = E\left[\frac{1}{n}\sum_{i=1}^{n}X_i\right] = \frac{1}{n}E\left[\sum_{i=1}^{n}X_i\right] = \frac{1}{n}\sum_{i=1}^{n}E(X_i) = \frac{1}{n}nE(X) = E(X).\;\lhd$$

Hinweis: Der Median $\hat{\Theta} = \tilde{X}$ ist bei einer normalverteilten Grundgesamtheit X nur eine asymptotisch erwartungstreue Punktschätzfunktion für den Erwartungswert $\Theta = E(X)$ (siehe [FIS]).

Beispiel 3.10: Es sei X eine Zufallsgröße mit der Varianz $D^2(X)$. Als Schätzung für die Varianz liefert die Momentenmethode und im Fall einer normalverteilten Grundgesamtheit auch die Maximum-Likelihood-Methode die Punktschätzfunktion

$$S_1^2 = \frac{1}{n}\sum_{i=1}^{n}(X_i - \overline{X})^2.$$

Diese Schätzfunktion ist auf Erwartungstreue zu untersuchen.
Es gilt:

$$E(S_1^2) = E\left[\frac{1}{n}\sum_{i=1}^{n}(X_i - \overline{X})^2\right] = E\left[\frac{1}{n}\sum_{i=1}^{n}X_i^2 - \overline{X}^2\right] = E(X^2) - E(\overline{X}^2);$$

$$E(\overline{X}^2) = E\left[\left(\frac{1}{n}\sum_{i=1}^{n}X_i\right)^2\right] = \frac{1}{n^2}E\left[\sum_{i=1}^{n}X_i^2 + \sum_{\substack{i,j=1 \\ i \neq j}}^{n}X_iX_j\right]$$

$$= \frac{1}{n}E(X^2) + \frac{n-1}{n}(E(X))^2;$$

$$E(S_1^2) = E(X^2) - \frac{1}{n}E(X^2) - \frac{n-1}{n}(E(X))^2$$

$$= \frac{n-1}{n}E(X^2) - \frac{n-1}{n}(E(X))^2 = \frac{n-1}{n}[E(X^2) - (E(X))^2]$$

$$= \frac{n-1}{n}D^2(X),$$

d. h., S_1^2 ist keine erwartungstreue Schätzung für $D^2(X)$. Wegen

$$\lim_{n \to \infty} E(S_1^2) = D^2(X)$$

folgt aber, daß diese Schätzung asymptotisch erwartungstreu ist. $\lhd$
Wird S_1^2 mit dem Faktor $\dfrac{n}{n-1}$ multipliziert, folgt

$$E\left(\frac{n}{n-1}S_1^2\right) = \frac{n}{n-1}E(S_1^2) = \frac{n}{n-1} \cdot \frac{n-1}{n}D^2(X) = D^2(X).$$

Damit ist

$$S^2 = \frac{n}{n-1}S_1^2 = \frac{1}{n-1}\sum_{i=1}^{n}(X_i - \overline{X})^2$$

eine erwartungstreue Schätzung für $D^2(X)$ (vgl. Anmerkung zu Formel (3.2)).

In Verbindung mit der Untersuchung der Eigenschaften der Schätzung $\hat{\Theta}$ wird häufig auch der zufällige Schätzfehler $\hat{\Theta} - \Theta$ betrachtet. Ist $\hat{\Theta}$ z.B. eine erwartungstreue Schätzung, so gilt $E(\hat{\Theta} - \Theta) = 0$. Der mittlere Fehler $E(\hat{\Theta} - \Theta)$ wird in der Literatur häufig als „Bias" oder „Verzerrung" der Schätzung $\hat{\Theta}$ bezeichnet. Ein weiteres Kriterium zur Bewertung von $\hat{\Theta} - \Theta$ ist in der nachfolgenden Definition gegeben.

Definition 3.5: *Eine Punktschätzfunktion $\hat{\Theta}(X_1, \ldots, X_n)$ eines Parameters Θ bezeichnen wir als (schwach)* **konsistent (passend)**, *wenn $\hat{\Theta}$ mit wachsendem n in Wahrscheinlichkeit gegen Θ konvergiert, d. h. , wenn für jedes beliebige $\varepsilon > 0$ gilt:*

$$\lim_{n \to \infty} P(|\hat{\Theta}(X_1, \ldots, X_n) - \Theta| < \varepsilon) = 1.$$

Mit anderen Worten: Mit wachsendem Stichprobenumfang strebt die Wahrscheinlichkeit des Ereignisses $\{|\hat{\Theta} - \Theta| < \varepsilon\}$ gegen 1. So ist z. B.

- die relative Häufigkeit $\hat{\Theta} = H_n(A)$ eine konsistente Punktschätzfunktion der Wahrscheinlichkeit $\Theta = p$ für das Eintreten des Ereignisses A im Ergebnis eines zufälligen Versuchs (vgl. Gesetz der großen Zahlen von Bernoulli);

- die empirische Verteilungsfunktion $F_n(t)$ für jedes feste t $(-\infty < t < +\infty)$ eine konstistente Punktschätzfunktion für die Verteilungsfunktion $F_X(t)$ der Grundgesamtheit X (vgl. Satz von Gliwenko);

- das arithmetische Mittel $\hat{\Theta} = \overline{X}$ eine konsistente Punktschätzfunktion für den Erwartungswert der Grundgesamtheit X (vgl. Gesetz der großen Zahlen von Chintschin);

- der Median $\hat{\Theta} = \tilde{X}$ eine konsistente Punktschätzfunktion für den Erwartungswert einer normalverteilten Grundgesamtheit (siehe [FIS]);

- die empirische Varianz $\hat{\Theta} = S^2$ eine konsistente Punktschätzfunktion für die Varianz $\Theta = D^2(X)$ der Grundgesamtheit X.

Anmerkung: Zum Nachweis der (schwachen) Konsistenz einer Punktschätzfunktion kann man die Aussage benutzen, daß bei einer asymptotisch erwartungstreuen Punktschätzfunktion $\hat{\Theta} = \hat{\Theta}(X_1, X_2, \ldots, X_n)$ eines Parameters Θ, d.h. $\lim\limits_{n\to\infty} E(\hat{\Theta}) = \Theta$, die Beziehung $\lim\limits_{n\to\infty} D^2(\hat{\Theta}) = 0$ eine hinreichende Bedingung für ihre Konsistenz ist.

Definition 3.6: *Eine erwartungstreue Punktschätzfunktion $\hat{\Theta}_1$ des Parameters Θ nennen wir* **effizienter (wirksamer)** *als eine erwartungstreue Punktschätzfunktion $\hat{\Theta}_2$ desselben Parameters, wenn für ihre Varianzen $D^2(\hat{\Theta}_1) = E((\hat{\Theta}_1 - \Theta)^2)$ und $D^2(\hat{\Theta}^2) = E((\hat{\Theta}_2 - \Theta)^2)$ gilt:*

$$D^2(\hat{\Theta}_1) < D^2(\hat{\Theta}_2).$$

Beispiel 3.11: Es seien das arithmetische Mittel $\hat{\mu}_1 = \overline{X}$ und der Median $\hat{\mu}_2 = \tilde{X}$ zwei Schätzungen des Erwartungswertes μ einer normalverteilten Grundgesamtheit. Gesucht ist eine Aussage über die Wirksamkeit von $\overline{X}$ bzw. $\tilde{X}$ bei bekanntem σ^2.

Lösung: Für $\overline{X}$ gilt $D^2(\overline{X}) = \frac{1}{n}\cdot\sigma^2$ (vgl. Beispiel 2.63). Nach [FIS] gilt außerdem für große n:

$$E(\tilde{X}) \to \mu \quad \text{und} \quad D^2(\tilde{X}) \to \frac{\sigma^2}{n}\cdot\frac{\pi}{2}.$$

Damit gilt für große n:

$$\frac{D^2(\overline{X})}{D^2(\tilde{X})} \to \frac{2}{\pi} \to 0.637,$$

d.h., $D^2(\overline{X})$ beträgt näherungsweise nur 63.7% der Varianz des Medians. Wir werden deshalb bei großem Stichprobenumfang die Punktschätzung $\overline{X}$ der Punktschätzfunktion $\tilde{X}$ vorziehen. $\lhd$

Es ergibt sich nun die Aufgabe, eine Aussage über eine untere Schranke der Varianz von Punktschätzfunktionen $\hat{\Theta} = \hat{\Theta}(X_1, X_2, \ldots, X_n)$ eines Parameters Θ der Grundgesamtheit X zu finden. Diese liefert der *Satz von Rao-Cramér*[4]: Wird eine Grundgesamtheit X durch eine Dichte $f(t; \Theta)$ charakterisiert, die von einem Parameter Θ abhängt und weitere Regularitätsvoraussetzungen (siehe [RAO]) erfüllt, dann gilt für jede erwartungstreue Punktschätzfunktion $\hat{\Theta}$ des Parameters Θ die Ungleichung

$$D^2(\hat{\Theta}) \geq \frac{1}{I_n(\Theta)} \, ,$$

wobei $I_n(\Theta) = nD^2 \left[\dfrac{\mathrm{d} \ln f(X; \Theta)}{\mathrm{d}\Theta} \right]$ ist.

$I_n(\Theta)$ wird als Fishersche Information bezeichnet. Sie hängt im allgemeinen von Θ und dem Stichprobenumfang n ab. Als Maßzahl trifft sie eine Aussage über die in der Stichprobe enthaltene Information hinsichtlich des zu schätzenden Parameters Θ.

Beispiel 3.12: In einer $N(\mu, \sigma_0)$-verteilten Grundgesamtheit sei der Parameter σ_0 bekannt. Der unbekannte Parameter sei $\Theta = \mu$. Die Dichte

$$f(t; \Theta, \sigma_0) = \frac{1}{\sqrt{2\pi}\sigma_0} \exp \left[-\frac{(t - \Theta)^2}{2\sigma_0^2} \right] \quad (-\infty < t < +\infty)$$

der Zufallsgröße X erfüllt die entsprechenden Regularitätsvoraussetzungen. Dann ergibt sich:

$$\begin{aligned}
I_n(\Theta) &= nD^2 \left[\frac{\mathrm{d} \ln f(X; \Theta)}{\mathrm{d}\Theta} \right] = nD^2 \left[\frac{\mathrm{d}}{\mathrm{d}\Theta} \left(-\ln\sqrt{2\pi}\sigma_0 - \frac{(X - \Theta)^2}{2\sigma_0^2} \right) \right] \\
&= nD^2 \left[\frac{X - \Theta}{\sigma_0^2} \right] = n\frac{1}{\sigma_0^4} D^2(X) = n\frac{1}{\sigma_0^4}\sigma_0^2 = \frac{n}{\sigma_0^2} \, .
\end{aligned}$$

Das arithmetische Mittel $\hat{\Theta} = \overline{X}$ aus einer normalverteilten Grundgesamtheit ist erwartungstreu, und es gilt:

$$D^2(\hat{\Theta}) = D^2(\overline{X}) = \frac{\sigma_0^2}{n} \, ,$$

d. h., die Varianz von $\overline{X}$ ist gleich der durch die Ungleichung von Rao-Cramér gegebenen unteren Schranke der Varianzen der Schätzungen des Parameters $\Theta = \mu$. Eine solche Schätzung wird als *effektiv* bezeichnet. $\lhd$

---

[4]Harald Cramér (1893-1985), schwedischer Mathematiker.

Schätzungen im Zusammenhang mit einer normalverteilten Grundgesamtheit werden in den folgenden Abschnitten sehr häufig verwendet. Aus diesem Grunde wollen wir abschließend im nachfolgenden Satz wichtige Eigenschaften der Schätzungen von μ und σ^2 einer Normalverteilung zusammenfassen. Diese sind teilweise in den vorhergehenden Beispielen behandelt worden.

Satz 3.2: *Es sei* $(X_1, X_2, \ldots, X_n)$ *eine mathematische Stichprobe aus einer normalverteilten Grundgesamtheit* X *mit dem Erwartungswert* $E(X) = \mu$ *und der Varianz* $D^2(X) = \sigma^2$. *Dann gilt:*

1. $\overline{X} = \frac{1}{n} \sum\limits_{i=1}^{n} X_i$ *ist eine erwartungstreue Schätzung für* μ.

2. $S^2 = \frac{1}{n-1} \sum\limits_{i=1}^{n} (X_i - \overline{X})^2$ *ist eine erwartungstreue Schätzung für* σ^2.

3. $\overline{X}$ *unterliegt einer Normalverteilung mit* $E(\overline{X}) = \mu$ *und* $D^2(\overline{X}) = \frac{\sigma^2}{n}$.

4. $(n-1)\frac{S^2}{\sigma^2}$ *unterliegt einer Chi-Quadrat-Verteilung mit* $n-1$ *Freiheitsgraden.*

5. $\overline{X}$ *und* S^2 *sind unabhängige Zufallsgrößen.*

6. $\frac{\overline{X} - \mu}{\sqrt{S^2}} \sqrt{n}$ *unterliegt einer Studentverteilung mit* $n-1$ *Freiheitsgraden.*

7. Die Schätzfunktion der Schiefe multipliziert mit $\sqrt{\frac{n}{6}}$ *ist asymptotisch normalverteilt mit Erwartungswert Null und Varianz Eins.*

8. Die Schätzfunktion für den Exzeß multipliziert mit $\sqrt{\frac{n}{24}}$ *ist asymptotisch normalverteilt mit Erwartungswert Null und Varianz Eins.*

3.2.3 Konfidenzschätzungen

3.2.3.1 Begriff der Konfidenzschätzung

Mit einer Punktschätzung, bei der wir einen unbekannten Parameter Θ durch einen einzigen aus einer Stichprobe ermittelten Wert schätzen, gewinnen wir keine Aussage über die Genauigkeit einer solchen Schätzung. Die Abweichungen einzelner Punktschätzwerte vom Wert des Parameters Θ können erheblich sein. Das kann besonders dann der Fall sein, wenn der Stichprobenumfang klein ist. Um uns eine Vorstellung über die Genauigkeit einer Schätzung verschaffen zu können, wollen wir uns mit der Konfidenzschätzung, einer speziellen Form der Bereichsschätzung, beschäftigen.

Bei ihr wird für einen unbekannten Parameter Θ der Grundgesamtheit mit Hilfe einer Stichprobe ein Intervall mit den Grenzen G_1 und G_2 ($G_1 \leq G_2$) gesucht, das Θ mit einer vorgegebenen großen Wahrscheinlichkeit von mindestens $1 - \alpha$ überdeckt:

$$P(G_1 < \Theta < G_2) \geq 1 - \alpha. \tag{3.23}$$

Hierbei bezeichnen wir G_1 und G_2 als *Konfidenzgrenzen* (*Vertrauensgrenzen*), (G_1, G_2) als *Konfidenzintervall* (*Vertrauensintervall*), $1 - \alpha$ als *Konfidenzniveau* (*Vertrauensniveau*) und α als *Irrtumswahrscheinlichkeit*.

Die Konfidenzgrenzen sind Stichprobenfunktionen der mathematischen Stichprobe $(X_1, X_2, \ldots, X_n)$ vom Umfang n :

$$G_1 = G_1(X_1, X_2, \ldots, X_n) \; ; \quad G_2 = G_2(X_1, X_2, \ldots, X_n).$$

Sie sind also Zufallsgrößen. Somit stellt das Konfidenzintervall (G_1, G_2) ein Zufallsintervall dar. Für eine konkrete Stichprobe $(x_1, x_2, \ldots, x_n)$, eine Realisierung von $(X_1, X_2, \ldots, X_n)$, erhalten wir dann mit den Realisierungen g_1 und g_2 der Konfidenzgrenzen G_1 und G_2 eine Realisierung (g_1, g_2) des Konfidenzintervalls, die wir als *konkrete Konfidenzschätzung* bezeichnen.

In einfachen Spezialfällen führt die Ermittlung des Konfidenzintervalls (G_1, G_2) für den Parameter Θ unter Verwendung einer Punktschätzfunktion $\hat{\Theta} = \hat{\Theta}(X_1, \ldots, X_n)$ dieses Parameters auf Konfidenzgrenzen der Form $G_1 = \hat{\Theta} - \delta_1$ und $G_2 = \hat{\Theta} + \delta_2$ bzw. $G_1 = \hat{\Theta} \cdot \delta_1$ und $G_2 = \hat{\Theta} \cdot \delta_2$. Dann geht (3.23) über in

$$P(\hat{\Theta} - \delta_1 < \Theta < \hat{\Theta} + \delta_2) \geq 1 - \alpha \tag{3.24}$$

bzw.

$$P(\hat{\Theta} \cdot \delta_1 < \Theta < \hat{\Theta} \cdot \delta_2) \geq 1 - \alpha. \tag{3.25}$$

Ist die Schätzfunktion $\hat{\Theta}$ eine stetige Zufallsgröße, dann kann in (3.24) und (3.25) an Stelle von $\geq$ das Gleichheitszeichen gesetzt werden.

Die Größen δ_1 und δ_2 werden wir für einige Spezialfälle in 3.2.3.2 bis 3.2.3.6 ermitteln.

Wir wollen nochmals bemerken: Das Konfidenzniveau $1 - \alpha$ ist die Wahrscheinlichkeit dafür, daß das Zufallsintervall (G_1, G_2) den unbekannten Parameter Θ überdeckt. Anders ausgedrückt: Die ermittelten konkreten Konfidenzintervalle werden Θ durchschnittlich in $(1 - \alpha) \cdot 100\%$ der Fälle überdecken und in $\alpha \cdot 100\%$ der Fälle nicht überdecken. Deshalb wird α als Irrtumswahrscheinlichkeit bezeichnet; α ist ein Ausdruck des Risikos, das bei dieser Schätzung eingegangen wird. Die Irrtumswahrscheinlichkeit ist also vom Bearbeiter vor Beginn der Schätzung entsprechend der Problemstellung festzulegen. In der Praxis wird für α im allgemeinen 0.05 bzw. 0.01 gewählt.

3.2.3.2 Konfidenzschätzung für den Erwartungswert einer normalverteilten Grundgesamtheit mit bekannter Varianz

Von einer Grundgesamtheit X sei bekannt, daß sie $N(\mu; \sigma)$-verteilt ist. Dabei gehen wir davon aus, daß die Varianz σ^2 bekannt ist. Der Erwartungswert μ sei unbekannt. Für ihn suchen wir eine Konfidenzschätzung, d. h., ein Intervall, das μ mit der vorgegebenen Wahrscheinlichkeit $1 - \alpha$ überdeckt. Dazu gehen wir von einer mathematischen Stichprobe $(X_1, X_2, \ldots, X_n)$ vom Umfang n aus und wählen als Punktschätzfunktion für den unbekannten Parameter $\Theta = \mu$ das arithmetische Mittel $\hat{\Theta} = \overline{X} = \frac{1}{n} \sum_{i=1}^{n} X_i$. Nach Satz 3.2 gilt $\overline{X} \sim N\left(\mu; \frac{\sigma}{\sqrt{n}}\right)$.

In (3.24) setzen wir $\hat{\Theta} = \overline{X}$ und $\Theta = \mu$ und wegen der Symmetrie der Dichtefunktion einer normalverteilten Zufallsgröße $\delta_1 = \delta_2 = \delta$. Damit erhalten wir:

$$P(\overline{X} - \delta < \mu < \overline{X} + \delta) = P(|\overline{X} - \mu| < \delta) = 1 - \alpha, \qquad (3.26)$$

d. h., die Wahrscheinlichkeit dafür, daß der Betrag des Schätzfehlers kleiner als die Schranke δ ist, wird mit $1 - \alpha$ vorgegeben.

Zur Bestimmung der Größe δ standardisieren wir die Zufallsgröße $\overline{X}$ unter Verwendung der bekannten Varianz:

$$Z = \frac{\overline{X} - \mu}{\frac{\sigma}{\sqrt{n}}} = \frac{\overline{X} - \mu}{\sigma}\sqrt{n}. \qquad (3.27)$$

Die Zufallsgröße Z ist $N(0; 1)$-verteilt . Damit geht (3.26) in

$$P\left(\left|\frac{\overline{X} - \mu}{\sigma}\sqrt{n}\right| < \frac{\delta\sqrt{n}}{\sigma}\right) = 1 - \alpha \qquad (3.28)$$

über. Mit $z_{1-\frac{\alpha}{2}} = \frac{\delta\sqrt{n}}{\sigma}$ können wir für (3.28) schreiben:

$$P\left(|Z| < z_{1-\frac{\alpha}{2}}\right) = 1 - \alpha \qquad (3.29)$$

oder

$$P\left(-z_{1-\frac{\alpha}{2}} < \frac{\overline{X} - \mu}{\sigma}\sqrt{n} < z_{1-\frac{\alpha}{2}}\right) = 1 - \alpha . \qquad (3.30)$$

Darin ist $z_{1-\frac{\alpha}{2}}$ das Quantil der Ordnung $1 - \frac{\alpha}{2}$ der Zufallsgröße Z. Auf Grund der Symmetrie der Normalverteilung gilt $z_{\frac{\alpha}{2}} = -z_{1-\frac{\alpha}{2}}$.

In der folgenden Tabelle sind einige häufig benutzte Quantile der Standardnormalverteilung angegeben.

α	0.10	0.05	0.02	0.01	0.001
$z_{1-\alpha}$	1.28	1.64	2.05	2.33	3.09
$z_{1-\frac{\alpha}{2}}$	1.64	1.96	2.33	2.58	3.29

Tabelle 3.6: Ausgewählte Quantile der Standardnormalverteilung

Die Beziehung (3.30) wird im Bild 3.8 veranschaulicht.

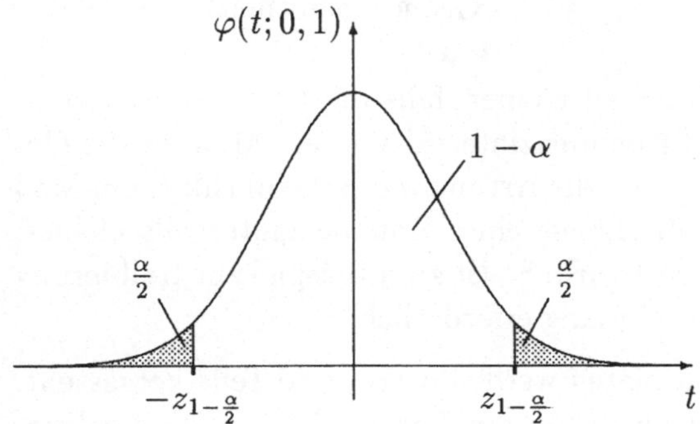

Bild 3.8: Konfidenzniveau und Irrtumswahrscheinlichkeit im Fall der Relation (3.30)

Aus (3.30) ergibt sich durch entsprechende Umformung die für den Parameter $\Theta = \mu$ gesuchte Konfidenzschätzung

$$\overline{X} - z_{1-\frac{\alpha}{2}} \frac{\sigma}{\sqrt{n}} < \mu < \overline{X} + z_{1-\frac{\alpha}{2}} \frac{\sigma}{\sqrt{n}}. \tag{3.31}$$

Das zufällige Intervall $\left(\overline{X} - z_{1-\frac{\alpha}{2}} \frac{\sigma}{\sqrt{n}} \, , \, \overline{X} + z_{1-\frac{\alpha}{2}} \frac{\sigma}{\sqrt{n}} \right)$ überdeckt den Parameter $\Theta = \mu$ mit der Wahrscheinlichkeit $1 - \alpha$. Jede konkrete Stichprobe aus der o.g. Grundgesamtheit liefert eine Realisierung der Zufallsgröße $\overline{X}$ und damit eine Realisierung dieses zufälligen Intervalls. Das Intervall

$$\overline{x} - z_{1-\frac{\alpha}{2}} \frac{\sigma}{\sqrt{n}} < \mu < \overline{x} + z_{1-\frac{\alpha}{2}} \frac{\sigma}{\sqrt{n}} \tag{3.32}$$

ist dann eine konkrete Konfidenzschätzung oder ein konkretes Konfidenzintervall für den Parameter $\Theta = \mu$.

Die Länge des Konfidenzintervalls

$$2\delta = 2z_{1-\frac{\alpha}{2}} \frac{\sigma}{\sqrt{n}} \tag{3.33}$$

ist von α und n abhängig. Sie ist also bei festem α und n konstant. Die Lage des konkreten Konfidenzintervalls wird durch die konkrete Stichprobe in Form der Intervallmitte $\overline{x}$ bestimmt. In Bild 3.9 wird diese Aussage veranschaulicht.

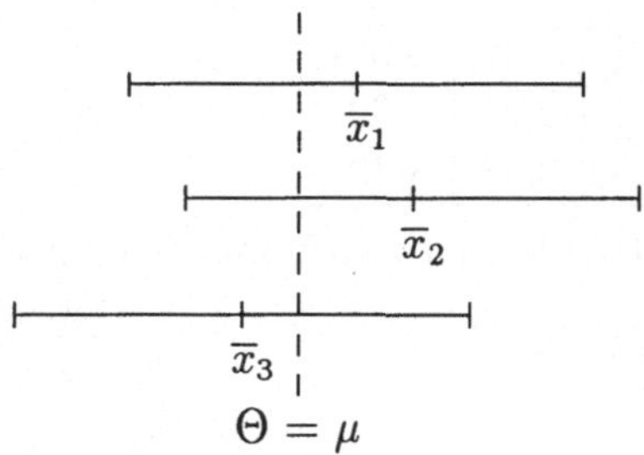

Bild 3.9: Konkrete Konfidenzintervalle für den Parameter $\theta = \mu$ bei verschiedenen konkreten Stichproben aus einer Grundgesamtheit

Bei festem n wird das Konfidenzintervall kleiner, falls die Irrtumswahrscheinlichkeit größer wird. Die Länge des Konfidenzintervalls ist ein Maß für die Genauigkeit der Punktschätzung von μ und die Irrtumswahrscheinlichkeit ein Maß für das Risiko. Bei festem α wird die Länge eines Konfidenzintervalls kleiner, falls der Stichprobenumfang vergrößert wird. So ist zum Beispiel zur Halbierung der Länge ein vierfacher Stichprobenumfang erforderlich.

Beispiel 3.13: Auf einem Drehautomaten werden bestimmte Teile hergestellt. Die dabei ermittelten Abweichungen vom Nennmaß in μm können als Realisierungen einer normalverteilten Zufallsgröße X aufgefaßt werden.
Der Erwartungswert dieser Zufallsgröße ist von der jeweiligen Einstellung des Automaten abhängig. Er ist uns deshalb nicht bekannt. Ihre Varianz sei mit $\sigma^2 = 400$ gegeben. Für den Erwartungswert μ suchen wir eine konkrete Konfidenzschätzung zum Konfidenzniveau $1 - \alpha = 0.95$.
Aus einer konkreten Stichprobe vom Umfang 16 wurde das arithmetische Mittel $\bar{x} = 55$ ermittelt. Zu der Irrtumswahrscheinlichkeit $\alpha = 0.05$ gehört das Quantil $z_{1-\frac{\alpha}{2}} = z_{0.975} = 1.96$ (Tabelle 3.6). Durch Einsetzen dieser Werte in (3.32) erhalten wir ein konkretes Konfidenzintervall für μ:

$$55 - 1.96\frac{20}{\sqrt{16}} < \mu < 55 + 1.96\frac{20}{\sqrt{16}}$$

und daraus

$$45.2 < \mu < 64.8.$$

Wählen wir einen kleineren Wert für α, so wird das Konfidenzintervall größer. So bekommen wir z.B. für $\alpha = 0.01$ das Quantil $z_{1-\frac{\alpha}{2}} = z_{0.995} = 2.58$ und damit das konkrete Konfidenzintervall

$$42.1 < \mu < 67.9.$$

Die höhere Sicherheit geht also zu Lasten der Länge des Konfidenzintervalls. Abschließend zu diesem Beispiel wollen wir zeigen, wie der für eine gewünschte Länge erforderliche Stichprobenumfang n ermittelt werden kann. Dazu haben wir die in (3.33) für die Länge des Konfidenzintervalls angegebene Relation nach n aufzulösen:

$$n = \left(z_{1-\frac{\alpha}{2}} \cdot \frac{\sigma}{\delta} \right)^2 .$$

Für ein vorgegebenes Konfidenzniveau $1 - \alpha = 0.95$ und ein gewünschtes Konfidenzintervall von der Länge $2\delta = 10\mu\text{m}$ erhalten wir mit $z_{1-\frac{\alpha}{2}} = z_{0.975} = 1.96$ für

$$n = \left(1.96 \cdot \frac{20}{5} \right)^2 \approx 62 .$$

Um die geforderte Länge zu erhalten, ist ein Stichprobenumfang von mindestens $n = 62$ notwendig. $\triangleleft$

3.2.3.3 Konfidenzschätzung für den Erwartungswert einer normalverteilten Grundgesamtheit mit unbekannter Varianz

Wir betrachten den Fall, daß beide Parameter einer $N(\mu; \sigma)$-verteilten Grundgesamtheit X unbekannt sind. Wir suchen für den Erwartungswert μ eine Konfidenzschätzung. Wir gehen wiederum von einer mathematischen Stichprobe $(X_1, X_2, \ldots, X_n)$ vom Umfang n aus und wählen als Punktschätzfunktion für den unbekannten Parameter $\Theta = \mu$ das arithmetische Mittel $\hat{\Theta} = \overline{X} = \frac{1}{n} \sum_{i=1}^{n} X_i$ und als Punktschätzfunktion für die unbekannte Varianz σ^2 die empirische Varianz $S^2 = \frac{1}{n-1} \sum_{i=1}^{n} (X_i - \overline{X})^2$. Da die Standardabweichung σ nicht bekannt ist, verwenden wir anstelle der normalverteilten Zufallsgröße $\frac{\overline{X} - \mu}{\sigma} \sqrt{n}$ zur Berechnung der Größen δ_1 und δ_2 die Stichprobenfunktion $\frac{\overline{X} - \mu}{S} \sqrt{n}$, die einer Student-Verteilung mit $m = n - 1$ Freiheitsgraden genügt (vgl. Satz 3.2). Auf Grund der Symmetrie der Dichtefunktion dieser Zufallsgröße können wir $\delta_1 = \delta_2 = \delta$ setzen.

Aus der Tafel der Student-Verteilung (Tafel 2 des Anhangs) lesen wir zu vorgegebener Irrtumswahrscheinlichkeit α und für den Freiheitsgrad m das Quantil $t_{1-\frac{\alpha}{2};m}$ ab, für das die Gleichung

$$P \left(\left| \frac{\overline{X} - \mu}{S} \sqrt{n} \right| < t_{1-\frac{\alpha}{2};m} \right) = 1 - \alpha \tag{3.34}$$

oder anders geschrieben

$$P \left(-t_{1-\frac{\alpha}{2};m} < \frac{\overline{X} - \mu}{S} \sqrt{n} < t_{1-\frac{\alpha}{2};m} \right) = 1 - \alpha \tag{3.35}$$

erfüllt ist. Die Relation (3.35) wird in Bild 3.10 veranschaulicht.

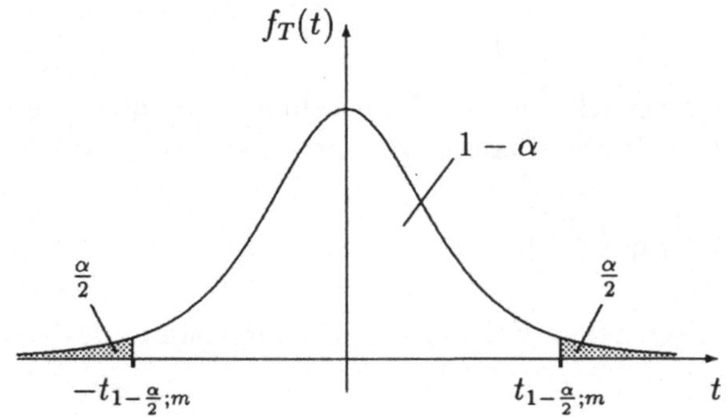

Bild 3.10: Konfidenzniveau und Irrtumswahrscheinlichkeit im Fall der Relation (3.35)

Durch einfache Umstellung bekommen wir die gesuchte Konfidenzschätzung für den Parameter $\Theta = \mu$:

$$\overline{X} - t_{1-\frac{\alpha}{2};m}\frac{S}{\sqrt{n}} < \mu < \overline{X} + t_{1-\frac{\alpha}{2};m}\frac{S}{\sqrt{n}}.$$

Das Zufallsintervall $\left(\overline{X} - t_{1-\frac{\alpha}{2};m}\frac{S}{\sqrt{n}}\,,\quad \overline{X} + t_{1-\frac{\alpha}{2};m}\frac{S}{\sqrt{n}}\right)$ überdeckt den Parameter $\Theta = \mu$ mit der Wahrscheinlichkeit $1 - \alpha$. Jede konkrete Stichprobe aus der o.g. Grundgesamtheit liefert je eine Realisierung der Zufallsgrößen $\overline{X}$ und S und damit eine Realisierung des Zufallsintervalls. Das Intervall

$$\overline{x} - t_{1-\frac{\alpha}{2};m}\frac{s}{\sqrt{n}} < \mu < \overline{x} + t_{1-\frac{\alpha}{2};m}\frac{s}{\sqrt{n}} \tag{3.36}$$

ist dann eine konkrete Konfidenzschätzung für den Parameter $\Theta = \mu$. Für gleichen Stichprobenumfang n und gleiche Irrtumswahrscheinlichkeit ist das Konfidenzintervall (3.36) im allgemeinen größer als das Konfidenzintervall (3.32). Der Grund dafür ist die fehlende Information über den Parameter σ^2 der Grundgesamtheit. Da die Student-Verteilung für $n \to \infty$ gegen die Normalverteilung strebt, wird der Unterschied in der Länge der beiden Intervalle bei genügend großem n sehr klein werden.
Wir verwenden deshalb für hinreichend große $m = n - 1$ die Näherung

$$t_{1-\frac{\alpha}{2};m} \approx t_{1-\frac{\alpha}{2};\infty} = z_{1-\frac{\alpha}{2}},$$

die erfahrungsgemäß schon für $m > 120$ eine in vielen Fällen zufriedenstellende Näherung liefert.
Beispiel 3.14: Versuchsflächen wurden mit einer neuen Getreidesorte bestellt. Diese Versuchsflächen brachten folgende Hektarerträge [dt]: 62.1; 60.2; 57.7; 63.7; 60.6; 62.3; 63.1; 63.6; 61.4; 62.1; 60.5; 64.3 .

Erfahrungen zeigen, daß die Grundgesamtheit „Zufälliger Hektarertrag" gewöhnlich als normalverteilt angesehen werden kann. Für den Erwartungswert μ des Hektarertrags wollen wir mit der Irrtumswahrscheinlichkeit $\alpha = 0.05$ ein Konfidenzintervall ermitteln. Da die Varianz σ^2 der Grundgesamtheit ebenfalls unbekannt ist, werden wir von der o.g. konkreten Stichprobe ausgehend für die beiden Parameter μ und σ^2 die Punktschätzwerte $\bar{x}$ und s^2 und mit ihnen unter Verwendung von (3.36) ein konkretes Konfidenzintervall für den Parameter μ ermitteln. Mit den errechneten $\bar{x} = 61.8$ und $s = 1.86$ und dem aus Tafel 2 für $m = 11$ Freiheitsgrade und einer Irrtumswahrscheinlichkeit $\alpha = 0.05$ abgelesenen Quantil $t_{1-\frac{\alpha}{2};m} = t_{0.975;11} = 2.20$ lautet das konkrete Konfidenzintervall

$$61.8 - 2.20\frac{1.86}{\sqrt{12}} < \mu < 61.8 + 2.20\frac{1.86}{\sqrt{12}}$$

und damit

$$60.62 < \mu < 62.98. \quad \triangleleft$$

Beispiel 3.3 (Fortsetzung): Für den Erwartungswert $E(X)$ der Grundgesamtheit X (Maßabweichung) wird zu dem Konfidenzniveau 0.99 ein Konfidenzintervall gesucht.

Lösung: Wir wollen annehmen, daß die Grundgesamtheit X einer Normalverteilung unterliegt. Für den Parameter $\mu = E(X)$ kennen wir bereits den Punktschätzwert $\bar{x} = 4.16$. Mit der errechneten empirischen Standardabweichung $s = 9.7$ und dem Quantil $t_{1-\frac{\alpha}{2};m} = t_{0.995;119} \approx 2.62$ (vgl. Tafel 2) erhalten wir nach (3.36) das konkrete Konfidenzintervall

$$1.84 < \mu < 6.48. \quad \triangleleft$$

3.2.3.4 Konfidenzschätzung für die Varianz einer normalverteilten Grundgesamtheit

Zur Ermittlung eines Konfidenzintervalls für die Varianz σ^2 einer $N(\mu,\sigma)$-verteilten Grundgesamtheit X gehen wir von einer mathematischen Stichprobe $(X_1, X_2, \ldots, X_n)$ vom Umfang n aus und wählen als Punktschätzfunktion für den unbekannten Parameter $\Theta = \sigma^2$ die empirische Varianz $\hat{\Theta} = S^2$. Als Grundlage für die Bestimmung des gesuchten Konfidenzintervalls benutzen wir die Stichprobenfunktion

$$\frac{n-1}{\sigma^2}S^2 = \frac{1}{\sigma^2}\sum_{i=1}^{n}(X_i - \overline{X})^2, \tag{3.37}$$

die einer Chi-Quadrat-Verteilung mit $m = n - 1$ Freiheitsgraden genügt (vgl. Satz 3.2). Bei gegebener Irrtumswahrscheinlichkeit α lassen sich aus der Tafel 3 die Quantile $\chi^2_{\frac{\alpha}{2};m}$ und $\chi^2_{1-\frac{\alpha}{2};m}$ der χ^2-Verteilung ablesen, für die

$$P\left(\chi^2_{\frac{\alpha}{2};m} < \frac{(n-1)S^2}{\sigma^2} < \chi^2_{1-\frac{\alpha}{2};m}\right) = 1 - \alpha \tag{3.38}$$

gilt. Die Relation (3.38) wird im Bild 3.11 veranschaulicht.

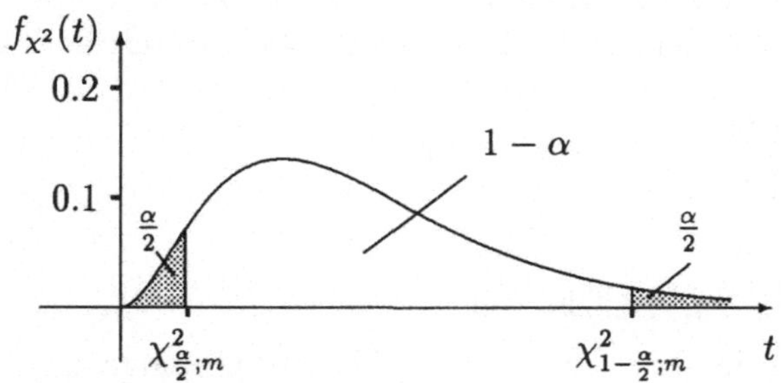

Bild 3.11: Konfidenzniveau und Irrtumswahrscheinlichkeit im Fall der Relation (3.38)

Durch einfache Umstellung ergibt sich aus (3.38) die gesuchte Konfidenzschätzung für σ^2 zum Konfidenzniveau $1 - \alpha$

$$\frac{n-1}{\chi^2_{1-\frac{\alpha}{2};m}}S^2 < \sigma^2 < \frac{n-1}{\chi^2_{\frac{\alpha}{2};m}}S^2 \,. \tag{3.39}$$

Im Vergleich mit der Gleichung (3.25) ist also bei dieser Konfidenzschätzung $\delta_1 = \dfrac{n-1}{\chi^2_{1-\frac{\alpha}{2};m}}$ und $\delta_2 = \dfrac{n-1}{\chi^2_{\frac{\alpha}{2};m}}$.

Jede konkrete Stichprobe aus der o.g. Grundgesamtheit liefert uns eine Realisierung s^2 der Zufallsgröße S^2 und damit eine Realisierung des Zufallsintervalls, d.h., das Intervall

$$\frac{n-1}{\chi^2_{1-\frac{\alpha}{2};m}}s^2 < \sigma^2 < \frac{n-1}{\chi^2_{\frac{\alpha}{2};m}}s^2 \,. \tag{3.40}$$

ist eine konkrete Konfidenzschätzung für den Parameter $\Theta = \sigma^2$.

Beispiel 3.15: Auf einer Maschine werden Wellen hergestellt. Der Durchmesser in mm dieser Wellen kann als normalverteilte Zufallsgröße X angesehen werden. Aus dieser Grundgesamtheit X ziehen wir eine konkrete Stichprobe vom Umfang 25 und berechnen $s^2 = 0.08$. Um eine Aussage über die Fertigungsgenauigkeit der Maschine hinsichtlich des Durchmessers zu erhalten, soll eine Konfidenzschätzung der unbekannten Varianz $\Theta = \sigma^2$ der Grundgesamtheit zum Konfidenzniveau $1-\alpha = 0.98$ vorgenommen werden. Nun lesen wir in Tafel 3 des Anhangs für $m = n - 1 = 24$ Freiheitsgrade die Quantile $\chi^2_{\frac{\alpha}{2};m} = \chi^2_{0.01;24} = 10.9$

und $\chi^2_{1-\frac{\alpha}{2};m} = \chi^2_{0.99;24} = 43.0$ ab. Die konkreten Konfidenzgrenzen sind dann nach (3.40)

$$g_1 = \delta_1 \cdot s^2 = \frac{n-1}{\chi^2_{1-\frac{\alpha}{2};m}} s^2 = \frac{24}{43.0} \cdot 0.08 \approx 0.045$$

und

$$g_2 = \delta_2 \cdot s^2 = \frac{n-1}{\chi^2_{\frac{\alpha}{2};m}} s^2 = \frac{24}{10.9} \cdot 0.08 \approx 0.176 \,.$$

Ein konkretes Konfidenzintervall für σ^2 zum Konfidenzniveau 0.98 ist somit

$$0.045 < \sigma^2 < 0.176\,.$$

Daraus ergibt sich zum gleichen Niveau ein Konfidenzintervall für σ :

$$0.21 < \sigma < 0.42. \quad \triangleleft$$

3.2.3.5 Konfidenzschätzung für eine unbekannte Wahrscheinlichkeit

Es sei A ein zufälliges Ereignis mit der unbekannten Wahrscheinlichkeit $P(A) = p$. Diese Wahrscheinlichkeit wollen wir als Parameter einer Null-Eins-verteilten Grundgesamtheit X betrachten, welche die Werte 1 und 0 mit den Wahrscheinlichkeiten $P(X = 1) = P(A) = p$ und $P(X = 0) = P(\overline{A}) = 1 - p$ annimmt.

Für den Parameter $\Theta = p$ dieser Grundgesamtheit soll auf der Grundlage einer mathematischen Stichprobe $(X_1, X_2, \ldots, X_n)$ vom Umfang n eine Konfidenzschätzung mit dem Niveau $1 - \alpha$ ermittelt werden. Wir benutzen die relative Häufigkeit

$$\hat{\Theta} = H_n(A) = \overline{X} = \frac{1}{n} \sum_{i=1}^{n} X_i \tag{3.41}$$

als Punktschätzfunktion für den Parameter $\Theta = p$.

Da die absolute Häufigkeit $S_n = n\overline{X} = \sum_{i=1}^{n} X_i$ einer Binomialverteilung mit den Parametern n und p unterliegt, läßt sich ein Konfidenzintervall (p_1, p_2) für p mit Hilfe der Binomialverteilung konstruieren.

Die Konfidenzgrenzen p_1 und p_2 werden nach Clopper und Pearson[5] durch die

---

[5]Clopper, C.J. and E. S. Pearson: The Use of Confidence or Fiducial Limits illustrated in the case of the Binomial, Biometrika 26 (1934) 404.

Gleichungen

$$P(S_n \leq k) \;=\; \sum_{i=0}^{k} \binom{n}{i} p_2^i (1-p_2)^{n-i} = \frac{\alpha}{2}\,;$$

$$P(S_n \geq k) \;=\; \sum_{i=k}^{n} \binom{n}{i} p_1^i (1-p_1)^{n-i} = \frac{\alpha}{2}$$

bestimmt. Dabei ist k der beobachtete Wert der Zufallsgröße S_n. Für $k = 0$ ist $p_1 = 0$ und für $k = n$ ist $p_2 = 1$. Auf Grund einer Beziehung zwischen der Binomialverteilung und der F-Verteilung lassen sich die Konfidenzgrenzen p_1 und p_2 mit Hilfe der Quantile $f_{\frac{\alpha}{2};m_1;m_2}$ und $f_{1-\frac{\alpha}{2};m_1;m_2}$ der F-Verteilung angegeben:

$$p_1 = \frac{k \cdot f_{\frac{\alpha}{2};2k,2(n-k+1)}}{n-k+1+k \cdot f_{\frac{\alpha}{2};2k,2(n-k+1)}}\,, \qquad (3.42)$$

$$p_2 = \frac{(k+1) \cdot f_{1-\frac{\alpha}{2};2(k+1),2(n-k)}}{n-k+(k+1) \cdot f_{1-\frac{\alpha}{2};2(k+1),2(n-k)}}\,. \qquad (3.43)$$

Die Intervallgrenzen p_1 und p_2 heißen Clopper-Pearson-Werte.

Beispiel 3.1 (Fortsetzung):   Für die Wahrscheinlichkeit p wollen wir für $\alpha = 0.05$ ein Konfidenzintervall ermitteln. Die Probe 4 ergab den Punktschätzwert $\hat{p} = 0.12$. Bei Auswertung der Probe 4 mit $n = 25$ und $k = 3$ erhalten wir mit den Quantilen $f_{0.025;6,46} = 0.2$ und $f_{0.975;8,44} = 2.5$ das Konfidenzintervall

$$0.025 < p < 0.312\,. \quad \lhd$$

Verbesserte Konfidenzintervalle (p_1, p_2) für p mit minimaler Länge können für $\alpha = 0.01$ bzw. $\alpha = 0.05$ und $n \leq 30$ Tafeln in [MNS] entnommen werden.

Beispiel 3.1 (Fortsetzung): Für die Wahrscheinlichkeit p wollen wir noch ein verbessertes Konfidenzintervall angeben. Für $\alpha = 0.05$ erhalten wir nach [MNS] das Konfidenzintervall

$$0.034 < p < 0.303\,.$$

Auf Grund des kleinen Stichprobenumfangs ist in diesem Beispiel die Genauigkeit der Konfidenzschätzung nicht sehr groß. $\lhd$
Für hinreichend großen Stichprobenumfang ist die Zufallsgröße $\overline{X}$ annähernd $N\left(p;\sqrt{\frac{p(1-p)}{n}}\right)$-verteilt. Geben Sie eine Begründung dafür!

Dementsprechend ist die Zufallsgröße

$$Z = \frac{\overline{X} - p}{\sqrt{\dfrac{p(1-p)}{n}}} = \frac{\overline{X} - p}{\sqrt{p(1-p)}}\sqrt{n}$$

annähernd $N(0;1)$-verteilt.

Zur Konstruktion des Konfidenzintervalls für hinreichend großen Stichprobenumfang setzen wir in (3.24) $\Theta = p, \hat{\Theta} = \overline{X}, \delta_1 = \delta_2 = \delta$ und erhalten

$$P(|\overline{X} - p| < \delta) = 1 - \alpha. \tag{3.44}$$

Durch Umformung von (3.44) ergibt sich mit $\dfrac{\delta\sqrt{n}}{\sqrt{p(1-p)}} = z_{1-\frac{\alpha}{2}}$

$$P\left(\left|\frac{\overline{X} - p}{\sqrt{p(1-p)}}\sqrt{n}\right| < z_{1-\frac{\alpha}{2}}\right) = 1 - \alpha. \tag{3.45}$$

Das Ereignis $\left\{\left|\dfrac{\overline{X} - p}{\sqrt{p(1-p)}}\sqrt{n}\right| < z_{1-\frac{\alpha}{2}}\right\}$ tritt genau dann ein, wenn die in p

quadratische Ungleichung $(\overline{X} - p)^2 < \dfrac{p(1-p)}{n} z^2_{1-\frac{\alpha}{2}}$ gilt. Diese Ungleichung liefert folgendes Konfidenzintervall für den Parameter $\Theta = p$ mit einem Konfidenzniveau von annähernd $1 - \alpha$

$$\frac{n}{n + z^2_{1-\frac{\alpha}{2}}}\left(\overline{X} + \frac{z^2_{1-\frac{\alpha}{2}}}{2n} - z_{1-\frac{\alpha}{2}}\sqrt{\frac{\overline{X}(1-\overline{X})}{n} + \left(\frac{z_{1-\frac{\alpha}{2}}}{2n}\right)^2}\right) < p$$

$$< \frac{n}{n + z^2_{1-\frac{\alpha}{2}}}\left(\overline{X} + \frac{z^2_{1-\frac{\alpha}{2}}}{2n} + z_{1-\frac{\alpha}{2}}\sqrt{\frac{\overline{X}(1-\overline{X})}{n} + \left(\frac{z_{1-\frac{\alpha}{2}}}{2n}\right)^2}\right). \tag{3.46}$$

Beispiel 3.16: Der Ausschußprozentsatz $p \cdot 100\%$ eines großen Lieferpostens von Schrauben soll auf der Grundlage einer Stichprobe vom Umfang $n = 200$, in der 8 fehlerhafte Schrauben festgestellt wurden, ermittelt werden. Mit anderen Worten: Der Parameter $\Theta = p$ einer Null-Eins-verteilten Grundgesamtheit X soll mit Hilfe einer konkreten Stichprobe vom Umfang $n = 200$ geschätzt werden.

Ordnen wir dem Ereignis „Ziehen einer fehlerhaften Schraube" den Wert $x_1 = 1$ bzw. dem Ereignis „Ziehen einer fehlerfreien Schraube" den Wert $x_2 = 0$ der

Zufallsgröße X mit $P(X = 1) = p$ bzw. $P(X = 0) = 1 - p$ zu, dann enthält die konkrete Stichprobe 8mal die Realisierung $x_1 = 1$ und 192mal die Realisierung $x_2 = 0$. Für die Zufallsgröße $\hat{\Theta} = \overline{X}$ erhalten wir damit eine Realisierung

$$\hat{\vartheta} = \overline{x} = \frac{8}{200} = 0.04.$$

Wir fragen nun nach konkreten Konfidenzgrenzen für den Ausschußprozentsatz des Lieferpostens bei einem Konfidenzniveau von 0.99. Da der Stichprobenumfang hinreichend groß ist, können wir für die Angabe der konkreten Konfidenzgrenzen von (3.46) ausgehen. Mit $\frac{\alpha}{2} = 0.005$ ermitteln wir $z_{1-\frac{\alpha}{2}} = 2.58$ und erhalten durch Einsetzen

$$g_{1,2} = \frac{200}{200 + 2.58^2} \left(0.04 + \frac{2.58^2}{400} \mp 2.58 \sqrt{\frac{0.04 \cdot 0.96}{200} + \left(\frac{2.58}{400} \right)^2} \right).$$

Daraus errechnen wir:

$$g_1 = 0.017 \quad \text{und} \quad g_2 = 0.093.$$

Das konkrete Konfidenzintervall ist dann

$$0.017 < p < 0.093$$

bzw. in der gesuchten Form

$$1.7\% < p \cdot 100\% < 9.3\%. \quad \lhd$$

3.2.3.6 Ergänzende Betrachtungen

1. Bei manchen praktischen Problemstellungen interessiert mitunter nur eine obere bzw. eine untere Grenze eines Konfidenzintervalls. Wir sprechen dann im Unterschied zu den bisher behandelten zweiseitigen Konfidenzintervallen von einseitigen Konfidenzintervallen.

Als Beispiel wollen wir für den Parameter σ^2 einer normalverteilten Grundgesamtheit X ein einseitiges Konfidenzintervall zum Konfidenzniveau $1 - \alpha$ ermitteln, das nach oben begrenzt ist. Dazu verwenden wir die Zufallsgröße $\frac{(n-1)}{\sigma^2} S^2$, die einer χ^2-Verteilung mit $m = n - 1$ Freiheitsgraden unterliegt. Mit Hilfe des Quantils $\chi^2_{\alpha;m}$ können wir ausgehend von der Gleichung

$$P \left(\frac{(n-1)S^2}{\sigma^2} > \chi^2_{\alpha;m} \right) = 1 - \alpha$$

für den Parameter σ^2 das einseitige Konfidenzintervall

$$0 < \sigma^2 < \frac{(n-1)S^2}{\chi^2_{\alpha;m}}$$

angeben.

2. In den Abschnitten 3.2.3.2 bis 3.2.3.5 haben wir stets die Verteilung der Grundgesamtheit als bekannt vorausgesetzt und hatten dadurch die Möglichkeit, Konfidenzschätzungen für unbekannte Parameter der Grundgesamtheit anzugeben. Es erhebt sich nun die Frage nach Möglichkeiten von Konfidenzschätzungen von unbekannten Parametern der Grundgesamtheit, wenn deren Verteilung unbekannt ist. Da wir in diesem Rahmen nicht ausführlich darauf eingehen können, wollen wir lediglich am Beispiel eine Möglichkeit des Vorgehens andeuten.

Für den Erwartungswert $\Theta = E(X)$ einer beliebig verteilten Grundgesamtheit wollen wir eine Konfidenzschätzung näherungsweise angeben. Dazu ziehen wir aus dieser Grundgesamtheit eine mathematische Stichprobe $(X_1, X_2, \ldots, X_n)$ vom Umfang n und wählen als Punktschätzfunktion für $\Theta = E(X)$ das arithmetische Mittel $\hat{\Theta} = \overline{X} = \frac{1}{n} \sum_{i=1}^{n} X_i$. Diese Zufallsgröße ist für hinreichend großes n annähernd $N(\Theta; \frac{\sigma}{\sqrt{n}})$-verteilt, wobei $\sigma^2 = D^2(X)$ die Varianz der Grundgesamtheit ist (vgl. zentralen Grenzwertsatz im Abschnitt 2.3.11.2). Daher können wir bei bekanntem σ^2 und hinreichend großem n für das Konfidenzniveau $1 - \alpha$ nach (3.31) das Zufallsintervall

$$(G_1, G_2) = \left(\overline{X} - z_{1-\frac{\alpha}{2}} \frac{\sigma}{\sqrt{n}}, \overline{X} + z_{1-\frac{\alpha}{2}} \frac{\sigma}{\sqrt{n}} \right)$$

näherungsweise als Konfidenzschätzung für $\Theta = E(X)$ verwenden. Ist dagegen σ^2 unbekannt, dann wird bei hinreichend großem Stichprobenumfang σ^2 durch den Punktschätzwert s^2 ersetzt. Bei großem Stichprobenumfang wird also nicht unterschieden, ob σ bekannt ist oder geschätzt wurde.

3.3 Statistische Prüfverfahren

3.3.1 Problemstellung und Grundbegriffe

Eine aus einer Grundgesamtheit gezogene Stichprobe enthält Informationen über die Verteilung der Grundgesamtheit und über ihre Kennwerte. Diese Informationen sind in der Regel nicht vollständig. Sie können aber genutzt werden, um Entscheidungen über *statistische Hypothesen*, kurz *Hypothesen*, zu fällen. Dabei verstehen wir unter statistischen Hypothesen Annahmen über interessierende unbekannte Charakteristika der Grundgesamtheit, z. B. über deren Kennwerte. Wir wollen diesen Begriff durch einige Beispiele erläutern.

1. Es sei bekannt, daß eine bestimmte Abmessung eines in großer Stückzahl gefertigten Erzeugnisses durch eine normalverteilte Zufallsgröße X beschrieben werden kann. Nun soll geprüft werden, ob der unbekannte Erwartungswert dieser Zufallsgröße $E(X) = \mu$ mit dem Nennmaß μ_0 übereinstimmt, d. h. also, die Hypothese H: $E(X) = \mu_0$ ist zu überprüfen.

2. Im Beispiel 3.1 wird die Frage aufgeworfen, ob eine Lieferung höchstens $p \cdot 100\% = 3\%$ Ausschluß enthält. Dabei wurden erste Ansätze zur Prüfung der Hypothese

$$H : p = 0.03$$

über eine unbekannte Wahrscheinlichkeit dargestellt.

3. Ein bestimmter Gerätetyp wird in 2 Werken gefertigt. Es soll festgestellt werden, ob die mittlere Lebensdauer der in beiden Werken gefertigten Geräte als gleich anzusehen ist. Wird die Lebensdauer der Geräte aus Werk I bzw. II durch die Zufallsgröße X bzw. Y beschrieben, dann ist die Hypothese:

$$H : E(X) = E(Y)$$

zu prüfen.

4. Zur Prüfung der Frage, ob die Zugfestigkeit einer bestimmten Drahtsorte durch eine normalverteilte Zufallsgröße X charakterisiert werden kann, wird folgende Hypothese aufgestellt:

$$H : F_X(t) = \Phi(t; \mu, \sigma) \ (-\infty < t < \infty).$$

5. Zur Bestimmung einer physikalischen Größe stehen zwei unterschiedliche Meßverfahren zur Auswahl. Auf der Grundlage zweier Probemeßreihen soll entschieden werden, ob beide Methoden hinsichtlich der Genauigkeit vergleichbare Meßergebnisse liefern. Da die Meßwerte als Realisierungen zweier normalverteilter Zufallsgrößen X und Y aufgefaßt werden können, ist also folgende Hypothese zu prüfen:

$$H : D^2(X) = D^2(Y).$$

Die Prüfung einer Hypothese H erfolgt mit *statistischen Prüfverfahren*, die auch *statistische Tests*, kurz *Tests*, genannt werden. Die Aufgabe besteht darin, auf der Grundlage einer konkreten Stichprobe, die aus der betrachteten Grundgesamtheit gezogen wird, zu einer Entscheidung über die Hypothese H zu gelangen. Die Hypothese H wird als *Nullhypothese* H_0 bezeichnet, wenn neben ihr noch weitere Hypothesen aufgestellt werden können, die dann *Alternativhypothesen* genannt werden.

Die Arbeitsweise eines statistischen Prüfverfahrens wollen wir mit Hilfe eines Beispiels erläutern.

Beispiel 3.17: Bei der Fertigung von Wellen ist für den Durchmesser ein Nennmaß von 4 mm vorgeschrieben. Am Anfang der Schicht ist die Maschine, von der bekannt ist, daß sie mit einer Standardabweichung von $\sigma = 0.003$ mm arbeitet, auf diesen Wert eingerichtet worden. Nach einer gewissen Zeit soll auf der Grundlage einer Stichprobe vom Umfang $n = 25$ aus der laufenden Produktion die Einstellung der Maschine überprüft werden. Aus den 25 Meßwerten ergibt sich für den Durchmesser der Wellen ein arithmetisches Mittel $\bar{x} = 4.0012$ mm. Es erhebt sich die Frage, wie diese Abweichung des Stichprobenmittelwertes vom Nennmaß zu beurteilen ist.

Zur Beantwortung dieser Frage gehen wir davon aus, daß die der Produktion entsprechende Grundgesamtheit X einer Normalverteilung $N(4; 3\cdot 10^{-3})$ unterliegt (geben Sie eine Begründung dafür an!) und daß die Nullhypothese

$$H_0 : E(X) = \mu_0 = 4$$

gegen die Alternativhypothese

$$H_1 : E(X) = \mu \quad (\mu \neq 4)$$

zu prüfen ist. Dabei gibt es für einen Entscheid zwei Möglichkeiten:

Ist die Abweichung des Stichprobenmittelwerts vom Nennmaß gering, so wird die Nullhypothese nicht abgelehnt. Die Abweichung wird dann als zufällig bezeichnet.

Ist andererseits die Abweichung des Stichprobenmittelwerts vom Nennmaß so groß, daß die konkrete Stichprobe nicht aus der Grundgesamtheit X gezogen scheint, so wird die Nullhypothese abgelehnt. Die aufgetretene Abweichung wird dann *signifikant* oder *statistisch gesichert* genannt. Das bedeutet, daß die Maschine bei der Fertigung das Nennmaß nicht einzuhalten scheint und ein neues Einrichten erforderlich ist, um den Ausschußanteil klein zu halten.

Um die Frage nach der Schranke c zwischen kleinen (zufälligen) und größeren (signifikanten) Abweichungen beantworten zu können, stellen wir folgende Überlegungen an: Das arithmetische Mittel $\bar{x}$ der konkreten Stichprobe ist eine Realisierung der Punktschätzfunktion $\overline{X}$.

Unter den genannten Voraussetzungen können wir bei richtiger Nullhypothese davon ausgehen, daß die Grundgesamtheit X einer Normalverteilung

$N(4; 3 \cdot 10^{-3})$ unterliegt. Dann gilt für die Zufallsgröße $\overline{X}$: $\overline{X} \sim N\left(4; \dfrac{3 \cdot 10^{-3}}{\sqrt{25}}\right)$.

Bild 3.12 zeigt die Dichtefunktion $\varphi\left(t; 4, \dfrac{3 \cdot 10^{-3}}{5}\right)$ der Zufallsgröße $\overline{X}$ bei richtiger Nullhypothese.

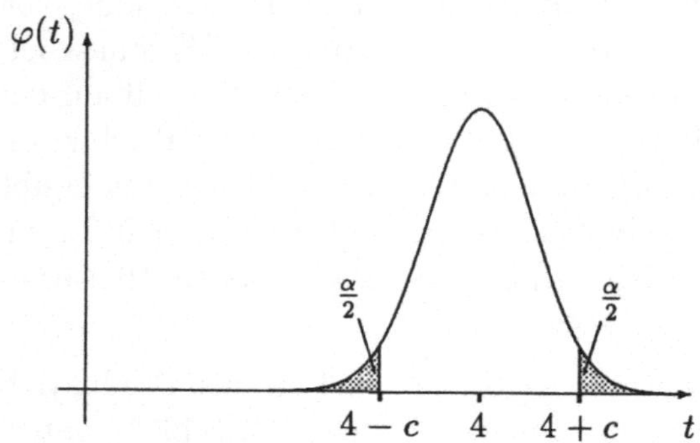

Bild 3.12: Dichtefunktion $\varphi(t; 4, 6 \cdot 10^{-4})$ der Zufallsgröße $\overline{X}$

An ihr veranschaulichen wir uns die folgende Vorgehensweise:
- Wir wählen eine Wahrscheinlichkeit α $\quad(0 < \alpha < 1)$;
- Wir bestimmen einen Wert c so, daß die Wahrscheinlichkeit für ein Abweichen der Zufallsgröße $\overline{X}$ vom Nennmaß 4 dem Betrage nach um mindestens c gleich α beträgt, wenn H_0 als richtig vorausgesetzt wird:

$$P(|\overline{X} - 4| \geq c \,|\, H_0) = \alpha. \tag{3.47}$$

Die Wahrscheinlichkeit α wird als *Irrtumswahrscheinlichkeit* und $1 - \alpha$ als *Signifikanzniveau* bezeichnet. Sie hängt von der Problemstellung ab; sie kann nicht errechnet werden, sondern wird vorgegeben. In der Regel wird in der Praxis $\alpha = 0.05$ oder $\alpha = 0.01$ gewählt. Durch die Irrtumswahrscheinlichkeit wird die Schranke c bestimmt und damit der *Ablehnungsbereich (kritischer Bereich)* K für die Nullhypothese H_0 festgelegt. Der kritische Bereich wird also so bestimmt, daß er Werte, die vom Erwartungswert $E(X) = 4$ stark abweichen, überdeckt. Ehe wir uns der Betrachtung gewisser Fehler zuwenden, die bei der Prüfung einer Hypothese gemacht werden können, wollen wir für das Beispiel 3.17 den kritischen Bereich K bestimmen. Aus (3.47) ergibt sich durch Standardisierung der Zufallsgröße $\overline{X}$:

$$P\left(\left|\dfrac{\overline{X} - 4}{3 \cdot 10^{-3}} \cdot 5\right| \geq \dfrac{c}{3 \cdot 10^{-3}} \cdot 5 \,\middle|\, H_0\right) = \alpha. \tag{3.48}$$

Die Zufallsgröße $U = \dfrac{\overline{X} - 4}{3 \cdot 10^{-3}} \cdot 5$ ist $N(0; 1)$-verteilt. Sie wird zur Entscheidung über die Nullhypothese angewandt und deshalb als *Prüfgröße (Testgröße)* bezeichnet. In Tabelle 3.6 (Seite 183) kann für die Prüfgröße U der kritische Wert

$z_{1-\frac{\alpha}{2}} = \dfrac{c}{3 \cdot 10^{-3}} \cdot 5$ abgelesen werden. Der kritische Bereich für $\overline{X}$ ergibt sich dann aus der Ungleichung

$$\left| \frac{\overline{X} - 4}{3 \cdot 10^{-3}} \cdot 5 \right| \geq z_{1-\frac{\alpha}{2}} \; . \tag{3.49}$$

Demzufolge wird die Nullhypothese H_0 abgelehnt, wenn

$$\overline{X} \geq 4 + \frac{3 \cdot 10^{-3}}{5} z_{1-\frac{\alpha}{2}} \quad \text{oder} \quad \overline{X} \leq 4 - \frac{3 \cdot 10^{-3}}{5} z_{1-\frac{\alpha}{2}} \; . \tag{3.50}$$

Für die gesuchte Schranke c gilt somit:

$$c = \frac{3 \cdot 10^{-3}}{5} z_{1-\frac{\alpha}{2}} \; .$$

Geben wir im Beispiel $\alpha = 0.01$ vor, so lesen wir in Tabelle 3.6 $z_{1-\frac{\alpha}{2}} = 2.58$ ab. Damit errechnen wir $c = \dfrac{3 \cdot 10^{-3}}{5} \cdot 2.58 = 1.55 \cdot 10^{-3}$ und erhalten als kritischen Bereich für $\overline{X}$: $(-\infty, 3.99845) \cup (4.00155, +\infty)$.

Das aus der konkreten Stichprobe ermittelte arithmetische Mittel $\overline{x} = 4.0012$ liegt nicht in diesem Bereich, d. h., die aus der Grundgesamtheit gezogene Stichprobe steht nicht im Widerspruch zu H_0. Es besteht kein Grund, die Nullhypothese zu verwerfen; die Abweichung $\overline{x} - 4$ ist als zufällig anzusehen. $\quad \triangleleft$

Betrachten wir nun mögliche Fehlentscheidungen, die bei der Anwendung statistischer Prüfverfahren auftreten können. Auf Grund der Tatsache, daß die Entscheidung auf der in einer konkreten Stichprobe enthaltenen Information beruht, ist damit immer ein gewisses Irrtumsrisiko verbunden. Es können zwei Arten von Fehlentscheidungen auftreten:

Wir machen einen Fehler
- 1. Art, wenn wir die Nullhypothese ablehnen, obwohl sie richtig ist;
- 2. Art, wenn wir die Nullhypothese nicht ablehnen, obwohl sie falsch ist.
Einen Fehler 1. Art begehen wir also dann, wenn wir aus der Grundgesamtheit, für die die Nullhypothese H_0 richtig ist, eine konkrete Stichprobe ziehen, aus der sich eine Realisierung u der Prüfgröße U errechnet, die im kritischen Bereich K liegt. Auf Grund der Festlegung von K gilt:

$$P(U \in K \mid H_0) = \alpha, \tag{3.51}$$

d. h., die Wahrscheinlichkeit, einen Fehler 1. Art zu begehen, beträgt α. Damit wird auch die Bezeichnung „Irrtumswahrscheinlichkeit" verständlich. Wird ein Test mehrmals bei richtiger Nullhypothese durchgeführt, so wird also im Mittel bei $\alpha \cdot 100\%$ der Entscheidungen ein Fehler 1. Art gemacht werden.

Wie wir oben ausführten, ist die Irrtumswahrscheinlichkeit α der Problemstellung entsprechend vorzugeben. Wählen wir α möglichst klein, so bedeutet dies, daß die Wahrscheinlichkeit, die Nullhypothese H_0 abzulehnen, obwohl sie richtig ist, klein ist. Aber je kleiner α ist, um so schwieriger wird es, die „Falschheit" einer falschen Hypothese zu zeigen; denn der kritische Bereich für die Testgröße U wird kleiner. Dadurch kann die Wahrscheinlichkeit für einen Fehler 2. Art recht groß werden.

Das Vorgehen der allgemeinen Testtheorie (vgl. [RAO]) wollen wir am Beispiel 3.17 veranschaulichen. Der Nullhypothese $H_0 : E(X) = \mu_0 = 4$ können wir jede Alternativhypothese $H_1 : E(X) = \mu \neq 4$ gegenüberstellen. Davon ausgehend wird versucht, den kritischen Bereich K so zu bestimmen, daß die Wahrscheinlichkeit für die Ablehnung einer „falschen" Nullhypothese H_0, d. h. für Nichtablehnung der Alternativhypothese H_1 unter der Bedingung, daß H_1 richtig ist, möglichst groß ist:

$$g(\mu) = P(U \in K | H_1) = 1 - \beta. \tag{3.52}$$

Dabei ist β die Wahrscheinlichkeit für das Begehen eines Fehlers 2. Art. Die Funktion $g(\mu)$ nennen wir *Güte* oder auch *Trennschärfe* und $1 - g(\mu)$ die *Operationscharakteristik* (OC-Kurve) des statistischen Prüfverfahrens. Den kritischen Bereich K sollten wir demzufolge so wählen, daß die Irrtumswahrscheinlichkeit α möglichst klein und die Trennschärfe $(1 - \beta)$ möglichst groß ist.

In Tabelle 3.7 sind zur Veranschaulichung die vier möglichen Entscheidungen, die in Verbindung mit einem statistischen Test gefällt werden können, mit den entsprechenden Wahrscheinlichkeiten p_i $(i = 1, 2, \ldots, 4)$ zusammengestellt.

	H_0 nicht abgelehnt	H_0 abgelehnt
H_0 ist richtig	richtige Entscheidung $p_1 = 1 - \alpha$	Fehlentscheidung Fehler 1. Art $p_2 = \alpha$
H_0 ist falsch	Fehlentscheidung Fehler 2. Art $p_3 = \beta$	richtige Entscheidung $p_4 = 1 - \beta$

Tabelle 3.7: Fehler 1. und 2. Art

Wird lediglich die Irrtumswahrscheinlichkeit α vorgegeben und auf eine direkte Berücksichtigung des Fehlers 2. Art und der Alternativhypothese H_1 verzichtet, so sprechen wir von *Signifikanztests*. Wir sollten uns aber immer bewußt sein, daß ein Fehler 2. Art trotzdem bei jeder Entscheidung auftreten kann.

Nach dem zuletzt Gesagten gibt es sehr viele Möglichkeiten zur Festlegung des kritischen Bereiches K bei vorgegebener Irrtumswahrscheinlichkeit α. Von praktischem Interesse sind davon nur zwei. Das ist einmal die zweiseitige und zum anderen die einseitige Fragestellung.

Von einer zweiseitigen symmetrischen Fragestellung sprechen wir dann, wenn für die Prüfgröße U zur Irrtumswahrscheinlichkeit α das Ereignis $\{|U| \geq u_{1-\frac{\alpha}{2}}\}$ unter der Bedingung H_0 betrachtet wird. Bild 3.13 veranschaulicht dies für eine $N(0;1)$-verteilte Testgröße U, wobei außerdem der kritische Bereich K angegeben ist. Im Beispiel 3.17 liegt eine zweiseitige symmetrische Fragestellung vor.

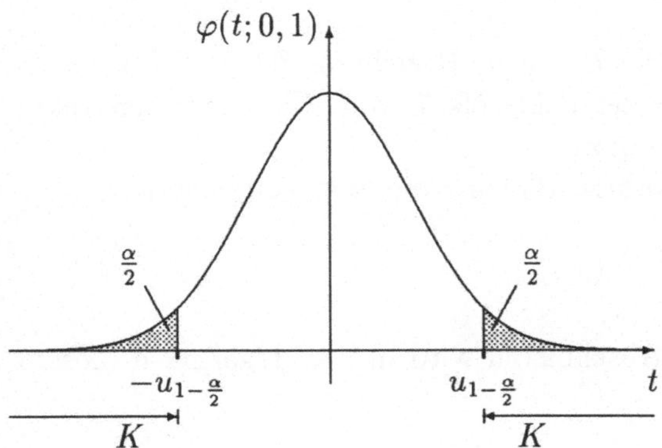

Bild 3.13: Darstellung des kritischen Bereiches K bei zweiseitiger Fragestellung

Bei einer einseitigen Fragestellung betrachten wir für die Testgröße U entweder das Ereignis $\{U \geq u_{1-\alpha}\}$ unter der Bedingung H_0 oder das Ereignis $\{U \leq u_\alpha\}$ unter der Bedingung H_0 bei einer Irrtumswahrscheinlichkeit α. Dieser Fall ist für eine $N(0;1)$-verteilte Testgröße U in Bild 3.14 zusammen mit dem kritischen Bereich K dargestellt.

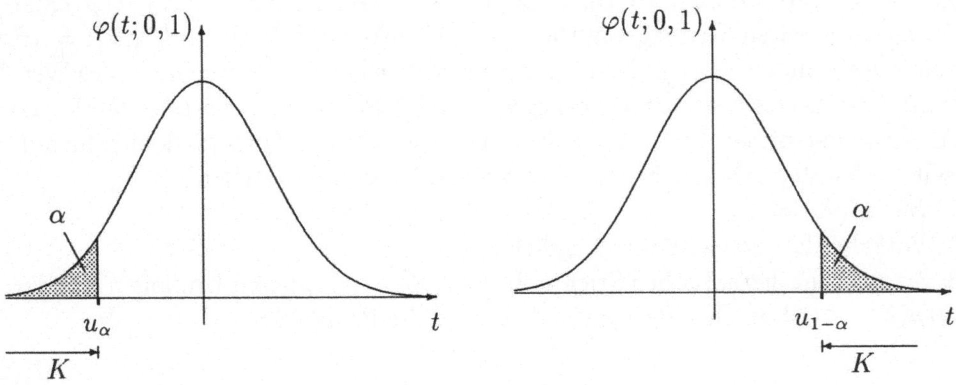

Bild 3.14: Darstellung des kritischen Bereiches K bei einseitiger Fragestellung

Überlegen Sie sich Beispiele für Prüfungen, bei denen einseitige bzw. zweiseitige Fragestellungen auftreten!

Abschließend zu diesem Abschnitt wollen wir das Vorgehen bei der Anwendung eines Signifikanztests folgendermaßen schematisieren:

1. Aufstellen der Nullhypothese H_0.

2. Vorgabe der Irrtumswahrscheinlichkeit α.

3. Wahl einer geeigneten Prüfgröße $U = U(X_1, X_2, \ldots, X_n)$. Sie ist eine Stichprobenfunktion einer zur betrachteten Grundgesamtheit gehörenden mathematischen Stichprobe $(X_1, X_2, \ldots, X_n)$. Ihre Verteilungsfunktion bei richtiger Nullhypothese sei bekannt.

4. Ermittlung eines kritischen Bereichs K aus der Beziehung $P(U \in K \mid H_0) = \alpha$.

5. Berechnung einer Realisierung u der Prüfgröße U mit Hilfe einer konkreten Stichprobe $x_1, x_2, \ldots, x_n$ vom Umfang n.

6. Der Entscheid über die Nullhypothese H_0 wird wie folgt vorgenommen:

Falls $u \in K$, so wird H_0 abgelehnt;

falls $u \notin K$, so wird H_0 nicht abgelehnt.

Die Darstellung in den folgenden Abschnitten wird in der Regel nach diesem Schema erfolgen.

3.3.2 Prüfung des Erwartungswerts einer normalverteilten Grundgesamtheit mit bekannter Varianz

In Verbindung mit Beispiel 3.17 haben wir ein statistisches Prüfverfahren angegeben, das auf folgende Fragestellung angewandt werden kann:

Es soll geprüft werden, ob der unbekannte Erwartungswert $E(X) = \mu$ einer $N(\mu; \sigma)$-verteilten Grundgesamtheit X mit bekannter Varianz $D^2(X) = \sigma^2$ einen bestimmten Wert μ_0 besitzt. Beispielsweise kann über die Größe des Wertes μ_0 bereits eine Vermutung vorliegen – μ_0 ist häufig der Sollwert des Merkmals X. Probleme dieser Art treten z. B. in der statistischen Qualitätskontrolle auf. Wir wollen die Arbeitsschritte für diesen Test zusammenstellen:

1. $H_0 : E(X) = \mu_0$.

2. Vorgabe der Irrtumswahrscheinlichkeit α .

3. Zu einer mathematischen Stichprobe $(X_1, X_2, \ldots, X_n)$ vom Umfang n aus der $N(\mu; \sigma)$-verteilten Grundgesamtheit X wird die Prüfgröße

$$U = \frac{\overline{X} - \mu_0}{\sigma} \sqrt{n} \tag{3.53}$$

gewählt, die bei richtiger Nullhypothese H_0 $N(0;1)$-verteilt ist.

4. Der kritische Bereich K wird ermittelt bei

- zweiseitiger Fragestellung aus

$$P\left(|U| \geq z_{1-\frac{\alpha}{2}} \mid H_0\right) = \alpha,$$

d. h. für $\overline{X}$:

$$\left(-\infty, \mu_0 - \frac{\sigma}{\sqrt{n}} z_{1-\frac{\alpha}{2}}\right) \quad \cup \quad \left(\mu_0 + \frac{\sigma}{\sqrt{n}} z_{1-\frac{\alpha}{2}}, +\infty\right); \qquad (3.54)$$

- einseitiger Fragestellung aus

$$P(U \geq z_{1-\alpha} \mid H_0) = \alpha \quad \text{bzw.} \quad P(U \leq -z_{1-\alpha} \mid H_0) = \alpha,$$

d. h. für $\overline{X}$:

$$\left(\mu_0 + \frac{\sigma}{\sqrt{n}} z_{1-\alpha}, +\infty\right) \quad \text{bzw.} \quad \left(-\infty, \mu_0 - \frac{\sigma}{\sqrt{n}} z_{1-\alpha}\right). \qquad (3.55)$$

5. Aus einer konkreten Stichprobe $x_1, x_2, \ldots, x_n$ der Grundgesamtheit wird das arithmetische Mittel $\overline{x}$ und mit diesem eine Realisierung der Testgröße U errechnet:

$$u = \frac{\overline{x} - \mu_0}{\sigma} \sqrt{n}. \qquad (3.56)$$

6. Der Entscheid erfolgt bei

- zweiseitiger Fragestellung in folgender Art:

Falls $|u| \geq z_{1-\frac{\alpha}{2}}$, so wird H_0 abgelehnt; falls $|u| < z_{1-\frac{\alpha}{2}}$, so wird H_0 nicht abgelehnt;

- einseitiger Fragestellung in folgender Art:

Falls $u \geq z_{1-\alpha}$ bzw. $u \leq -z_{1-\alpha}$, so wird H_0 abgelehnt; falls $u < z_{1-\alpha}$ bzw. $u > -z_{1-\alpha}$, so wird H_0 nicht abgelehnt.

Nachdem wir in Beispiel 3.17 die zweiseitige Fragestellung betrachtet haben, wollen wir noch ein Beispiel zur einseitigen Fragestellung bringen.

Beispiel 3.18: Die Druckfestigkeit X in N/mm² einer Betonsorte sei normalverteilt. Aus der Erfahrung kennen wir die Standardabweichung der Grundgesamtheit ($\sigma = 2.6$). Aus einer konkreten Stichprobe vom Umfang $n = 10$ ermitteln wir für die Druckfestigkeit das arithmetische Mittel $\overline{x} = 33.23$. Wir wollen untersuchen, ob diese Stichprobe aus einer Grundgesamtheit mit $\mu_0 = 35$ (Sollwert) stammt. Im vorliegenden Fall ist eine Unterschreitung des Sollwerts kritisch. Deshalb prüfen wir die Hypothese $H_0 : E(X) = 35$ für den Fall einer einseitigen Fragestellung, wobei wir $\alpha = 0.05$ wählen wollen. Für die Realisierung u der Testgröße U errechnen wir:

$$u = \frac{\overline{x} - \mu_0}{\sigma}\sqrt{n} = \frac{33.23 - 35}{2.6}\sqrt{10} = -2.15.$$

Aus Tabelle 3.6 (Seite 183) bzw. Tafel 1 entnehmen wir bei dieser einseitigen Fragestellung $z_\alpha = -z_{1-\alpha} = -1.64$ und erhalten für den kritischen Bereich K das Intervall $(-\infty, -1.64)$. Da $u < z_\alpha = -1.64$ ist, lehnen wir die Nullhypothese H_0 ab, d. h., die Abweichung der Druckfestigkeit vom Sollwert ist signifikant.

$\triangleleft$

3.3.3 Prüfung des Erwartungswerts einer normalverteilten Grundgesamtheit mit unbekannter Varianz

Wir wollen prüfen, ob der unbekannte Erwartungswert $E(X) = \mu$ einer $N(\mu; \sigma)$-verteilten Grundgesamtheit X mit unbekannter Varianz $D^2(X) = \sigma^2$ einen bestimmten Wert μ_0 besitzt. Der Unterschied gegenüber dem im letzten Abschnitt dargestellten statistischen Prüfverfahren besteht also darin, daß außer dem Erwartungswert $E(X)$ jetzt auch die Varianz $D^2(X)$ der Grundgesamtheit unbekannt ist. Wir werden diese ebenfalls mit Hilfe der Stichprobe zu schätzen haben. Dadurch erhalten wir aber eine andere Prüfgröße als im Abschnitt 3.3.2. Betrachten wir das Schema dieses Prüfverfahrens:

1. $H_0 : E(X) = \mu_0$.
2. Vorgabe der Irrtumswahrscheinlichkeit α .
3. Zu einer mathematischen Stichprobe $(X_1, X_2, \ldots, X_n)$ vom Umfang n aus der $N(\mu; \sigma)$-verteilten Grundgesamtheit X wird die Prüfgröße

$$U = \frac{\overline{X} - \mu_0}{S}\sqrt{n} \tag{3.57}$$

gewählt, wobei S^2 die aus der mathematischen Stichprobe ermittelte empirische Varianz darstellt. Bei richtiger Nullhypothese unterliegt U einer Student-Verteilung mit $m = n - 1$ Freiheitsgraden.

4. Der kritische Bereich K wird mit Hilfe der Tafel 2 ermittelt bei

- zweiseitiger Fragestellung aus:

$$P\left(|U| \geq t_{1-\frac{\alpha}{2};m} \mid H_0\right) = \alpha,$$

d. h. für $\overline{X}$:

$$\left(-\infty, \mu_0 - \frac{S}{\sqrt{n}}t_{1-\frac{\alpha}{2};m}\right) \cup \left(\mu_0 + \frac{S}{\sqrt{n}}t_{1-\frac{\alpha}{2};m}, +\infty\right) \tag{3.58}$$

(vgl. Bild 3.15);

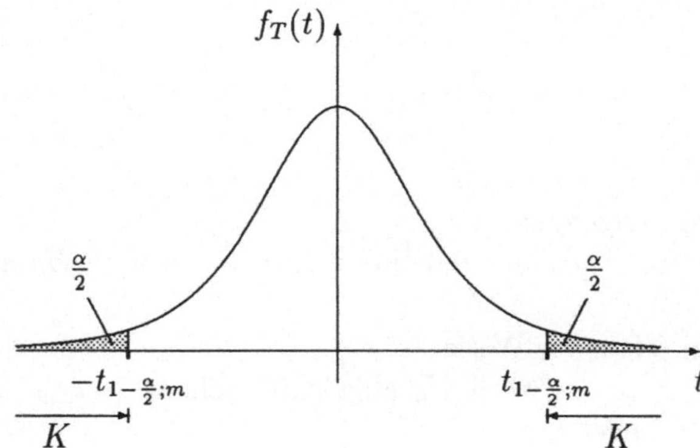

Bild 3.15: Darstellung des kritischen Bereiches K bei zweiseitiger Fragestellung und Verwendung der Prüfgröße U

- einseitiger Fragestellung aus:

$$P(U \leq t_{\alpha;m} \mid H_0) = \alpha \quad \text{bzw.} \quad P(U \geq t_{1-\alpha;m} \mid H_0) = \alpha,$$

d. h. für $\overline{X}$:

$$\left(-\infty, \mu_0 - \frac{S}{\sqrt{n}} t_{1-\alpha;m}\right) \quad \text{bzw.} \quad \left(\mu_0 + \frac{S}{\sqrt{n}} t_{1-\alpha;m}, +\infty\right) \tag{3.59}$$

(vgl. Bild 3.16).

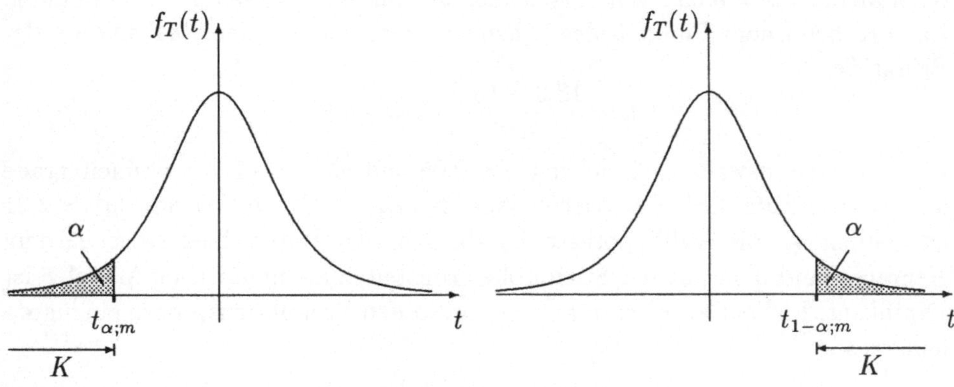

Bild 3.16: Darstellung des kritischen Bereiches K bei einseitiger Fragestellung und Verwendung der Prüfgröße U

5. Aus einer konkreten Stichprobe $x_1, x_2, \ldots, x_n$ der Grundgesamtheit werden das arithmetische Mittel $\overline{x}$ und die Standardabweichung s und mit diesen eine Realisierung u der Testgröße U errechnet:

$$u = \frac{\overline{x} - \mu_0}{s} \sqrt{n}. \tag{3.60}$$

6. Der Entscheid erfolgt bei
- zweiseitiger Fragestellung in folgender Art:

Falls $|u| \geq t_{1-\frac{\alpha}{2};m}$, so wird H_0 abgelehnt; falls $|u| < t_{1-\frac{\alpha}{2};m}$, so wird H_0 nicht abgelehnt.

- einseitiger Fragestellung in folgender Weise:

Falls $u \leq t_{\alpha;m}$ bzw. $u \geq t_{1-\alpha;m}$, so wird H_0 abgelehnt; falls $u > t_{\alpha;m}$ bzw. $u < t_{1-\alpha;m}$, so wird H_0 nicht abgelehnt.

Anmerkung: Bei hinreichend großem Stichprobenumfang kann die Prüfgröße $U = \frac{\overline{X} - \mu_0}{\sigma} \sqrt{n}$ des Abschnittes 3.3.2 angewendet werden, wobei für σ der Schätzwert s eingesetzt wird. Geben Sie eine Begründung für dieses Vorgehen an!

Beispiel 3.19: Der Fertigungsprozeß von Stahlringen, für deren äußeren Durchmesser ein Nennmaß von 18.6 mm vorgegeben ist, soll hinsichtlich der Einhaltung dieses Nennmaßes überprüft werden. Der Durchmesser kann dabei als $N(\mu; \sigma)$-verteilte Zufallsgröße X aufgefaßt werden. Aus einer konkreten Stichprobe vom Umfang $n = 9$ ergibt sich das arithmetische Mittel $\overline{x} = 18.3$ und die empirische Standardabweichung $s = 0.2$. Mit Hilfe dieser Stichprobe testen wir die Nullhypothese $H_0 : E(X) = 18.6$ für eine vorgegebene Irrtumswahrscheinlichkeit $\alpha = 0.05$. Wir entscheiden uns für eine zweiseitige Fragestellung. Entsprechend dem Punkt 5 des Schemas errechnen wir eine Realisierung der Prüfgröße

$$u = \frac{18.3 - 18.6}{0.2} \cdot 3 = -4.5.$$

Für eine Irrtumswahrscheinlichkeit $\alpha = 0.05$ und $m = n - 1 = 8$ Freiheitsgrade lesen wir in Tafel 2 den kritischen Wert $t_{0.975;8} = 2.31$ ab. Da nun $|u| > 2.31$ ist, lehnen wir die Nullhypothese H_0 ab, d. h., der Unterschied zwischen dem Nennmaß und dem aus der Stichprobe ermittelten arithmetischen Mittel $\overline{x}$ ist signifikant. Es liegt also Veranlassung vor, in den Produktionsprozeß einzugreifen.   ◁

3.3.4 Prüfen mit Überschreitungswahrscheinlichkeiten

In den vorangehenden Ausführungen sind Tests in einer Form dargestellt worden, die das grundsätzliche Verstehen dieser Verfahren erleichtern soll.

Der Vergleich zwischen Realisierung der Testgröße und Grenze des kritischen Bereichs (z. B. auch: Wie „nahe" liegt die Realisierung an der Grenze?) bringt zwar einen Eindruck, wie „deutlich" die Entscheidung ausfällt, eine Beziehung zu entsprechenden Wahrscheinlichkeiten wird allerdings nicht vermittelt.

Außerdem stellen sich bei einer rechentechnischen Umsetzung, welche die Schritte 4 bis 6 betreffen müßte, Nachteile heraus. So ist z. B. Schritt 4 in zwei Teilschritten auszuführen (Festlegung zur Form des kritischen Bereichs durch den Bearbeiter, Bestimmen der Grenzen des kritischen Bereichs als Quantile der Verteilung der Testgröße durch den Rechner).

Software zur Statistik benutzt deshalb einen anderen Algorithmus, dessen Grundgedanken wir uns zunächst am Beispiel 3.18 verdeutlichen werden.

Beispiel 3.18 (Fortsetzung): Für die Nullhypothese $H_0 : E(X) = \mu_0 = 35$ sind hier Abweichungen nach unten kritisch. Beobachtet wurde mit der konkreten Stichprobe $\overline{x} = 33.23$ und damit $u = -2.15$ berechnet. Unter der Annahme, H_0 wäre richtig, bestimmen wir die Wahrscheinlichkeit dafür, daß diese Abweichung oder eine noch deutlicher gegen H_0 sprechende Abweichung auftritt:

$$
\begin{aligned}
P(\overline{X} \leq \overline{x}|H_0) &= P(\overline{X} \leq 33.23|H_0) = P(U \leq u|H_0) = P(U \leq -2.15|H_0) \\
&= \Phi(-2.15) = 1 - \Phi(2.15) = 1 - 0.9842 \\
&= 0.0158 \,.
\end{aligned}
$$

Die hier beobachtete oder eine noch deutlichere Abweichung von der Nullhypothese tritt folglich bei richtiger Nullhypothese durchschnittlich in 1.58% aller Fälle bei Durchführung dieses Testverfahrens auf.
Unsere Entscheidung basiert dann darauf, ob wir diese „Überschreitungswahrscheinlichkeit" als „klein" ansehen, d. h., ob wir das entsprechende Ereignis als „praktisch unmöglich" bei richtiger Nullhypothese einschätzen. Wählen wir $\alpha = 0.05$, so sehen wir alle Ereignisse mit einer Wahrscheinlichkeit von höchstens 0.05 als „praktisch unmöglich" an und damit auch das mit der Stichprobe realisierte Ereignis $\{\overline{X} \leq 33.23\}$. Als Schlußfolgerung wird deshalb die Nullhypothese H_0 verworfen. ◁

Für die Prüfung des Erwartungswertes einer normalverteilten Grundgesamtheit mit bekannter Varianz bei einer zweiseitigen Fragestellung sind zur Darstellung des neuen Algorithmus vom bisherigen Algorithmus die Schritte 4 bis 6 zu ersetzen durch:
4. Ermittlung der Realisierung u der Prüfgröße U.
5. Bestimmen der „Überschreitungswahrscheinlichkeit" $p_{\ddot{u}}$:

$$
p_{\ddot{u}} = P(|U| \geq |u| \mid H_0) = 2P(U \geq |u| \mid H_0) = 2(1 - \Phi(|u|)) \,.
$$

6. Der Entscheid wird wie folgt vorgenommen:

Falls $p_{\ddot u} < \alpha$, so wird H_0 abgelehnt;

falls $p_{\ddot u} \geq \alpha$, so wird H_0 nicht abgelehnt.

3.3.5 Prüfung der Varianz einer normalverteilten Grundgesamtheit

Als Maß für die Genauigkeit und Gleichmäßigkeit, z. B. eines Produktionsprozesses oder eines Meßgerätes, kann die Varianz $D^2(X)$ der entsprechenden Grundgesamtheit X betrachtet werden. Wir wollen in diesem Abschnitt deshalb ein Prüfverfahren für die Varianz kennenlernen. Es soll geprüft werden, ob die unbekannte Varianz $D^2(X) = \sigma^2$ einer $N(\mu; \sigma)$-verteilten Grundgesamtheit X einen bestimmten Wert σ_0^2 besitzt.

Schematisch stellt sich das entsprechende Prüfverfahren wie folgt dar:

1. $H_0 : D^2(X) = \sigma_0^2$.

2. Vorgabe der Irrtumswahrscheinlichkeit α.

3. Zu einer mathematischen Stichprobe $(X_1, X_2, \ldots, X_n)$ vom Umfang n aus der $N(\mu; \sigma_0)$-verteilten Grundgesamtheit X wird die Prüfgröße

$$U = \frac{(n-1)S^2}{\sigma_0^2} \tag{3.61}$$

gewählt, wobei S^2 die aus der mathematischen Stichprobe ermittelte empirische Varianz ist. Bei richtiger Nullhypothese H_0 unterliegt U einer χ^2-Verteilung mit $m = n - 1$ Freiheitsgraden.

4. Der kritische Bereich K wird mit Hilfe der Tafel 3 bei

- zweiseitiger Fragestellung aus den Relationen

$$P\left(U \leq \chi^2_{\frac{\alpha}{2};m} \mid H_0\right) = \frac{\alpha}{2}$$

und

$$P\left(U \geq \chi^2_{1-\frac{\alpha}{2};m} \mid H_0\right) = \frac{\alpha}{2}$$

ermittelt zu

$$(0, \chi^2_{\frac{\alpha}{2};m}) \quad \cup \quad (\chi^2_{1-\frac{\alpha}{2};m}, +\infty) \tag{3.62}$$

(vgl. Bild 3.17);

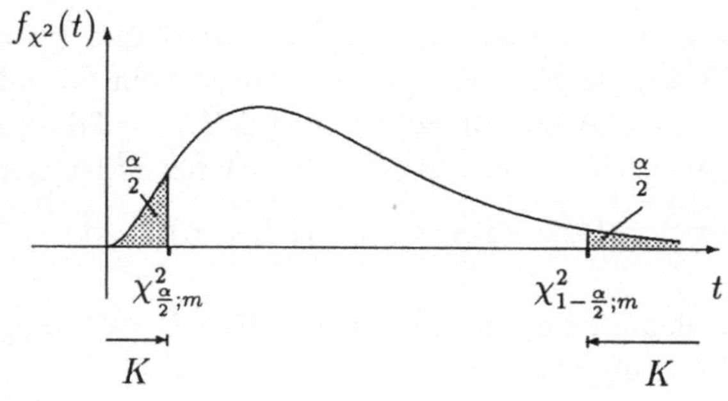

Bild 3.17: Darstellung des kritischen Bereiches K bei zweiseitiger Fragestellung und Verwendung der Prüfgröße U

- einseitiger Fragestellung aus

$$P(U \geq \chi^2_{1-\alpha;m} \mid H_0) = \alpha$$

ermittelt zu

$$(\chi^2_{1-\alpha;m}, +\infty) \tag{3.63}$$

(vgl. Bild 3.18).

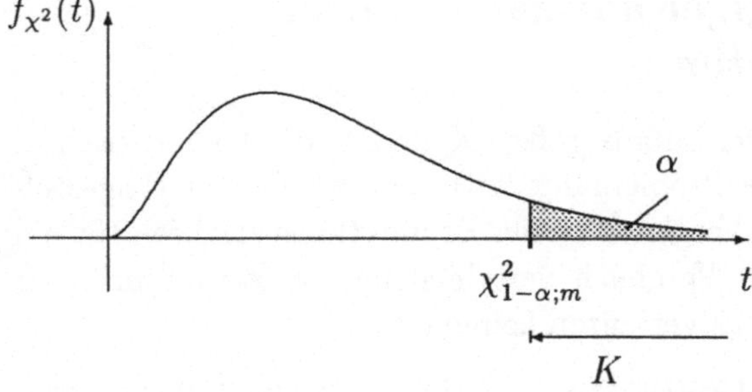

Bild 3.18: Darstellung des kritischen Bereiches K bei einseitiger Fragestellung und Verwendung der Prüfgröße U

Beispiel 3.20: Ein Betrieb produziert Serien von Massenartikeln. Ein Merkmal X dieser Erzeugnisse ist $N(\mu; \sigma)$-verteilt. Treten keine wesentlichen Störungen in diesem Fertigungsprozeß auf, so behält die Varianz $D^2(X) = \sigma^2$ ihren Wert. Ist nun als Erfahrungswert $\sigma_0 = 6$ bekannt, und liefert eine konkrete Stichprobe vom Umfang $n = 25$ eine empirische Standardabweichung $s = 6.9$, so erhebt sich die Frage, ob die aufgetretene Abweichung vom hypothetischen Wert durch zufällige Schwankungen zu erklären ist.

Wir haben also die Nullhypothese $H_0 : D^2(X) = 36$ zu prüfen und geben uns dazu eine Irrtumswahrscheinlichkeit $\alpha = 0.01$ vor. Da in diesem Fall nur Abweichungen „nach oben" von Interesse sind, wird die einseitige Fragestellung herangezogen. Die konkrete Stichprobe ergibt

$$u = \frac{24 \cdot 6.9^2}{36} = 31.74.$$

Für den kritischen Wert $\chi^2_{1-\alpha;m}$ lesen wir aus Tafel 3 für $\alpha = 0.01$ und $m = 24$ Freiheitsgrade $\chi^2_{0.99;24} = 43.0$ ab. Da $u < \chi_{0.99;24}$ ist, besteht kein Grund zur Ablehnung der Nullhypothese. Die Abweichung zwischen $D^2(X) = 36$ und $s^2 = 6.9^2 = 47.61$ ist als zufällig anzusehen. Der kritische Bereich für S^2 ist hier das Intervall $\left(\dfrac{\sigma_0^2}{n-1} \cdot \chi^2_{0.99,24}, +\infty \right) = \left(\dfrac{36}{24} \cdot 43, +\infty \right) = (64.5, +\infty)$. $\triangleleft$

Ist der Stichprobenumfang groß, dann kann zum Testen von $H_0 : D^2(X) = \sigma_0^2$ die asymptotisch $N(0;1)$-verteilte Prüfgröße

$$U = \left[\frac{(n-1)}{\sigma_0^2} S^2 - (n-1) \right] \frac{1}{\sqrt{2(n-1)}} = \left(\frac{S^2}{\sigma_0^2} - 1 \right) \sqrt{\frac{m}{2}} \qquad (3.64)$$

herangezogen werden, wobei S^2 die empirische Varianz ist. Der kritische Bereich wird bei ihr entsprechend dem Vorgehen in Abschnitt 3.3.2 bestimmt.

3.3.6 Prüfung der Gleichheit der Erwartungswerte zweier unabhängiger normalverteilter Grundgesamtheiten

Im Abschnitt 3.3.1 wurde für zwei Zufallsgrößen X und Y die Hypothese H : $E(X) = E(Y)$ aufgestellt. Diese Problematik tritt sehr häufig bei Fragestellungen der Praxis auf, z.B. beim Vergleich zweier Produktionsverfahren für ein bestimmtes Erzeugnis oder beim Vergleich verschiedener Meßverfahren. Wir wollen jetzt ein entsprechendes Prüfverfahren kennenlernen:

Es soll geprüft werden, ob der Erwartungswert $E(X) = \mu_X$ einer $N(\mu_X; \sigma_X)$-verteilten Grundgesamtheit X dem Erwartungswert $E(Y) = \mu_Y$ einer $N(\mu_Y; \sigma_Y)$-verteilten Grundgesamtheit Y gleich ist. Dabei wird vorausgesetzt, daß die beiden Zufallsgrößen X und Y unabhängig sind und für die Varianzen $D^2(X) = D^2(Y) = \sigma^2$ gilt, wobei σ^2 unbekannt ist.

Der Test soll wieder in schematischer Darstellung gebracht werden:
1. $H_0 : E(X) = E(Y)$.
2. Vorgabe der Irrtumswahrscheinlichkeit α.
3. Zu einer mathematischen Stichprobe $(X_1, X_2, \ldots, X_{n_1})$ vom Umfang n_1 aus der Grundgesamtheit X und einer mathematischen Stichprobe $(Y_1, \ldots, Y_{n_2})$ vom Umfang n_2 aus der Grundgesamtheit Y wird die Testgröße

$$U = \frac{\overline{X} - \overline{Y}}{\sqrt{(n_1 - 1)S_X^2 + (n_2 - 1)S_Y^2}} \sqrt{\frac{n_1 n_2 (n_1 + n_2 - 2)}{n_1 + n_2}} \qquad (3.65)$$

gewählt, wobei $\overline{X}$ bzw. $\overline{Y}$ das arithmetische Mittel und S_X^2 bzw. S_Y^2 die empirische Varianz der Zufallsgröße X bzw. Y sind. Bei richtiger Nullhypothese H_0 und unter den oben genannten Voraussetzungen unterliegt U einer Studentverteilung mit $m = n_1 + n_2 - 2$ Freiheitsgraden.

4. Der kritische Bereich K wird mit Hilfe der Tafel 2 bei zweiseitiger Fragestellung aus der Relation

$$P\left(|U| \geq t_{1-\frac{\alpha}{2};m} \mid H_0\right) = \alpha$$

ermittelt, d.h. für die Differenz der arithmetischen Mittel:

$$|\overline{X} - \overline{Y}| \geq t_{1-\frac{\alpha}{2};m} \sqrt{(n_1 - 1)S_X^2 + (n_2 - 1)S_Y^2} \sqrt{\frac{n_1 + n_2}{n_1 n_2 (n_1 + n_2 - 2)}}. \qquad (3.66)$$

Auf die Darstellung des kritischen Bereiches bei einseitiger Fragestellung wollen wir hier nicht eingehen.

Wie vereinfacht sich die Testgröße bei gleichem Stichprobenumfang?

Haben die Varianzen $D^2(X)$ und $D^2(Y)$ der beiden Grundgesamtheiten nicht denselben Wert, so läßt sich der Test nicht in der obigen Form anwenden. Wir verweisen den Leser auf [WEE].

Beispiel 3.21: An zwei Fertigungsstraßen werden Widerstände hergestellt. Wir wollen prüfen, ob die an jeder der Fertigungsstraßen produzierten Widerstände im Mittel den gleichen Widerstandswert in Ω besitzen.

Die Widerstandswerte der an der Fertigungsstraße I bzw. II erzeugten Widerstände beschreiben wir durch die Grundgesamtheit X bzw. Y. Zur Prüfung entnehmen wir den Grundgesamtheiten die konkreten Stichproben $x_1, x_2, \ldots, x_{15}$ bzw. $y_1, y_2, \ldots, y_{12}$ vom Umfang $n_1 = 15$ bzw. $n_2 = 12$.

Die Nullhypothese $H_0 : E(X) = E(Y)$ wollen wir für eine Irrtumswahrscheinlichkeit $\alpha = 0.05$ und bei zweiseitiger Fragestellung prüfen. Aus den beiden Stichproben werden die empirischen arithmetischen Mittel $\overline{x} = 152.5$ und $\overline{y} = 159.9$ und die empirischen Standardabweichungen $s_X = 1.6$ und $s_Y = 1.2$ und damit eine Realisierung der Prüfgröße errechnet:

$$u = \frac{152.5 - 150.9}{\sqrt{14 \cdot 2.56 + 11 \cdot 1.44}} \sqrt{\frac{15 \cdot 12 \cdot 25}{27}} = 2.87 \,.$$

Bei zweiseitiger Fragestellung lesen wir in Tafel 2 für $\alpha = 0.05$ und $m = n_1 + n_2 - 2 = 25$ den kritischen Wert $t_{0.975;25} = 2.06$ ab. Da $u = 2.87 > 2.06 = t_{0.975;25}$ ist, lehnen wir H_0 ab. $\triangleleft$

3.3.7 Prüfung der Gleichheit der Varianzen zweier unabhängiger normalverteilter Grundgesamtheiten

Wie wir oben feststellten, kann die Varianz als ein Maß für die Genauigkeit und Gleichmäßigkeit z.B. eines Produktionsprozesses, der Arbeit von Maschinen oder Meßgeräten, angesehen werden. Sehr häufig tritt dabei die Frage nach dem Vergleich der Genauigkeit zweier Prozesse, Maschinen oder Meßgeräte auf.

In diesem Abschnitt wollen wir ein entsprechendes Prüfverfahren darstellen. Es dient außerdem dazu, die Voraussetzung $D^2(X) = D^2(Y)$ für das in Abschnitt 3.3.6 angegebene Prüfverfahren zu testen.

Es soll geprüft werden, ob die Varianz $D^2(X) = \sigma_X^2$ einer $N(\mu_X; \sigma_X)$-verteilten Grundgesamtheit X der Varianz $D^2(Y) = \sigma_Y^2$ einer $N(\mu_Y; \sigma_Y)$-verteilten Grundgesamtheit Y gleich ist. Dabei wird vorausgesetzt, daß die beiden Zufallsgrößen X und Y unabhängig und die beiden Erwartungswerte unbekannt sind.

Wir wenden folgenden Test an:
1. $H_0 : D^2(X) = D^2(Y)$.
2. Vorgabe der Irrtumswahrscheinlichkeit α.
3. Zu einer mathematischen Stichprobe $(X_1, X_2, \ldots, X_{n_1})$ vom Umfang n_1 aus einer $N(\mu_X; \sigma_X)$-verteilten Grundgesamtheit X und einer mathematischen Stichprobe $(Y_1, Y_2, \ldots, Y_{n_2})$ vom Umfang n_2 aus einer $N(\mu_Y; \sigma_Y)$-verteilten Grundgesamtheit Y wird die Testgröße

$$U = \frac{S_X^2}{S_Y^2} \tag{3.67}$$

gewählt, wobei S_X^2 bzw. S_Y^2 die empirische Varianz der Zufallsgröße X bzw. Y ist. Bei richtiger Nullhypothese H_0 unterliegt U einer F-Verteilung mit $m_1 = n_1 - 1$ und $m_2 = n_2 - 1$ Freiheitsgraden.
4. Der kritische Bereich K wird mit Hilfe der Tafel 4 bzw. 5 in folgender Weise ermittelt:

- Bei zweiseitiger Fragestellung aus der Relation

$$P(f_{\frac{\alpha}{2}; m_1, m_2} \leq U \leq f_{1-\frac{\alpha}{2}; m_1, m_2} \mid H_0) = \alpha,$$

wobei die Beziehung

$$f_{\frac{\alpha}{2}; m_1, m_2} = \frac{1}{f_{1-\frac{\alpha}{2}; m_2, m_1}}$$

benutzt wird[6].

- Bei einseitiger Fragestellung mit der Alternative $D^2(X) > D^2(Y)$ (Abweichungen der Testgröße (3.67) vom Wert 1 nach oben sind kritisch für H_0) aus der Relation

$$P(U \geq f_{1-\alpha;m_1,m_2} \mid H_0) = \alpha$$

(vgl. Bild 3.19) ermittelt.

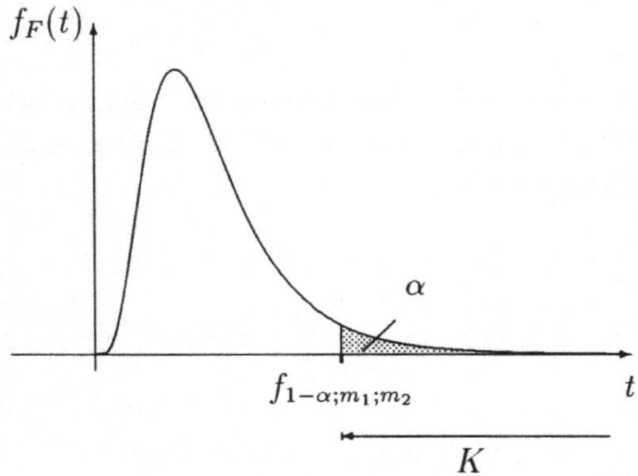

Bild 3.19: Darstellung des kritischen Bereiches K bei einseitiger Fragestellung und Verwendung der Prüfgröße U

Beispiel 3.22: Zum Vergleich der Genauigkeit zweier Drehautomaten, welche gleichartige Werkstücke fertigen, wird der laufenden Produktion des ersten bzw. zweiten Automaten eine Stichprobe vom Umfang $n_1 = 13$ bzw. $n_2 = 20$ Stück entnommen. Der Durchmesser der Werkstücke, das zu prüfende Merkmal, kann als normalverteilte Zufallsgröße X bzw. Y aufgefaßt werden. Zur Beantwortung der Fragestellung ist die Nullhypothese $H_0 : D^2(X) = D^2(Y)$ gegen die Alternative $H_1 : D^2(X) > D^2(Y)$ zu prüfen, wobei die Irrtumswahrscheinlichkeit $\alpha = 0.05$ betragen soll. Aus den konkreten Stichproben der Grundgesamtheiten X und Y werden die konkreten empirischen Varianzen $s_X^2 = 10.2\mu\text{m}^2$ und $s_Y^2 = 6.2\mu\text{m}^2$ errechnet. In Tafel 5 lesen wir für $\alpha = 0.05$ und $m_1 = n_1 - 1 = 12$; $m_2 = n_2 - 1 = 19$ den Wert $f_{0.95;12,19} = 2.31$ ab. Aus den konkreten Stichproben errechnen wir weiter die Realisierung

$$u = \frac{s_X^2}{s_Y^2} = \frac{10.2}{6.2} = 1.65.$$

Da $u < 2.31$ ist, wird H_0 nicht abgelehnt, d.h., die Abweichungen in den Genauigkeiten beider Automaten werden als zufällig angesehen.   ◁

---

[6]Die Zufallsgröße $F_{m_2,m_1} = \frac{1}{F_{m_1,m_2}} = \frac{s_Y^2}{s_X^2}$ genügt einer F-Verteilung mit den Freiheitsgraden m_2, m_1.

3.3.8   Prüfung einer Wahrscheinlichkeit

Die Wahrscheinlichkeit $p = P(A)$ eines Ereignisses A betrachten wir als Parameter p einer Null-Eins-verteilten Grundgesamtheit X. Eine Hypothese über p ist damit eine Hypothese über $E(X) = p$.

Es soll also geprüft werden, ob der Erwartungswert $E(X) = p$ einer Null-Eins-verteilten Zufallsgröße X dem Wert p_0 gleich ist.

Das Prüfverfahren lautet im Schema folgendermaßen:

1. $H_0 : E(X) = p_0$.
2. Vorgabe der Irrtumswahrscheinlichkeit α.
3. Bei großem Stichprobenumfang n wird zur mathematischen Stichprobe $(X_1, X_2, \ldots, X_n)$ aus der Grundgesamtheit X die auf Grund des Satzes von Moivre-Laplace annähernd $N(0; 1)$-verteilte Prüfgröße

$$U = \frac{\sum\limits_{i=1}^{n} X_i - np_0}{\sqrt{np_0(1 - p_0)}} \qquad (3.68)$$

gewählt[7].

4. Der kritische Bereich K wird wie in Abschnitt 3.3.2 angegeben errechnet.

Beispiel 3.23: Bei der Gütekontrolle eines Erzeugnisses wurde über einen längeren Zeitraum festgestellt, daß die Lieferungen im Mittel 5% Ausschuß enthalten. Wir wollen prüfen, ob der Ausschußprozentsatz in einem weiteren Lieferposten wesentlich von diesem Erfahrungswert abweicht, nachdem wir in einer Stichprobe vom Umfang $n = 400$ aus einer Lieferung 28 fehlerbehaftete Teile festgestellt haben. Die Stichprobe enthält also 7% fehlerhafte Teile.

Wir gehen von einem $p_0 = 0.05$ aus und prüfen für eine Irrtumswahrscheinlichkeit $\alpha = 0.01$ die Nullhypothese $H_0 : E(X) = 0.05$, wobei X eine Null-Eins-verteilte Grundgesamtheit ist. Da eine große Stichprobe vorliegt, wählen wir (3.68) als Prüfgröße. Dementsprechend erhalten wir als Realisierung der Testgröße

$$u = \frac{28 - 400 \cdot 0.05}{\sqrt{400 \cdot 0.05 \cdot 0.95}} = 1.835.$$

Da lediglich Abweichungen „nach oben" von $p_0 = 0.05$ interessieren, fällen wir die Entscheidung für eine einseitige Fragestellung. Wir entnehmen aus der Tabelle 3.6 (Seite 183) das Quantil $z_{0.99} = 2.33$. Da die Realisierung $u = 1.835$ kleiner als der Wert $z_{0.99} = 2.33$ ist, wird die Nullhypothese nicht abgelehnt. Die Abweichung des Ausschußanteils wird als zufällig angesehen.   ◁

---

[7]Auf den Fall kleinen Stichprobenumfangs gehen wir im Rahmen des nächsten Abschnittes bei der 1. Fortsetzung des Beispiels 2.34 ein.

3.3.9 Anpassungstests

Bisher wurde in der Regel davon ausgegangen, daß der Typ der Verteilung der
Grundgesamtheit X bekannt ist. So wurde im Beispiel 2.34 zunächst angenommen, daß die zufällige Lebensdauer von Glühlampen einer Exponentialverteilung unterliegt. Weiterhin haben wir vorausgesetzt, daß die mittlere Lebensdauer dieser Sorte Glühlampen $E(X) = 2500$ h beträgt. Mit dieser zweiten
Annahme ist von allen Exponentialverteilungen diejenige mit dem Parameter
$\lambda = 0.0004$ h^{-1} ausgewählt worden.

Auf Wege zur Überprüfung dieser getroffenen Annahmen – wir sprechen in diesem Fall von Anpassungstests – wollen wir in dem folgenden Beispiel eingehen.

Beispiel 3.24: Von $n = 100$ Glühlampen einer bestimmten Sorte liegen die Le-
bensdauern $x_1, \ldots, x_{100}$ vor. Mit Hilfe dieser Stichprobe soll die folgende zwei-
teilige Hypothese geprüft werden:

H_0 : Die Grundgesamtheit unterliegt einer Exponentialverteilung mit der Verteilungsfunktion $F_X(t) = 1 - e^{-\lambda_0 t}$ für $t > 0$. Der Parameter dieser Verteilung
beträgt $\lambda = \lambda_0 = 0.0004$ h^{-1}.

Da in diesem Fall sowohl der Verteilungstyp als auch der Parameter $\lambda = \lambda_0$
getestet werden sollen, sprechen wir von einer zweiteiligen Hypothese.

Wir verzichten hier auf die Auflistung der entsprechenden Stichprobenelemente
und beschränken uns auf die Darstellung der konkreten empirischen Verteilungsfunktion $\hat{F}_n(t)$ und eines Histogramms in den Bildern 3.20 und 3.21. Dort ist
außerdem die hypothetische Verteilungsfunktion bzw. die hypothetische Dichte
eingezeichnet.

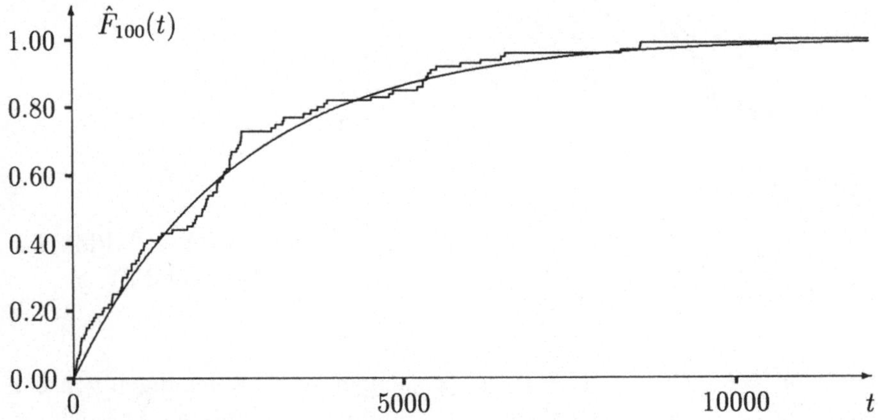

Bild 3.20: Konkrete empirische Verteilungsfunktion für das Beispiel 3.24

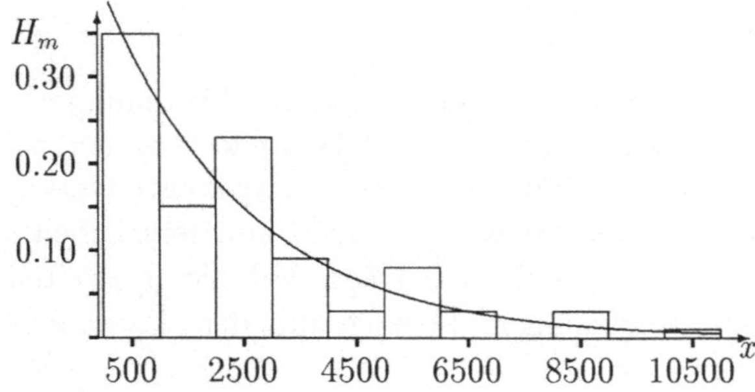

Bild 3.21: Relative Häufigkeiten bei einer Klassenanzahl $k = 11$ für das Beispiel 3.24

Es ist zu entscheiden, ob die Abweichungen zwischen hypothetischer und empirischer Verteilung als zufällig oder als signifikant einzustufen sind.

Bei einem ersten Weg untersuchen wir die Unterschiede zwischen empirischer und hypothetischer Verteilungsfunktion. Um diese Unterschiede noch besser zu verdeutlichen, tragen wir im Bild 3.22 jeden Wert der empirischen Verteilungsfunktion über dem zugehörigen Wert der hypothetischen Verteilungsfunktion ab. So ist z. B. für $t = 1733$ aus der Stichprobe $\hat{F}_n(1733) = 0.44$ und mit der hypothetischen Verteilung $F_X(1733) = 0.5$. Daraus entsteht der Punkt mit der Abszisse 0.5 und der Ordinate 0.44. Im Bild 3.22 sind nur die Sprungstellen der so entstehenden Treppenfunktion eingetragen. Eine solche Darstellung wird häufig als PP–Plot bezeichnet.

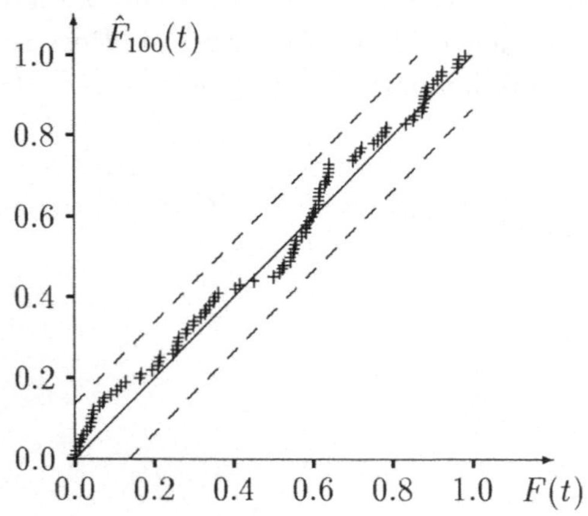

Bild 3.22: PP–Plot für das Beispiel 3.24

Die Unterschiede $D_n(t) = F_n(t) - F_X(t)$ erscheinen als Abweichungen von der Diagonalen des Einheitsquadrates. Die zufällige maximale Abweichung $D_n = \max_t |D_n(t)|$ über alle t konvergiert nach Satz 3.1 mit Wahrscheinlichkeit 1 gegen 0. Andererseits besitzen die Zufallsgrößen $U = \sqrt{n}D_n$ nach dem

Satz von Kolmogorow (vgl. [FIS]) für stetige Verteilungen $F_X(t)$ eine Grenzverteilung. Einige Quantile dieser Grenzverteilung sind in Tabelle 3.8 aufgeführt. So beträgt z. B. für $\alpha = 0.05$ der kritische Wert 1.36. Im betrachteten Fall darf also bei einer Irrtumswahrscheinlichkeit $\alpha = 0.05$ die maximale Abweichung D_n höchstens $1.36/\sqrt{100} = 0.136$ betragen, um die Nullhypthese nicht abzulehnen. Im Bild 3.22 sind die entsprechenden beiden „Grenzgeraden" als gestrichelte Linien eingezeichnet. In unserem Beispiel führt dieses Testverfahren nicht zur Ablehnung der hypothetischen Exponentialverteilung. ◁

α	0.01	0.05	0.02	0.01
$u_{1-\alpha}$	1.22	1.36	1.52	1.63

Tabelle 3.8: Asymptotische kritische Werte $u_{1-\alpha}$ für den Kolmogorow-Test

Dieser oben demonstrierte *Test von Kolmogorow* benötigt einerseits keine Klasseneinteilung, andererseits ist er auf stetige Verteilungen beschränkt und verlangt auch das Festlegen der Verteilungsparameter in der Hypothese.

Ein zweiter Weg beschränkt sich auf das Überprüfen markanter Eigenschaften der hypothetischen Verteilung. Wir wollen dies in mehreren Schritten am obigen Beispiel zeigen:

Beispiel 3.24 (Fortsetzung): Wie im Beipiel 2.34 bereits gezeigt, beträgt bei einer Exponentialverteilung mit $E(X) = 2500$ der Median $Q_{0.5} = 1733$, d. h., durchschnittlich 50 % der Glühlampen fallen bei einer Brenndauer von weniger als 1733 h aus.

Anstelle unserer ursprünglichen Hypothese betrachten wir jetzt zunächst die Ersatzhypothese

$$H_0^* : p = P(X \leq Q_{0.5}) = P(X \leq 1733) = 0.5.$$

Wird diese Ersatzhypothese verworfen, so ist auch die ursprüngliche Hypothese zu verwerfen. In der vorliegenden Stichprobe wurde $h_1 = 44$ mal das Ereignis $A_1 = \{X \leq 1733\}$ und $h_2 = 56$ mal das Ereignis $A_2 = \overline{A_1} = \{X > 1733\}$ beobachtet. Steht dies im Widerspruch zur Ersatzhypothese H_0^*? Es liegt eine zweiseitige Fragestellung zum Testen des Parameters p einer Binomialverteilung mit $n = 100$ vor. Dieser Test kann näherungsweise nach dem asymptotischen Verfahren aus Abschnitt 3.3.8 oder exakt auf der Basis der binomialverteilten Zufallsgröße H_1 durchgeführt werden, indem bei richtiger Ersatzhypothese die

Überschreitungswahrscheinlichkeit berechnet wird:

$$p_{\ddot{u}} = P(H_1 \leq 44) + P(H_1 \geq 56) = 1 - P(45 \leq H_1 \leq 55)$$

$$= 1 - \sum_{k=45}^{55} \binom{100}{k} \left(\frac{1}{2}\right)^k \left(\frac{1}{2}\right)^{100-k} \approx 0.27 \; .$$

Erst wenn $p_{\ddot{u}}$ kleiner als die vorgegebene Irrtumswahrscheinlichkeit α ist, wird H_0^* und damit H_0 abgelehnt. Bei $\alpha = 0.05$ ist dies nicht der Fall, d. h., die Unterschiede zwischen empirischer und hypothetischer Verteilung hinsichtlich des Medians $Q_{0.5}$ sind als zufällig zu interpretieren.

Dies ist natürlich ein sehr stark vergröbertes Vorgehen. Eine weitere Verfeinerung kann z. B. durch Hinzunahme der „Viertelwerte" $Q_{0.25} = 719$ und $Q_{0.75} = 3466$ erfolgen.

Aus der Stichprobe liegen dazu folgende Informationen vor:

Ereignis	beob. abs. Häufigkeit	hypothet. Wahrsch.
$B_1 = \{0 < X \leq 719)$	$h_1 = 26$	$p_1 = 0.25$
$B_2 = \{719 < X \leq 1733\}$	$h_2 = 18$	$p_2 = 0.25$
$B_3 = \{1733 < X \leq 3466\}$	$h_3 = 33$	$p_3 = 0.25$
$B_4 = \{3466 < X\}$	$h_4 = 23$	$p_4 = 0.25$

In Analogie zum vorherigen Herangehen könnte jetzt in jedem der vier Fälle eine entsprechende Ersatzhypothese einzeln über jede dieser vier Wahrscheinlichkeiten getestet werden. Wird eine dieser einzelnen Ersatzhypothesen verworfen, so gilt dies auch für die ursprüngliche Hypothese. Bei einer Irrtumswahrscheinlichkeit von $\alpha = 0.05$ und den Überschreitungswahrscheinlichkeiten von 0.91, 0.13, 0.08, 0.73 ist dies jedoch nicht der Fall. ◁

Zu bedenken ist weiterhin, daß zwischen den Häufigkeiten H_1, H_2, H_3, H_4 Abhängigkeiten bestehen, da $H_4 = n - H_1 - H_2 - H_3$ und die gemeinsame Verteilung von H_1, H_2, H_3 eine Polynomialverteilung mit den Parametern n, p_1, p_2, p_3 ist. Eine sinnvolle Ersatzhypothese ist demzufolge in obigem Beispiel

$H_0^* : p_1 = 0.25; p_2 = 0.25; p_3 = 0.25; (p_4 = 0.25)$

als Hypothese über die Parameter $p_1, p_2, p_3 (, p_4 = 1 - p_1 - p_2 - p_3)$ einer Polynomialverteilung.

Mit erheblichem numerischen Aufwand kann diese Ersatzhypothese durch Berechnen der Überschreitungswahrscheinlichkeit auf der Basis der Polynomialverteilung getestet werden.

Eine einfache Möglichkeit, die Unterschiede zwischen den beobachteten Häufigkeiten H_m und den erwarteten hypothetischen Häufigkeiten np_m $(m = 1, \ldots, k)$

bei k vorliegenden Klassen (im vorangehenden Beispiel $k = 4$) in einer eindimensionalen Zufallsgröße zu erfassen, bietet die Pearsonsche Stichprobenfunktion

$$\chi^2 = \sum_{m=1}^{k} \frac{(H_m - np_m)^2}{np_m} \, . \tag{3.69}$$

Diese Stichprobenfunktion hat folgende asymptotische Eigenschaft:
Legt die Nullhypothese H_0 den Verteilungstyp und alle darin vorkommenden Verteilungsparameter fest (dann liegen bei einer Klasseneinteilung auch die hypothetischen Werte $p_1, \ldots, p_k$ in der Ersatzhypothese H_0^* fest), so unterliegt die Stichprobenfunktion (3.69) bei richtiger Nullhypothese asymptotisch (für $n \to \infty$) einer Chi-Quadrat-Verteilung mit $(k - 1)$ Freiheitsgraden (vgl. [FIS]). Den darauf beruhenden χ^2-Anpassungstest behandeln wir zunächst in der Fortsetzung des Beispiels 3.24.
Beispiel 3.24 (Fortsetzung): Bei der vorgenommenen Einteilung durch die „Viertelwerte" in $k = 4$ Klassen hat die Pearsonsche Stichprobenfunktion als Prüfgröße die Realisierung

$$\chi^2 = \frac{(26 - 25)^2}{25} + \frac{(18 - 25)^2}{25} + \frac{(33 - 25)^2}{25} + \frac{(23 - 25)^2}{25} = 4.72 \, .$$

Große Werte der Prüfgröße sprechen gegen die Ersatzhypothese und damit gegen die Nullhypothese.
Für $k - 1 = 3$ Freiheitsgrade und $\alpha = 0.05$ ergibt sich aus der Tafel der χ^2-Verteilung der kritische Wert $\chi^2_{0.95;3} = 7.8$. Die Ersatzhypothese wäre erst dann abzulehnen, wenn die Pearsonsche Stichprobenfunktion größer als dieser kritische Wert wird. Dies ist jedoch nicht der Fall; die beobachteten Unterschiede zwischen erwarteten hypothetischen und beobachteten Klassenhäufigkeiten sind als zufällig anzusehen. $\lhd$
Auf der Basis der folgenden Aussage kann der oben dargestellte χ^2-Anpassungstest auch dann angewendet werden, wenn durch die Nullhypothese zwar der Verteilungstyp, aber nicht alle darin vorkommenden Parameter festgelegt sind und diese aus derselben Stichprobe geschätzt werden müssen:
Die Anzahl der zu schätzenden Parameter sei r. Werden diese nach der Maximum-Likelihood-Methode geschätzt und sind weitere Voraussetzungen hinsichtlich der Abhängigkeit der hypothetischen Klassenwahrscheinlichkeiten p_m von den zu schätzenden Parametern erfüllt, so unterliegt die Pearsonsche Stichprobenfunktion (3.69) bei richtiger Nullhypothese asymptotisch (für $n \to \infty$) einer Chi-Quadrat-Verteilung mit $(k - r - 1)$ Freiheitsgraden (vgl. [FIS]).
Zur Wahl der Klasseneinteilung sind folgende Bemerkungen zu machen:
Die Klasseneinteilung bestimmt wesentlich die Ersatzhypothese, die mit dem χ^2-

Anpassungstest überprüft wird. Im vorangehenden Beispiel wurden vier Klassen gebildet, die bei richtiger Nullhypothese gleiche hypothetische Klassenwahrscheinlichkeiten liefern.

Dieses Prinzip der Klasseneinteilung – möglichst gleichbesetzte Klassen zu bilden – erscheint aus der Sicht der Trennschärfe des Testverfahrens sinnvoll. Andererseits wird häufig – auch aus Gründen der graphischen Darstellung in Form von Histogrammen – eine Klasseneinteilung mit konstanter Klassenbreite bevorzugt.

Für die Wahl der Klassenanzahl und Klassenbreite sollten die im Abschnitt 3.1 genannten Gesichtspunkte berücksichtigt werden. Als weitere Faustregel wird häufig genannt, daß alle erwarteten hypothetischen Häufigkeiten die Bedingung $np_m \geq 5$ erfüllen sollten. Dies kann z. B. an den „Rändern" einer Verteilung verletzt sein. In einem solchen Fall sollten benachbarte Klassen zusammengelegt werden.

Bei einer diskreten Verteilung wird man zunächst versuchen, die einzelnen möglichen Werte der Zufallsgröße als „Klassen" zu wählen und eine Zusammenlegung nur zur Einhaltung obiger Forderungen vorzunehmen.

Wir wollen den χ^2-Anpassungstest wieder in schematischer Form angeben:

1.1 Nullhypothese H_0: Die Verteilung der Grundgesamtheit gehört zu einem bestimmten Verteilungstyp. Sind r Verteilungsparameter nicht festgelegt, so sind diese nach der Maximum-Likelihood-Methode zu schätzen.

1.2 Nach Festlegung der Klassenanzahl k und der Klassengrenzen $-\infty = t_0 < t_1 < t_2 < \ldots < t_{k-1} < t_k = +\infty$ werden unter der Annahme einer richtigen Nullhypothese die Klassenwahrscheinlichkeiten $p_m = P(t_{m-1} < X \leq t_m)$ $(m = 1, 2, \ldots, k)$ berechnet. Die zu testende Ersatzhypothese lautet dann
$H_0^* : F_X(t_m) - F_X(t_{m-1}) = p_m$ für alle $m = 1, 2, \ldots, k$.
Wird bei vorgegebenem Stichprobenumfang n in einzelnen Klassen die Bedingung $np_m \geq 5$ verletzt, so sind benachbarte Klassen zusammenzulegen.

2. Vorgabe der Irrtumswahrscheinlichkeit α.

3. Zu einer mathematischen Stichprobe $(X_1, X_2, \ldots, X_n)$ vom Umfang n aus der Grundgesamtheit X mit den absoluten Klassenhäufigkeiten $H_1, H_2, \ldots, H_k$ unterliegt die Prüfgröße

$$U = \sum_{m=1}^{k} \frac{(H_m - np_m)^2}{np_m} = \sum_{m=1}^{k} \frac{H_m^2}{np_m} - n \tag{3.70}$$

bei richtiger Hypothese asymptotisch einer Chi-Quadrat-Verteilung mit $(k - r - 1)$ Freiheitsgraden.

4. Der kritische Bereich K, der bei diesem Prüfverfahren nur für eine einseitige Fragestellung von Interesse ist, ergibt sich bei genügend großem n aus

$$P(U \geq \chi^2_{1-\alpha;k-r-1} | H_0) = \alpha \, .$$

5. Aus einer konkreten Stichprobe $x_1, \ldots, x_n$ vom Umfang n aus der Grundgesamtheit X bestimmen wir die Realisierungen h_m der absoluten Häufigkeiten H_m ($m = 1, 2, \ldots, k$) und errechnen die Realisierung u der Prüfgröße U:

$$u = \sum_{m=1}^{k} \frac{(h_m - np_m)^2}{np_m} \, . \tag{3.71}$$

6. Der Entscheid erfolgt in folgender Weise:
Ist $u \geq \chi^2_{1-\alpha;k-r-1}$, so wird H_0 abgelehnt; ist $u < \chi^2_{1-\alpha;k-r-1}$, so wird H_0 nicht abgelehnt.

Beispiel 3.25: Rutherford und Geiger veröffentlichten 1910 das folgende Versuchsergebnis: In 2608 Zeitintervallen von je 7.5 s Länge wurden die emittierten α-Teilchen einer radioaktiven Substanz gezählt. In Tabelle 3.9 sind in Spalte 2 die Anzahlen h_m der Zeitintervalle erfaßt, in denen m Teilchen gezählt wurden.

Mit einer Irrtumswahrscheinlichkeit $\alpha = 0.05$ soll geprüft werden, ob die entsprechende Grundgesamtheit X (X ist die Anzahl der innerhalb von 7.5 s emittierten α-Teilchen) durch eine Poissonverteilung beschrieben werden kann. Die Nullhypothese H_0 lautet also: $H_0 : X$ unterliegt einer Poissonverteilung.
Als Klassen werden hier die möglichen Werte $0, 1, \ldots, 9$ und die Menge aller Werte ≥ 10 benutzt.

Den Parameter λ der Poissonverteilung schätzen wir aus der Stichprobe mit dem arithmetischen Mittel als Maximum-Likelihood-Schätzung und erhalten $\hat{\lambda} = \overline{x} = 3.87$.

Damit ergibt sich für die erwarteten hypothetischen Häufigkeiten

$$np_m = nP(X = m) = 2608 \cdot \frac{3.87^m}{m!} e^{-3.87} \quad (m = 0, 1, \ldots).$$

Die χ^2 - verteilte Prüfgröße hat hier $k - r - 1 = 11 - 1 - 1 = 9$ Freiheitsgrade, da der Parameter λ aus der konkreten Stichprobe geschätzt wurde. In Tabelle 3.9 ist ein Schema zur Berechnung der Realisierung (3.71) der Prüfgröße (3.70) aus den Werten der konkreten Stichprobe angegeben.

m	h_m	p_m	np_m	$\dfrac{(h_m - np_m)^2}{np_m}$
0	57	0.02086	54.40	0.1243
1	203	0.08072	210.52	0.2686
2	383	0.15620	407.37	1.4579
3	525	0.20149	525.49	0.0005
4	532	0.19495	508.43	1.0927
5	408	0.15089	393.52	0.5328
6	273	0.09732	253.81	1.4509
7	139	0.05381	140.34	0.0128
8	45	0.02603	67.89	7.7177
9	27	0.01119	29.18	0.1629
10	10 $\left.\right\}$	0.00433	11.29 $\left.\right\}$	$\left.\right\}$
11	4	0.00152	3.96	
12	2 $\Big\}\,16$	0.00049	1.28 $\Big\}\,17.05$	$\Big\}\,0.0647$
13	0	0.00020	0.52	
	2608	1.00000		$u = 12.8858$

Tabelle 3.9: Schema zur Berechnung von (3.71) für das Beispiel 3.25

Für $\alpha = 0.05$ lesen wir in Tafel 3 einen kritischen Wert $\chi^2_{0.95;9} = 16.9$ ab und erhalten für den kritischen Bereich K das Intervall $(16.9; \infty)$.

Da $u = 12.8858 < 16.9 = \chi^2_{0.95;9}$ ist, wird die Nullhypothese nicht abgelehnt. $\lhd$

Beispiel 3.26: Mit einer Irrtumswahrscheinlichkeit $\alpha = 0.05$ wollen wir prüfen, ob die im Beispiel 3.3 angegebene Urliste eine konkrete Stichprobe vom Umfang $n = 120$ aus einer normalverteilten Grundgesamtheit X sein kann ($H_0 : X$ unterliegt einer Normalverteilung).

Die Parameter $E(X) = \mu$ und $D^2(X) = \sigma^2$ der Normalverteilung schätzen wir mit dem arithmetischen Mittel und der empirischen Varianz und erhalten $\bar{x} = 4.16$ und $s^2 = 94.13$ (d. h. $s = 9.7$).

Im Beispiel 3.3 hatten wir die Meßwerte in 8 Klassen (vgl. Tabelle 3.4) eingeteilt. Die Klassengrenzen und die konkreten empirischen Klassenhäufigkeiten h_m ($m = 1, 2, \ldots, 8$) sind in den Spalten 1 und 2 der Tabelle 3.10 aufgelistet. Die entsprechenden theoretischen Häufigkeiten np_m ($m = 1, 2, \ldots, 8$) ergeben sich in folgender Weise:

- für $m = 2, \ldots, 7$:

$$120p_m = 120P(t_{m-1} < X \le t_m) = 120P\left(\frac{t_{m-1} - 4.16}{9.7} < Z \le \frac{t_m - 4.16}{9.7}\right)$$
$$= 120P(z_{m-1} < Z \le z_m) = 120[\Phi(z_m; 0, 1) - \Phi(z_{m-1}; 0, 1)],$$

wobei t_m ($m = 2, 3, \ldots, 7$) die obere Klassengrenze der m-ten Klasse darstellt und die Zufallsgröße $Z = \dfrac{X - 4.16}{9.7}$ $N(0; 1)$-verteilt ist;

- für $m = 1$:

$$
\begin{aligned}
120p_1 &= 120P(X \le -12) = 120P\left(\frac{X - 4.16}{9.7} \le \frac{-12 - 4.16}{9.7}\right) \\
&= 120P(Z \le -1.67) = 120\Phi(-1.67; 0, 1) = 120[1 - \Phi(1.67; 0, 1)] \\
&= 120 \cdot 0.047460 = 5.6952;
\end{aligned}
$$

- für $m = 8$

$$
\begin{aligned}
120p_8 &= 120P(X > 24) = 120P\left(\frac{X - 4.16}{9.7} > \frac{24 - 4.16}{9.7}\right) \\
&= 120P(Z > 2.05) = 120[1 - P(Z \le 2.05)] \\
&= 120[1 - \Phi(2.05; 0, 1)] = 120 \cdot 0.020182 = 2.4218 \,.
\end{aligned}
$$

Tabelle 3.10 enthält die erforderlichen Rechenschritte zur Bestimmung einer Realisierung (3.71) der Prüfgröße (3.70) aus den Werten der konkreten Stichprobe (vgl. Tabelle 3.3). In ihr wurden auf Grund der Forderung $np_m \ge 5$ die letzten beiden Klassen zusammengefaßt. Damit reduziert sich die Anzahl der Klassen auf $k = 7$. Die χ^2-verteilte Prüfgröße hat hier $k - r - 1 = 4$ Freiheitsgrade, da beide Parameter der Normalverteilung aus der konkreten Stichprobe geschätzt wurden. Aus Tafel 3 lesen wir für $\alpha = 0.05$ den kritischen Wert $\chi^2_{0.95;4} = 9.5$ ab. Da $u = 2.6 < 9.5 = \chi^2_{0.95;4}$ ist, wird die Nullhypothese H_0 nicht abgelehnt, d. h., das Ergebnis steht nicht im Widerspruch zu der Annahme, daß die konkrete Stichprobe aus einer normalverteilten Grundgesamtheit gezogen wurde.

Klassengrenzen		h_m	z_m	$\Phi(z_m)$	p_m	np_m	$\dfrac{(h_m - np_m)^2}{np_m}$
$-\infty$	-12	9	-1.67	0.047460	0.047460	5.6952	1.9177
-12	-6	10	-1.05	0.146859	0.099399	11.9279	0.3116
-6	0	20	-0.43	0.333598	0.186739	22.4087	0.2589
0	6	30	0.19	0.575345	0.241748	29.0098	0.0338
6	12	27	0.81	0.791030	0.215684	25.8821	0.0483
12	18	15	1.43	0.923641	0.132612	15.9134	0.0524
18	24	7	2.05	0.979818	0.056176	6.7411	.
24	∞	2	.	.	0.020182	2.4218	0.0029
		120					$u = 2.6256$

Tabelle 3.10: Rechenschritte zur Berechnung von (3.71) für Beispiel 3.26 ◁

Anmerkung: Für das Testen speziell auf eine Normalverteilung gibt es weitere Verfahren, die bessere Eigenschaften als der Chi-Quadrat-Anpassungstest aufweisen (z. B. Shapiro-Wilk-Test). Sie sind allerdings nur mit entsprechender Software praktikabel. Ein einfaches Hilfsmittel ist ein grafisches Verfahren unter Verwendung des Wahrscheinlichkeitsnetzes (vgl. [WEE]).

3.3.10   Einführung in verteilungsunabhängige Prüfverfahren

Bei den in den Abschnitten 3.3.2 - 3.3.8 behandelten statistischen Prüfverfahren setzten wir in der Regel voraus, daß der Verteilungstyp der Grundgesamtheit bekannt ist. Dabei spielte die Normalverteilung eine besondere Rolle.

Mit der verstärkten Anwendung mathematisch-statistischer Methoden in Naturwissenschaft und Technik zeigte sich aber immer mehr, daß viele auftretende Zufallsgrößen keiner Normalverteilung unterliegen. In solchen Fällen ist dann auch eine Anwendung der bekannten Prüfverfahren nicht möglich bzw. nur asymptotisch begründet. Deshalb machte es sich erforderlich, Prüfverfahren zu entwickeln, die nicht auf der Kenntnis des Verteilungstyps der Grundgesamtheit aufbauen. Es entstanden die sogenannten *verteilungsunabhängigen Prüfverfahren*, die in der Literatur auch als *verteilungsfrei* oder *parameterfrei* bezeichnet werden.

Als Beispiel eines solchen Prüfverfahrens lernten wir in Abschnitt 3.3.9 schon den χ^2-Anpassungstest kennen, mit dem der Vergleich einer aus einer konkreten Stichprobe gewonnenen konkreten empirischen Verteilungsfunktion mit der angenommenen Verteilungsfunktion der Grundgesamtheit möglich war.

Wir wollen zwei weitere verteilungsunabhängige Prüfverfahren behandeln:

Unabhängigkeitstest mit der 2×2-*Tafel:* Fragestellungen, bei denen die Unabhängigkeit von zwei Versuchen zu prüfen ist, von denen jeder die Alternativausgänge A und $\overline{A}$ bzw. B und $\overline{B}$ hat, werden mit dem Unabhängigkeitstest unter Verwendung der 2×2-Tafel untersucht.

Die Versuche beschreiben wir durch zwei Null-Eins-verteilte Zufallsgrößen

$$X = \begin{cases} 0, & \text{falls } \overline{A} \text{ eintritt;} \\ 1, & \text{falls } A \text{ eintritt;} \end{cases} \qquad Y = \begin{cases} 0, & \text{falls } \overline{B} \text{ eintritt;} \\ 1, & \text{falls } B \text{ eintritt.} \end{cases}$$

Die zweidimensionale Zufallsgröße (X, Y) besitzt die Verteilungstabelle

X $\backslash$ Y	0	1	
0	p_{00}	p_{01}	$p_{0\cdot} = p_0$
1	p_{10}	p_{11}	$p_{1\cdot} = p_1$
	$p_{\cdot 0} = q_0$	$p_{\cdot 1} = q_1$	1

Es ist zu prüfen, ob die Zufallsgrößen X und Y unabhängig sind. Dazu sind folgende Schritte notwendig:

1. H_0: Die Zufallsgrößen X und Y sind in der zweidimensionalen Grundgesamtheit (X, Y) unabhängig, d. h., $p_{00} = p_0 q_0$, $p_{01} = p_0 q_1$, $p_{10} = p_1 q_0$, $p_{11} = p_1 q_1$.

2. Vorgabe der Irrtumswahrscheinlichkeit α.

3. Es wird eine mathematische Stichprobe (X_i, Y_i), $i = 1, 2, \ldots, n$, vom Umfang n aus der zweidimensionalen Grundgesamtheit (X, Y) betrachtet.

Die absoluten Häufigkeiten H_{kl} $(k, l = 0, 1)$ werden in einer 2×2- (oder auch Vierfelder-) Tafel zusammengefaßt.

X \ Y	0	1	Summe
0	H_{00}	H_{01}	$H_{0\cdot}$
1	H_{10}	H_{11}	$H_{1\cdot}$
Summe	$H_{\cdot 0}$	$H_{\cdot 1}$	n

Die in Abschnitt 3.3.9 verwendete Pearsonsche Stichprobenfunktion (3.69) lautet dann

$$U = \frac{(H_{00} - np_0q_0)^2}{np_0q_0} + \frac{(H_{01} - np_0q_1)^2}{np_0q_1} + \frac{(H_{10} - np_1q_0)^2}{np_1q_0} + \frac{(H_{11} - np_1q_1)^2}{np_1q_1}. \tag{3.72}$$

Für die unbekannten Wahrscheinlichkeiten $P(X = 0) = p_0$ und $P(Y = 0) = q_0$ werden in (3.72) die entsprechenden Maximum-Likelihood-Schätzungen $\hat{p}_0 = \frac{H_{0\cdot}}{n}$ $(\hat{p}_1 = 1 - \hat{p}_0)$ und $\hat{q}_0 = \frac{H_{\cdot 0}}{n}$ $(\hat{q}_1 = 1 - \hat{q}_0)$ eingesetzt. Dann ergibt sich nach entsprechenden Umformungen:

$$U = \frac{n(H_{00}H_{11} - H_{10}H_{01})^2}{H_{0\cdot}H_{1\cdot}H_{\cdot 0}H_{\cdot 1}}. \tag{3.73}$$

Diese Prüfgröße ist asymptotisch Chi-Quadrat-verteilt mit $m = k - r - 1$; also $m = 4 - 2 - 1 = 1$ Freiheitsgrad.

4. Den kritischen Bereich K bestimmen wir für die einseitige Fragestellung aus der Relation

$$P(U \geq \chi^2_{1-\alpha;1} | H_0) = \alpha,$$

wobei wir den entsprechenden kritischen Wert $\chi^2_{1-\alpha;1}$ aus Tafel 3 entnehmen.

5. Mit einer konkreten Stichprobe (x_i, y_i) $(i = 1, 2, \ldots, n)$ vom Umfang n aus der zweidimensionalen Grundgesamtheit (X, Y) ermitteln wir eine Realisierung der Prüfgröße (3.73)

$$u = \frac{n(h_{00}h_{11} - h_{01}h_{10})^2}{h_{0\cdot}h_{1\cdot}h_{\cdot 0}h_{\cdot 1}}, \tag{3.74}$$

wobei die Größen h_{kl} $(k, l = 0, 1)$ und $h_{0.}, h_{1.}, h_{.0}, h_{.1}$ Realisierungen der entsprechenden Größen in (3.73) darstellen.

6. Der Entscheid über die Nullhypothese H_0 wird in folgender Weise gefällt:
Ist $u < \chi^2_{1-\alpha;1}$, so wird H_0 nicht abgelehnt, d. h., beide Merkmale werden als unabhängig angesehen; ist $u \geq \chi^2_{1-\alpha;1}$, so wird H_0 abgelehnt.

Anmerkungen: 1. Die in (3.73) angegebene Prüfgröße ist für $n > 60$, $H_{.0} \geq 5$ und $H_{.1} \geq 5$ mit guter Näherung χ^2-verteilt mit $m = 1$ Freiheitsgrad. Das ist auch noch für einen Stichprobenumfang $20 \leq n \leq 60$ der Fall, wenn (3.73) mit der Korrektur von Yates (vgl. [MLS]) angewandt wird:

$$U = \frac{n(|H_{00}H_{11} - H_{01}H_{10}| - n/2)^2}{H_{0.}H_{1.}H_{.0}H_{.1}}. \tag{3.75}$$

2. Im Fall der 2×2-Tafel haben wir einen Unabhängigkeitstest betrachtet, bei dem jede der beiden Zufallsgrößen nur zwei mögliche Realisierungen hatte. Haben X und Y mehr als zwei mögliche Ausgänge, so wird eine sogenannte $m \times n$-*Tafel* verwendet (vgl. [RA2]).

3. Eine Alternative zu dem hier vorgestellten asymptotischen Test ist unter dem Namen „Exakter Test von Fisher" bekannt.

Beispiel 3.27: Ein Erzeugnis wird nach einem neuen Verfahren gefertigt. Dabei wird eine geringere Ausschußquote als bei Einsatz des alten Verfahrens beobachtet. Es erhebt sich die Frage, ob mit einer Irrtumswahrscheinlichkeit $\alpha = 0.05$ ein Zusammenhang zwischen der Art der Fertigung und der aufgetretenen Ausschußquote nachzuweisen ist.

Zu ihrer Beantwortung werden der nach dem alten und nach dem neuen Verfahren erfolgten Produktion $n = 360$ Erzeugnisse entnommen und bei jedem geprüft, ob es qualitätsgerecht ist oder nicht. Die aufgetretenen Häufigkeiten sind in einer Vierfelder-Tafel (Tabelle 3.11) festgehalten.

	Altes Verfahren	Neues Verfahren	Summe
Qualitätsgerecht	142	188	330
Nicht qualitätsgerecht	18	12	30
Summe	160	200	360

Tabelle 3.11: Vierfelder-Tafel für Beispiel 3.27

Zur Prüfung stellen wir die Nullhypothese

$$H_0 : \text{ „Beide Merkmale sind unabhängig"}$$

auf. Mit den in Tabelle 3.11 enthaltenen Werten errechnen wir eine Realisierung der Prüfgröße (3.73):

$$u = \frac{360(142 \cdot 12 - 188 \cdot 18)^2}{160 \cdot 200 \cdot 330 \cdot 30} = 3.207.$$

Für die Irrtumswahrscheinlichkeit $\alpha = 0.05$ lesen wir in Tafel 3 den kritischen Wert $\chi^2_{0.95;1} = 3.8$ ab. Zum Entscheid werden beide Werte verglichen.

Da $u = 3.207 < 3.8 = \chi^2_{0.95;1}$ ist, wird die Nullhypothese nicht abgelehnt, d. h., beide Merkmale werden als unabhängig betrachtet. Zwischen der Art der Fertigung und der Qualität der Erzeugnisse kann also keine Abhängigkeit nachgewiesen werden. $\lhd$

Das Rangprüfverfahren von Mann-Whitney: Zur Untersuchung der Fragestellung, ob zwei unabhängig voneinander gewonnene Stichproben, kurz zwei unabhängige Stichproben, aus identisch verteilten Grundgesamtheiten gezogen sein können, ist es möglich, das Prüfverfahren von Mann und Whitney einzusetzen. Das ist z. B. dann der Fall, wenn ein Erzeugnis auf zwei Maschinen gefertigt wird und ermittelt werden soll, ob sich die auf beiden Maschinen gefertigten Erzeugnisse hinsichtlich eines bestimmten Qualitätsmerkmals unterscheiden. Es ist also zu prüfen, ob für die beiden Grundgesamtheiten X und Y $F_X(t) = F_Y(t)$ für alle t $(-\infty < t < +\infty)$ gilt. Dabei wird vorausgesetzt, daß X und Y stetige Zufallsgrößen sind.

Dazu werden die beiden mathematischen Stichproben $(X_1, X_2, \ldots, X_{n_1})$ vom Umfang n_1 aus der Grundgesamtheit X und $(Y_1, Y_2, \ldots, Y_{n_2})$ vom Umfang n_2 aus der Grundgesamtheit Y zu einer Stichprobe vom Umfang $n_1 + n_2$ vereinigt. Die Elemente dieser Stichprobe ordnen wir mit dem kleinsten beginnend der Größe nach, d. h., wir stellen eine Rangordnung her und ermitteln die Gesamtzahl der Inversionen dieser Stichprobe.

Dabei wird unter einer *Inversion* eines beliebigen Paares (X_i, Y_k) die Erfüllung der Relation $Y_k \le X_i$ verstanden. Eine Inversion liegt also vor, wenn in der Rangfolge Y_k vor X_i steht.

Anmerkung: Stehen alle X_i $(i = 1, 2, \ldots, n_1)$ in der Rangfolge vor den Y_k $(k = 1, 2, \ldots, n_2)$, so ist die Anzahl der Inversionen also Null. Begründen Sie, warum diese dann, wenn alle Y_k $(k = 1, 2, \ldots, n_2)$ vor den X_i $(i = 1, 2, \ldots, n_1)$ stehen, $n_1 \cdot n_2$ beträgt. In beiden Fällen werden die Stichproben nicht aus derselben Grundgesamtheit stammen.

Die Gesamtzahl der Inversionen in der aus den beiden Stichproben gebildeten Stichprobe läßt sich in folgender Form als Zufallsgröße Z darstellen:

$$Z = \sum_{k=1}^{n_2} \sum_{i=1}^{n_1} \mathrm{I}(Y_k - X_i)\,, \tag{3.76}$$

wobei

$$\mathrm{I}(Y_k - X_i) = \begin{cases} 1 & \text{für } Y_k - X_i \le 0; \\ 0 & \text{für } Y_k - X_i > 0 \end{cases} \tag{3.77}$$

ist. Für den Fall unabhängiger stetiger Zufallsgrößen X, Y und $F_X(t) = F_Y(t)$ gilt:

$$P(Y - X \leq 0) = P(Y - X > 0) = \frac{1}{2}. \tag{3.78}$$

In [FIS] wird bewiesen, daß in diesem Fall für Erwartungswert und Varianz der Zufallsgröße Z gemäß (3.76) folgende Beziehungen gelten:

$$E(Z) = \frac{1}{2}n_1 n_2 \quad \text{bzw.} \quad D^2(Z) = \frac{1}{12}n_1 n_2(n_1 + n_2 + 1).$$

Mann und Whitney haben gezeigt, daß die durch Standardisierung von Z gebildete Zufallsgröße asymptotisch $N(0;1)$-verteilt ist.
Wir wenden nun folgendes Prüfverfahren an:
1. H_0 : $F_X(t) = F_Y(t)$ für alle t.
Die entsprechende Ersatzhypothese lautet:

$$H_0^* : \quad P(Y - X \leq 0) = P(Y - X > 0) = \frac{1}{2}.$$

2. Vorgabe der Irrtumswahrscheinlichkeit α.
3. Die mathematischen Stichproben $(X_1, X_2, \ldots, X_{n_1})$ vom Umfang n_1 aus der Grundgesamtheit X und $(Y_1, Y_2, \ldots, Y_{n_2})$ vom Umfang n_2 aus der Grundgesamtheit Y werden zu einer Stichprobe vom Umfang $n = n_1 + n_2$ vereinigt.
Die Prüfgröße

$$U = \frac{Z - \frac{1}{2}n_1 n_2}{\sqrt{\frac{1}{12}n_1 n_2(n_1 + n_2 + 1)}}. \tag{3.79}$$

unterliegt bei richtiger Nullhypothese asymptotisch einer Standardnormalverteilung.
4. Der kritische Bereiche K ist bei zweiseitiger Fragestellung aus der Relation

$$P\left(|U| \geq z_{1-\frac{\alpha}{2}} | H_0\right) = \alpha \tag{3.80}$$

zu bestimmen.
5. Aus einer konkreten Stichprobe x_i $(i = 1, 2, \ldots, n_1)$ vom Umfang n_1 aus der Grundgesamtheit X und einer konkreten Stichprobe y_k $(k = 1, 2, \ldots, n_2)$ aus der Grundgesamtheit Y vom Umfang n_2 bilden wir die vereinigte Stichprobe vom Umfang $n_1 + n_2 = n$. Wir bestimmen die Anzahl der Inversionen z und berechnen die Prüfgröße

$$u = \frac{z - \frac{1}{2}n_1 n_2}{\sqrt{\frac{1}{12}n_1 n_2(n_1 + n_2 + 1)}}. \tag{3.81}$$

6. Der Entscheid über die Nullhypothese erfolgt in folgender Weise:
Ist $|u| < z_{1-\frac{\alpha}{2}}$, so wird H_0 nicht abgelehnt; ist $|u| \geq z_{1-\frac{\alpha}{2}}$, so wird H_0 abgelehnt.
Anmerkung: In der Regel wird empfohlen, die asymptotische Aussage über die Prüfgröße (3.79) dann anzuwenden, wenn die Bedingungen $n_1 \geq 4$, $n_2 \geq 4$ und $n_1 + n_2 \geq 20$ erfüllt sind. Im anderen Fall ist mit der exakten Verteilung der Zufallsgröße Z zu arbeiten. Tafeln hierfür sind in [WEE] enthalten.

Beispiel 3.28: Auf zwei Prüfgeräten sollen für ein bestimmtes Material Dehnungsversuche durchgeführt werden. In einem Vorversuch soll mit einer Irrtumswahrscheinlichkeit $\alpha = 0.05$ ermittelt werden, ob beide Geräte gleichmäßig arbeiten, d. h., ob die an beiden Geräten ermittelten Meßwerte einer Grundgesamtheit entstammen. Dazu wurden die an Probestäben eines bestimmmten Materials für eine feste Belastung ermittelten Dehnungen in mm festgehalten. Die geordneten Werte der Stichproben, die Rangzahlen und die Anzahl der Inversionen sind in der nachfolgenden Tabelle 3.12 zusammengefaßt:

Meßwerte		Rangzahlen		Inversionen
x_i	y_k			
5.0	–	1	–	–
–	5.2	–	2	9
9.9	–	3	–	–
–	10.1	–	4	8
–	14.5	–	5	8
14.6	–	6	–	–
20.1	–	7	–	–
–	20.2	–	8	6
–	24.8	–	9	6
25.0	–	10	–	–
–	26.9	–	11	5
30.6	–	12	–	–
–	35.8	–	13	4
36.0	–	14	–	–
40.4	–	15	–	–
–	40.6	–	16	2
45.1	–	17	–	–
–	45.8	–	18	1
49.8	–	19	–	–
–	50.0	–	20	0
				49

Tabelle 3.12: Meßwerte, Rangzahlen und Anzahl der Inversionen für das Beispiel 3.28

Zu prüfen ist die Nullhypothese

H_0: „Die an beiden Geräten ermittelten Meßwerte entstammen
Grundgesamtheiten mit identischer Verteilung "

Insgesamt treten $u_n = 49$ Inversionen auf. Damit kann die Realisierung (3.81)
der Prüfgröße (3.79) berechnet werden:

$$u = \frac{49 - \frac{1}{2}10 \cdot 10}{\sqrt{\frac{1}{12}10 \cdot 10(10 + 10 + 1)}} = -0.0756.$$

Wir führen für die Irrtumswahrscheinlichkeit $\alpha = 0.05$ den Entscheid bei zweiseitiger Fragestellung durch, wobei $z_{0.975} = 1.96$ ist. Da nun
$|u| = 0.0756 < 1.96 = z_{0.975}$ ist, wird die Nullhypothese H_0 nicht abgelehnt,
d. h., die beiden Geräte unterscheiden sich in ihrer Arbeitsweise nicht signifikant voneinander. $\lhd$

3.4   Regressions- und Korrelationsanalyse

3.4.1   Einführung

In den vorangehenden Abschnitten dieses Kapitels hatten wir uns bei der Darstellung von Methoden der mathematischen Statistik auf Sachverhalte beschränkt, die durch eine einzelne Größe charakterisiert werden konnten. Sehr
häufig ist aber die gleichzeitige Beobachtung von zwei oder mehr Größen erforderlich. Eine Möglichkeit zur Behandlung daraus resultierender statistischer
Fragestellungen bilden die Methoden der Regressions- und Korrelationsanalyse.
Das soll zunächst an zwei Beispielen verdeutlicht werden:

Beispiel 3.29: Zur Bestimmung des Nitritgehaltes von Trink- und Oberflächen-
wasser wird das photometrische Analyseverfahren nach DIN 38405 Teil 51 eingesetzt. Bei diesem wird davon ausgegangen, daß in einer wäßrigen Lösung zwischen dem Nitritgehalt in mg/l und der Extinktion ein Zusammenhang besteht.
Dementsprechend soll aus der Extinktion einer Probe auf deren Nitritgehalt geschlossen werden. Die Kalibrierung (Eichung) des Verfahrens – nur darauf soll
hier eingegangen werden – erfolgt mit Hilfe der Analyse von wäßrigen Lösungen
mit festem Nitritgehalt. Dazu werden gewisse Werte des relevanten Arbeitsbe-
reiches des Nitrits und die Anzahl der Versuche zur Bestimmung der Extinktion
für jeden Wert des Nitrits vorgegeben. Die Aufgabe besteht darin, aus den Daten
einer Versuchsreihe die Abhängigkeit zwischen der Einflußgröße „Nitritgehalt"
und der Zielgröße „Extinktion" in der wäßrigen Lösung zu ermitteln.

In Tabelle 3.13 sind die Ergebnisse einer solchen Versuchsreihe enthalten[7]. Dabei sind x_i fest vorgegebene Werte der Einflußgröße und y_{ij} zufallsbehaftete Realisierungen der Zielgröße.

x	x_1	x_2	x_3	x_4	x_5	x_6	x_7	x_8	x_9	x_{10}
Y	0.05	0.10	0.15	0.20	0.25	0.30	0.35	0.40	0.45	0.50
y_{i1}	0.140	0.281	0.405	0.535	0.662	0.789	0.916	1.058	1.173	1.303
y_{i2}	0.143									1.302
y_{i3}	0.143									1.300
y_{i4}	0.146									1.304
y_{i5}	0.144									1.300
y_{i6}	0.145									1.296
y_{i7}	0.144									1.295
y_{i8}	0.146									1.301
y_{i9}	0.145									1.296
y_{i10}	0.148									1.306

Tabelle 3.13: Urliste für das Beispiel 3.29

Es stehen also $n = 28$ Meßwertpaare (x_i, y_{ij}) $(i = 1, 2, \ldots, 10; j = 1, 2, \ldots, n_i;$ $\sum_{i=1}^{10} n_i = 28$ mit $n_1 = n_{10} = 10$ und $n_2 = n_3 = \ldots = n_9 = 1)$ zur Verfügung. ◁

Im Beispiel liegt eine typische Aufgabe der Regressionsanalyse vor:
Ein realer Sachverhalt wird durch zwei Größen x und Y charakterisiert. Untersucht wird die Abhängigkeit der zufallsbehafteten Zielgröße Y von den fest vorgegebenen Werten der Einflußgröße x. Auf der Grundlage eines „Versuchsplans" werden die Werte der Einflußgröße festgelegt und die jeweiligen Realisierungen der Zielgröße ermittelt.

Anmerkung: Wird auch die Einflußgröße als Zufallsgröße X aufgefaßt, dann wird in der Regressionsanalyse davon ausgegangen, daß in der zweidimensionalen Zufallsgröße (X, Y) die Varianz von X gegenüber der von Y vernachlässigbar klein ist. Das betrifft z. B. Meßfehler bei der Bestimmung der Werte der Einflußgröße. Dann unterliegt die Zielgröße Y bei einem festen Wert der Einflußgröße $X = x$ einer bedingten Wahrscheinlichkeitsverteilung.
Kommen wir nun zum zweiten Beispiel:

Beispiel 3.30: Im Zeitraum 1990-1994 wurden in Magdeburg an einer vorgegebenen Stelle des linken Elbufers einmal wöchentlich der Gehalt des Wassers an Sulfat und an Chlorid in mg/l ermittelt[8]. Ziel der Untersuchung war es, eine vermutete Abhängigkeit zwischen dem Sulfat- und dem Chloridgehalt des Elbwassers zu bestätigen. Der vorliegende Sachverhalt wird durch die beiden

---

[7]Entnommen DIN 38402 Teil 51 S. 11.
[8]Zur Verfügung gestellt vom Institut für Gewässerforschung Magdeburg.

Zufallsgrößen $X :=$ „Sulfatgehalt des Elbwassers" und $Y :=$ „Chloridgehalt des Elbwassers" charakterisiert, die zu der zweidimensionalen Zufallsgröße (X, Y) zusammengefaßt werden. Einen ersten Überblick über das vorliegende Datenmaterial vermittelt die im Bild 3.23 dargestellte Menge von $n = 312$ Meßwertpaaren (x_i, y_i) $(i = 1, 2, \ldots, 312)$.

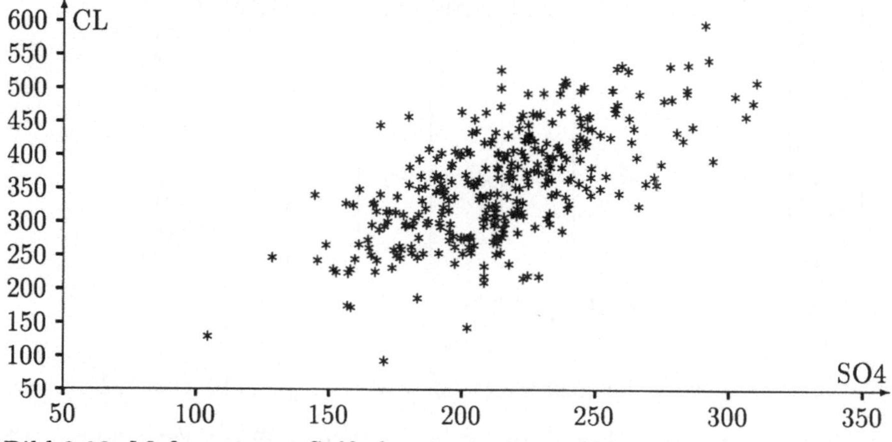

Bild 3.23: Meßwertpaare Sulfatkonzentration – Chloridkonzentration

Die so entstandene Punktwolke zeigt die Tendenz, daß mit wachsendem Sulfatgehalt auch der des Chlorids steigt, zwischen beiden Merkmalen also eine gewisse Abhängigkeit besteht. ◁

In diesem Beispiel ist eine für die Korrelationsanalyse typische Aufgabe zu lösen: Ein realer Sachverhalt wird durch zwei Zufallsgrößen X und Y gekennzeichnet. Das entsprechende stochastische Modell ist eine zweidimensionale Zufallsgröße (X, Y). Auf der Basis einer Menge von n Realisierungen (x_i, y_i) $(i = 1, 2, \ldots, n)$ von (X, Y) sind Aussagen über den Korrelationskoeffizienten ϱ_{XY} von (X, Y) zu machen.

Im folgenden werden wir einige wichtige Methoden der Regressions- und Korrelationsanalyse kennenlernen. Dabei wollen wir uns auf den Fall zweier meßbarer Größen und einen linearen Zusammenhang zwischen ihnen beschränken. Für weitergehende Betrachtungen verweisen wir u. a. auf [SDB] und [WEE].

3.4.2 Regressionsanalyse

In Abschnitt 3.4.1 wurde dargelegt, daß durch eine Regressionsanalyse Aussagen über den funktionellen Zusammenhang zwischen einer Einflußgröße x

und einer Zielgröße Y ermöglicht werden. Dies erfolgt auf der Basis einer konkreten Stichprobe vom Umfang n. Sie besteht aus n Meßwertpaaren (x_i, y_{ij}) $(i = 1, 2, \ldots, k; j = 1, 2, \ldots, n_i; \sum_{i=1}^{k} n_i = n)$, wobei für jeden festen Wert x_i $(i = 1, 2, \ldots, k)$ der Einflußgröße die zugehörigen y_{ij} $(i = 1, 2, \ldots, k; j = 1, 2, \ldots, n_i; \sum_{i=1}^{k} n_i = n)$ der Zielgröße Realisierungen einer von dem Wert x_i abhängigen Zufallsgröße Y_{x_i} sind.

Anmerkung: Bei der Regressionsanalyse ist also die Grundgesamtheit eine von den festen Werten x_i der Einflußgröße x abhängige Menge von eindimensionalen Zufallsgrößen Y_{x_i}. Die mathematische Stichprobe besteht dann aus n unabhängigen und (für jeden Wert x_i) jeweils n_i identisch verteilten Zufallsgrößen:

$$(Y_{x_1}, \ldots, Y_{x_1}, Y_{x_2}, \ldots, Y_{x_2}, \ldots, Y_{x_k}, \ldots, Y_{x_k}),$$

$$\text{kurz} \quad (x_i, Y_{ij}) \ (i = 1, 2, \ldots, k; j = 1, 2, \ldots, n_i; \sum_{i=1}^{k} n_i = n).$$

Die Elemente der konkreten Stichprobe werden, wie im Beispiel 3.29 schon angedeutet, günstig in Tabellenform angeordnet:

Y \\ x	x_1	x_2	$\ldots$	x_k
y_{i1}	y_{11}	y_{21}		y_{k1}
y_{i2}	y_{12}	y_{22}		y_{k2}
$\vdots$	$\vdots$	$\vdots$		$\vdots$
y_{in_i}	y_{1n_1}	y_{2n_2}		y_{kn_k}

Beispiel 3.29 (Fortsetzung): Aus den in der Urliste (Tabelle 3.13) zusammengestellten Meßwerten ersehen wir, daß für größere Werte des Nitritgehalts größere Werte der Extinktion zu erwarten sind. Es besteht also eine Abhängigkeit zwischen beiden Größen, die jedoch nicht durch eine Funktionalgleichung erfaßt werden kann. Es kann vermutet werden, daß zwischen den beiden Größen ein linearer Zusammenhang besteht. ◁

Wie kann ein solcher Zusammenhang beschrieben werden?

Wir gehen von folgendem stochastischen Modell, dem sogenannten normalverteilten linearen Modell, aus:

$$Y_x = \beta_1 + \beta_2 x + Z \tag{3.82}$$

Die von der Einflußgröße x abhängige Zielgröße Y_x ist die Summe aus einer linearen Funktion $\beta_1 + \beta_2 x$ und einer normalverteilten Zufallsgröße Z mit $E(Z) = 0$ und $D^2(Z) = \sigma^2$. Die Zufallsgröße Z läßt sich als Meßfehler interpretieren.

Die Zielgröße Y_x unterliegt also für jeden festen Wert der Einflußgröße x einer Normalverteilung mit dem Erwartungswert

$$E(Y_x) = \beta_1 + \beta_2 x \tag{3.83}$$

und der Varianz

$$D^2(Y_x) = \sigma^2 = \text{constant.} \tag{3.84}$$

In (3.83) kommt zum Ausdruck, daß zwischen der Einfluß- und der Zielgröße im Mittel eine lineare Abhängigkeit besteht. Diese Gerade bezeichnen wir als (theoretische) *Regressionsgerade* und ihren Anstieg β_2 als (theoretischen) *Regressionskoeffizienten*. Er gibt an, um wieviel die Zielgröße Y im Mittel zunimmt, wenn die Einflußgröße x um eine Einheit wächst. Die Varianz σ^2 wird Varianz um die Regressionsgerade oder auch *Restvarianz* genannt. Dieser Kennwert gibt den Anteil der Gesamtvarianz der Zielgröße Y an, der nicht auf die Abhängigkeit zwischen den beiden Größen zurückzuführen ist. In Bild 3.24 sind die Voraussetzungen der (linearen) Regressionsanalyse veranschaulicht.

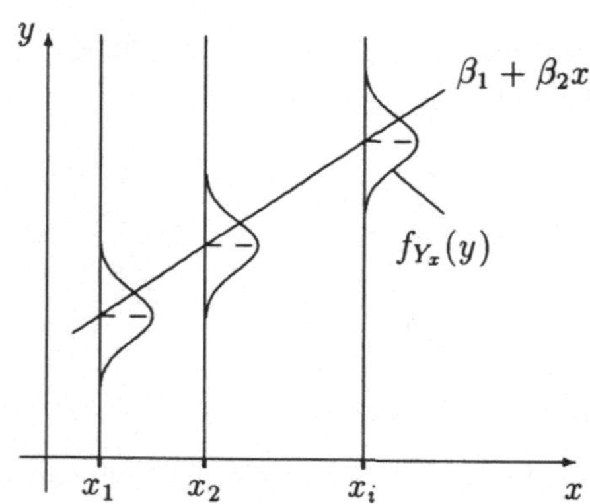

Bild 3.24: Veranschaulichung der Voraussetzungen der Regressionsanalyse bei zwei meßbaren Merkmalen

3.4.2.1 Schätzung der Parameter

Schätzung der Parameter β_1 und β_2: Mit einer konkreten Stichprobe (x_i, y_{ij}) $(i = 1, 2, \ldots, k; j = 1, 2, \ldots, n_i; \sum_{i=1}^{k} n_i = n)$ erhalten wir Realisierungen b_1 und b_2 der aus einer mathematischen Stichprobe gewonnenen Punktschätzfunktionen $\hat{\beta}_1$, $\hat{\beta}_2$ der Parameter β_1 und β_2. Wir bezeichnen $\hat{\beta}_2$ als empirischen und b_2 als konkreten *empirischen Regressionskoeffizienten*. Gleichzeitig damit ergibt sich eine Realisierung

$$y(x) = b_1 + b_2 x \tag{3.85}$$

der Punktschätzfunktion $\hat{y}(x) = \hat{\beta}_1 + \hat{\beta}_2 x$ von (3.83). Wir nennen $\hat{y}(x)$ empirische und $y(x)$ konkrete *empirische Regressionsgerade*.

Die Ermittlung der Realisierungen b_1 und b_2 mit Hilfe der konkreten Stichprobe soll nun so vorgenommen werden, daß sich die konkrete empirische Regressionsgerade (3.85) den Meßwertpaaren möglichst gut anpaßt.

Dazu verwenden wir die Gaußsche Methode der kleinsten Quadrate, bei der diese Schätzwerte b_1 und b_2 aus der Forderung

$$\sum_{i=1}^{k}\sum_{j=1}^{n_i}(y_{ij} - y(x_i))^2 = \sum_{i=1}^{k}\sum_{j=1}^{n_i}(y_{ij} - b_1 - b_2 x_i)^2 \to \min \qquad (3.86)$$

ermittelt werden. Die Größen b_1 und b_2 sind also so zu bestimmen, daß die Quadratsumme der Ordinatendifferenzen (Summe der Abweichungs- bzw. Fehlerquadrate) zwischen den Punkten (x_i, y_{ij}) und $(x_i, y(x_i))$ minimiert werden. Veranschaulichen Sie sich diese Forderung an einer Skizze!

Wir haben damit eine Extremwertaufgabe für eine Funktion der beiden Variablen b_1 und b_2 zu lösen. In unserem speziellen Fall ist die zu minimierende Funktion eine stetige und differenzierbare Funktion der zu schätzenden Parameter, die hier außerdem linear in die Funktion $y(x)$ eingehen. Durch Nullsetzen der partiellen Ableitungen von (3.86) nach b_1 und b_2 erhalten wir folgendes lineare inhomogene Gleichungssystem:

$$\begin{aligned}
\frac{\partial\left[\sum_{i=1}^{k}\sum_{j=1}^{n_i}(y_{ij} - b_1 - b_2 x_i)^2\right]}{\partial b_1} &= -2\sum_{i=1}^{k}\sum_{j=1}^{n_i}(y_{ij} - b_1 - b_2 x_i) = 0; \\
\frac{\partial\left[\sum_{i=1}^{k}\sum_{j=1}^{n_i}(y_{ij} - b_1 - b_2 x_i)^2\right]}{\partial b_2} &= -2\sum_{i=1}^{k}\sum_{j=1}^{n_i}(y_{ij} - b_1 - b_2 x_i)x_i = 0.
\end{aligned} \qquad (3.87)$$

Durch einfache Umformungen ergeben sich aus (3.87) die Gaußschen Normalgleichungen

$$\begin{aligned}
b_1 n + b_2 \sum_{i=1}^{k} n_i x_i &= \sum_{i=1}^{k}\sum_{j=1}^{n_i} y_{ij}\,; \\
b_1 \sum_{i=1}^{k} n_i x_i + b_2 \sum_{i=1}^{k} n_i x_i^2 &= \sum_{i=1}^{k}\sum_{j=1}^{n_i} x_i y_{ij}\,.
\end{aligned} \qquad (3.88)$$

Mit $\overline{x} = \frac{1}{n} \sum\limits_{i=1}^{k} n_i x_i$ und $\overline{y} = \frac{1}{n} \sum\limits_{i=1}^{k} \sum\limits_{j=1}^{n_i} y_{ij}$ erhalten wir für (3.88) die Lösung

$$b_2 = \frac{\sum\limits_{i=1}^{k} \sum\limits_{j=1}^{n_i} (x_i - \overline{x})(y_{ij} - \overline{y})}{\sum\limits_{i=1}^{k} n_i (x_i - \overline{x})^2} \tag{3.89}$$

$$= \frac{\sum\limits_{i=1}^{k} \sum\limits_{j=1}^{n_i} x_i y_{ij} - \frac{1}{n} \left(\sum\limits_{i=1}^{k} n_i x_i \right) \left(\sum\limits_{i=1}^{k} \sum\limits_{j=1}^{n_i} y_{ij} \right)}{\sum\limits_{i=1}^{k} n_i x_i^2 - \frac{1}{n} \left(\sum\limits_{i=1}^{k} n_i x_i \right)^2};$$

$$b_1 = \overline{y} - b_2 \overline{x}. \tag{3.90}$$

Setzen wir (3.90) in (3.85) ein, erhalten wir

$$y(x) = b_1 + b_2 x = (\overline{y} - b_2 \overline{x}) + b_2 x = \overline{y} + b_2 (x - \overline{x}). \tag{3.91}$$

Die konkrete empirische Regressionsgerade (3.85) wird häufig durch den Zusatz „von y in bezug auf x" genauer erläutert.

Führen wir die obigen Betrachtungen nicht für eine konkrete, sondern für eine mathematische Stichprobe vom Umfang n durch, so erhalten wir an Stelle der Schätzwerte b_1 und b_2 die entsprechenden Punktschätzfunktionen $\hat{\beta}_1$ und $\hat{\beta}_2$ mit

$$E(\hat{\beta}_1) = \beta_1 \quad \text{und} \quad D^2(\hat{\beta}_1) = \sigma^2 \left(\frac{1}{n} + \frac{\overline{x}^2}{\sum\limits_{i=1}^{k} n_i (x_i - \overline{x})^2} \right) \tag{3.92}$$

bzw.

$$E(\hat{\beta}_2) = \beta_2 \quad \text{und} \quad D^2(\hat{\beta}_2) = \frac{\sigma^2}{\sum\limits_{i=1}^{k} n_i (x_i - \overline{x})^2}. \tag{3.93}$$

Die Schätzungen $\hat{\beta}_1$ und $\hat{\beta}_2$ sind lineare Funktionen der Stichprobenelemente und damit unter den getroffenen Voraussetzungen selbst wieder normalverteilt. Sie besitzen die Eigenschaften von Maximum-Likelihood-Schätzungen, da sich die Methode der kleinsten Quadrate als Sonderfall der Maximum-Likelihood-Methode darstellen läßt.

Die Punktschätzfunktion $\hat{\beta}_1 + \hat{\beta}_2 x$ ist ebenfalls normalverteilt mit

$$E(\hat{\beta}_1 + \hat{\beta}_2 x) = \beta_1 + \beta_2 x \quad \text{und} \quad D^2(\hat{\beta}_1 + \hat{\beta}_2 x) = \sigma^2 \left(\frac{1}{n} + \frac{(x - \overline{x})^2}{\sum\limits_{i=1}^{k} n_i (x_i - \overline{x})^2} \right), \quad (3.94)$$

wobei bei der Berechnung der Varianz zu beachten ist, daß $\hat{\beta}_1$ und $\hat{\beta}_2$ abhängige Zufallsgrößen mit der Kovarianz

$$cov(\hat{\beta}_1, \hat{\beta}_2) = - \frac{\sigma^2 \, \overline{x}}{\sum\limits_{i=1}^{k} n_i (x_i - \overline{x})^2}$$

sind.

Anmerkung: Die Vorgehensweise zur Berechnung der Parameterschätzungen auf der Basis der Normalengleichungen gestattete es, die Schätzungen $\hat{\beta}_1$ und $\hat{\beta}_2$ explizit anzugeben. Ist die Funktion $y(x)$ nach ihren Parametern nicht differenzierbar, scheidet dieser Lösungsweg aus. Außerdem kann numerische Stabilität bei der Lösung mit Hilfe der Gaußschen Normalengleichungen nicht gesichert werden.

Schätzung des Parameters σ^2: Aus einer konkreten Stichprobe (x_i, y_{ij}) erhalten wir eine Realisierung s_R^2 der aus einer mathematischen Stichprobe gewonnenen entsprechenden Punktschätzfunktion $\hat{\sigma}^2$ der Restvarianz σ^2. Wir bezeichnen $\hat{\sigma}^2$ als *empirische* und s_R^2 als *konkrete empirische Restvarianz*.

Indem wir von den Differenzen $(y_{ij} - y(x_i))$ ausgehen, ist es sinvoll, die konkrete empirische Restvarianz s_R^2 folgendermaßen zu erklären:

$$s_R^2 = \frac{1}{n-2} \sum_{i=1}^{k} \sum_{j=1}^{n_i} (y_{ij} - y(x_i))^2 = \frac{1}{n-2} \sum_{i=1}^{k} \sum_{j=1}^{n_i} (y_{ij} - b_1 - b_2 x_i)^2 \,. \quad (3.95)$$

Veranschaulichen Sie sich (3.95) mit Hilfe einer Skizze!

Wird die in (3.95) für die konkrete empirische Restvarianz s_R^2 gegebene Erklärung auf die aus einer mathematischen Stichprobe zu ermittelnde empirische Restvarianz $\hat{\sigma}^2$ übertragen, so läßt sich zeigen (z. B. [SDB],[WEE]), daß diese eine erwartungstreue Schätzung für σ^2 ist.

Formel (3.95) kann auch in der folgenden Form geschrieben werden:

$$s_R^2 \;=\; \frac{1}{n-2} \left[\sum_{i=1}^{k} \sum_{j=1}^{n_i} y_{ij}^2 - \frac{1}{n} \left(\sum_{i=1}^{k} \sum_{j=1}^{n_i} y_{ij} \right)^2 \right.$$
$$\left. - \; b_2 \left(\sum_{i=1}^{k} \sum_{j=1}^{n_i} x_i y_{ij} - \frac{1}{n} \sum_{i=1}^{k} n_i x_i \sum_{i=1}^{k} \sum_{j=1}^{n_i} y_{ij} \right) \right] \,.$$

Beispiel 3.29 (Fortsetzung): Unter der Annahme, daß für einen bestimmten Nitritgehalt die zugeordneten Werte der Extinktion normalverteilt sind, soll aus den Daten der Urliste (Tabelle 3.13) unter Verwendung von (3.90) bis (3.95) eine Regressionsanalyse durchgeführt werden.

Lösung: Mit

$\sum\limits_{i=1}^{10} n_i x_i$	$\sum\limits_{i=1}^{10}\sum\limits_{j=1}^{n_i} y_{ij}$	$\sum\limits_{i=1}^{10} n_i(x_i - \overline{x})^2$	$\sum\limits_{i=1}^{10}\sum\limits_{j=1}^{n_i}(x_i - \overline{x})(y_{ij} - \overline{y})$
7.70000	20.26600	1.11750	2.87025

ergeben sich

$$\overline{x} \;=\; \frac{1}{28}\cdot 7.70000 = 0.27500\;;\quad \overline{y} \;=\; \frac{1}{28}\cdot 20.26600 = 0.72378\;;$$

$$b_2 \;=\; \frac{2.87025}{1.11750} = 2.56846 \approx 2.568\;;$$

$$b_1 \;=\; 0.72378 - 2.56846\cdot 0.27500 = 0.01745 \approx 0.017$$

und schließlich die konkrete empirische Regressionsgerade:

$$y(x) = 0.017 + 2.568\,x\;.$$

Als Schätzwert für die unbekannte Restvarianz σ^2 erhalten wir nach Formel (3.95) mit $b_1 = 0.01745, b_2 = 2.56846$ die konkrete empirische Restvarianz $s_R^2 = 0.000017$. Damit ist $s_R = 0.004$.

Denselben Zahlenwert würden wir auch nach der anders geschriebenen Variante von Formel (3.95) erhalten. Bei Benutzung der gerundeten Werte $b_1 = 0.017, b_2 = 2.568$ liefert Formel (3.95) für s_R^2 den Wert 0.000018, während nach der anders geschriebenen Variante der Wert 0.000068 entsteht. Dies macht deutlich, daß Formel (3.95) die numerisch stabilere Variante ist.

Bei Zunahme des Nitritgehalts um 1 mg/l wächst also die Extinktion im Mittel um $b_2 = 2.568$. Aus der Größe der Restvarianz kann geschlossen werden, daß die Abhängigkeit zwischen dem Nitritgehalt und der Extinktion durch die konkrete empirische Regressionsgerade gut beschrieben wird. Darauf deutet der sehr kleine Schätzwert der Restvarianz hin. Es ist weiter anzumerken, daß mit der berechneten Regressionsgeraden nur eine Aussage für das von den Meßpunkten überstrichene Intervall $0.05 \leq x \leq 0.5$ sinnvoll ist. $\lhd$

3.4.2.2 Prüfung der Parameter; Konfidenzbereiche

Im folgenden werden wir einige in Verbindung mit Regressionsanalysen wichtige statistische Prüfverfahren kennenlernen.

Prüfung des Regressionskoeffizienten: Häufig tritt bei der Untersuchung der Abhängigkeit von zwei Größen die Frage auf, ob der ermittelte konkrete empirische Regressionskoeffizient b_2 mit einem vorgegebenen Wert $\beta_{2\,0}$ vereinbar ist. Zur Prüfung dieser Frage wird das folgende Prüfverfahren angewandt:

1. $H_0 : \beta_2 = \beta_{2\,0}$.

2. Vorgabe der Irrtumswahrscheinlichkeit α.

3. Auf der Grundlage einer mathematischen Stichprobe vom Umfang n aus einer Grundgesamtheit (x, Y_x) mit normalverteilten Zufallsgrößen Y_x und unter den oben angegebenen Voraussetzungen unterliegt die Prüfgröße

$$U = \frac{\hat{\beta}_2 - \beta_{2\,0}}{\hat{\sigma}} \sqrt{\sum_{i=1}^{k} n_i (x_i - \overline{x})^2} \tag{3.96}$$

bei richtiger Nullhypothese H_0 einer Student-Verteilung mit $m = n - 2$ Freiheitsgraden, da bei der Standardisierung die unbekannte Restvarianz σ^2 durch ihre Schätzung ersetzt wurde.

4. Der kritische Bereich K für die zweiseitige Fragestellung wird mit Hilfe der Tafel 2 aus folgender Relation bestimmt:

$$P(|U| \geq t_{1-\frac{\alpha}{2};m} | H_0) = \alpha. \tag{3.97}$$

5. Mit Hilfe einer konkreten Stichprobe (x_i, y_{ij}) $(i = 1, 2, \ldots, k; j = 1, 2, \ldots, n_i;$ $\sum_{i=1}^{k} n_i = n)$ vom Umfang n aus der Grundgesamtheit (x, Y_x) wird eine Realisierung von (3.96) errechnet:

$$u = \frac{b_2 - \beta_{2\,0}}{s_R} \sqrt{\sum_{i=1}^{k} n_i (x_i - \overline{x})^2} \ . \tag{3.98}$$

6. Die Entscheidung über die Nullhypothese H_0 erfolgt in folgender Art:
Ist $|u| < t_{1-\frac{\alpha}{2};m}$, so wird H_0 nicht abgelehnt; ist $|u| \geq t_{1-\frac{\alpha}{2};m}$, so wird H_0 abgelehnt.

Beispiel 3.29 (Fortsetzung):   Es ist zu prüfen, ob der errechnete konkrete empirische Regressionskoeffizient $b_2 = 2.568$ mit dem vorgegebenen Wert $\beta_{2\,0} = 0$ vereinbar ist, wobei eine Irrtumswahrscheinlichkeit $\alpha = 0.01$ zugrunde gelegt wird. Von der Nullhypothese $H_0 : \beta_2 = 0$ ausgehend, können wir mit den oben errechneten Werten eine Realisierung der Prüfgröße (3.96) ermitteln:

$$u = \frac{2.568 - 0}{0.004} \sqrt{1.1175} = 678.67 \ .$$

Dieser Wert wird mit dem in Tafel 2 angegebenen kritischen Wert $t_{0.995;26} = 2.78$ verglichen. Da $u = 678.67 > 2.78 = t_{0.995;26}$ ist, wird H_0 abgelehnt, d. h., β_2 ist signifikant von Null verschieden. Zwischen beiden Größen liegt Abhängigkeit vor. $\lhd$

Prüfung der Konstanten der Regressionsgeraden: Zur Prüfung der Frage, ob die bei der Untersuchung der Abhängigkeit von zwei Größen x und Y ermittelte konkrete empirische Konstante b_1 mit einem vorgegebenen Wert vereinbar ist, wird das folgende Prüfverfahren angewandt:

1. $H_0 : \beta_1 = \beta_{1\,0}$.

2. Vorgabe der Irrtumswahrscheinlichkeit α.

3. Auf der Grundlage einer mathematischen Stichprobe (x_i, Y_{ij}) vom Umfang n aus einer Grundgesamtheit (x, Y_x) mit normalverteilten Zufallsgrößen Y_x und unter den oben angegebenen Voraussetzungen wählen wir die Prüfgröße

$$U = \frac{\hat{\beta}_1 - \beta_{1\,0}}{\hat{\sigma}\sqrt{\dfrac{1}{n} + \dfrac{\overline{x}^2}{\sum\limits_{i=1}^{k} n_i(x_i - \overline{x})^2}}} \,, \tag{3.99}$$

die bei richtiger Nullhypothese H_0 einer Student-Verteilung mit $m = n - 2$ Freiheitsgraden unterliegt.

4. Der kritische Bereich K für die zweiseitige Fragestellung wird aus folgender Relation bestimmt:

$$P(|U| \geq t_{1-\frac{\alpha}{2};m}|H_0) = \alpha.$$

5. Mit Hilfe einer konkreten Stichprobe (x_i, y_{ij}) $(i = 1, 2, \ldots, k;$ $j = 1, 2, \ldots, n_i; \sum\limits_{i=1}^{k} n_i = n)$ vom Umfang n aus der Grundgesamtheit (x, Y_x) wird eine Realisierung von (3.99) errechnet:

$$u = \frac{b_1 - \beta_{1\,0}}{s_R\sqrt{\dfrac{1}{n} + \dfrac{\overline{x}^2}{\sum\limits_{i=1}^{k} n_i(x_i - \overline{x})^2}}} \,. \tag{3.100}$$

6. Der Entscheid über die Nullhypothese erfolgt in folgender Art:
Ist $|u| < t_{1-\frac{\alpha}{2};m}$, so wird H_0 nicht abgelehnt; ist $|u| \geq t_{1-\frac{\alpha}{2};m}$, so wird H_0 abgelehnt.

Beispiel 3.29 (Fortsetzung): Es ist zu prüfen, ob die errechnete konkrete empirische Konstante $b_1 = 0.017$ mit dem vorgegebenen Wert $\beta_{1\,0} = 0.02$ vereinbar ist, wobei wieder eine Irrtumswahrscheinlichkeit $\alpha = 0.01$ zugrundegelegt wird. Wir gehen dazu von der Nullhypothese $H_0 : \beta_1 = 0.02$ aus und errechnen mit den bisherigen Ergebnissen eine Realisierung der Prüfgröße (3.99):

$$u = \frac{0.017 - 0.02}{0.004\sqrt{\dfrac{1}{28} + \dfrac{0.275^2}{1.1175}}} = -2.3325 \ .$$

Dieser Wert wird mit dem in Tafel 2 abgelesenen kritischen Wert $t_{0.995;26} = 2.78$ verglichen. Da $|u| = 2.3325 < 2.78 = t_{0.995;26}$ ist, wird die Nullhypothese nicht abgelehnt. $\lhd$

Konfidenzbereiche:

Die Betrachtungen des Abschnitts 3.4.2.1 ermöglichen es, aus einer konkreten Stichprobe eine Realisierung $y(x) = b_1 + b_2x$ der Punktschätzungsfunktion $\hat{\beta}_1 + \hat{\beta}_2x$ der Regressionsgeraden $\beta_1 + \beta_2x$ herzuleiten. Nicht zuletzt für Untersuchungen der Praxis ist es günstig, für diese Gerade einen Konfidenzbereich anzugeben. Dies geschieht mit Hilfe der Konfidenzintervalle für die Parameter β_1 und β_2, die auf der Grundlage einer mathematischen Stichprobe (x_i, Y_{ij}) vom Umfang n aus einer Grundgesamtheit (x, Y_x) mit normalverteilten Zufallsgrößen Y_x und unter den oben angegebenen Voraussetzungen ermittelt werden.

Das Konfidenzintervall für den Parameter β_2 zum Konfidenzniveau $(1 - \alpha)$ wird bestimmt, indem wir in (3.96) $\beta_{2\,0}$ durch β_2 ersetzen:

$$P\left(\left|\frac{\hat{\beta}_2 - \beta_2}{\hat{\sigma}}\sqrt{\sum_{i=1}^{k} n_i(x_i - \overline{x})^2}\right| < t_{1-\frac{\alpha}{2};m}\right) = 1 - \alpha \qquad (3.101)$$

und den in der Klammer stehenden Ausdruck nach β_2 auflösen. Wir erhalten die Konfidenzgrenzen:

$$\hat{\beta}_2 \mp t_{1-\frac{\alpha}{2};m}\ \frac{\hat{\sigma}}{\sqrt{\sum\limits_{i=1}^{k} n_i(x_i - \overline{x})^2}} \ . \qquad (3.102)$$

Für eine entsprechende konkrete Stichprobe (x_i, y_{ij}) $(i = 1, 2, \ldots, k;$ $j = 1, 2, \ldots, n_i; \sum\limits_{i=1}^{k} n_i = n)$ erhalten wir dann eine Realisierung von (3.102):

$$b_2 \mp t_{1-\frac{\alpha}{2};m}\ \frac{s_R}{\sqrt{\sum\limits_{i=1}^{k} n_i(x_i - \overline{x})^2}} \ . \qquad (3.103)$$

Analog ergeben sich die konkreten Konfidenzgrenzen für β_1:

$$b_1 \mp t_{1-\frac{\alpha}{2};m}\, s_R \cdot \sqrt{\frac{1}{n} + \frac{\overline{x}^2}{\sum\limits_{i=1}^{k} n_i(x_i - \overline{x})^2}} \,. \tag{3.104}$$

Die Konfidenzgrenzen für die Funktionswerte der Regressionsgeraden $\beta_1 + \beta_2 x$ lauten:

$$b_1 + b_2 x \mp t_{1-\frac{\alpha}{2};m}\, s_R \cdot \sqrt{\frac{1}{n} + \frac{(x - \overline{x})^2}{\sum\limits_{i=1}^{k} n_i(x_i - \overline{x})^2}} \,. \tag{3.105}$$

Beispiel 3.29 (Fortsetzung): Aus dem vorliegenden Datenmaterial errechnen wir folgende konkreten Konfidenzintervalle für β_1, β_2 und $\beta_1 + \beta_2 x$ zum Konfidenzniveau $1 - \alpha = 0.99$:

$0.017 - 2.78 \cdot 0.00129 < \beta_1 < 0.017 + 2.78 \cdot 0.00129$, d.h.,
$0.013 < \beta_1 < 0.020$;

$2.568 - 2.78 \cdot 0.00378 < \beta_2 < 2.568 + 2.78 \cdot 0.00378$, und damit
$2.557 < \beta_2 < 2.579$ und

$$0.017 + 2.568x - 2.78 \cdot 0.004\sqrt{\frac{1}{28} + \frac{(x - 0.275)^2}{1.1175}} < \beta_1 + \beta_2 x$$

$$< 0.017 + 2.568x + 2.78 \cdot 0.004\sqrt{\frac{1}{28} + \frac{(x - 0.275)^2}{1.1175}} \,.$$

Für jedes feste x erhalten wir ein Konfidenzintervall für einen Funktionswert der Regressionsgeraden $\beta_1 + \beta_2 x$. Während für $x = \overline{x}$ das Konfidenzintervall mit den engsten Grenzen vorliegt, wird dieses mit wachsendem $|x - \overline{x}|$ breiter. Zum Vergleich geben wir die Konfidenzintervalle für $x = \overline{x} = 0.275$ und $x = 0.05$ an. Sie lauten für $x = \overline{x}:$ $(0.721, 0.725)$ und für $x = 0.05:$ $(0.142, 0.148)$.
Überlegen Sie, welche Folgerungen sich daraus für die Genauigkeit der Aussage ergeben.
Setzen Sie in den obigen Ausdruck für x die Werte $x_i\,(i = 1, 2, \ldots, k)$ ein und errechnen Sie für diese die entsprechenden Werte der Grenzen des Konfidenzbereiches! $\triangleleft$

3.4.3 Korrelationsanalyse

In der Einführung dieses Abschnittes wurde es – ausgehend vom Beispiel 3.30 – als Aufgabe der Korrelationsanalyse bezeichnet, auf der Grundlage einer Stichprobe von n Meßwertpaaren $(x_i, y_i)\,(i = 1, 2, \ldots, n)$ Aussagen über den Korrelationskoeffizienten einer zweidimensionalen Grundgesamtheit (X, Y) zu machen.

Im folgenden wollen wir annehmen, daß die Grundgesamtheit (X, Y) als stochastisches Modell des realen Sachverhalts eine zweidimensionale Normalverteilung ist. Ihr Korrelationskoeffizient ϱ_{XY} ist entsprechend Abschnitt 2.3.8.3 ein Kennwert für den linearen Zusammenhang zwischen den Zufallsgrößen X und Y. Bei einer Normalverteilung gilt $\varrho_{XY} = 0$ genau dann, wenn X und Y unabhängig sind.

Auf der Basis einer Stichprobe vom Umfang n aus der Grundgesamtheit (X, Y) ist dementsprechend eine Schätzung des Korrelationskoeffizienten ϱ_{XY} vorzunehmen. Die Punktschätzfunktion nach der Maximum-Likelihood-Methode lautet:

$$\hat{\varrho}_{XY} = \frac{\sum\limits_{i=1}^{n}(X_i - \overline{X})(Y_i - \overline{Y})}{\sqrt{\sum\limits_{i=1}^{n}(X_i - \overline{X})^2 \sum\limits_{i=1}^{n}(Y_i - \overline{Y})^2}} \, . \qquad (3.106)$$

Der *konkrete empirische Korrelationskoeffizient* hat dann die Form:

$$r_{XY} = \frac{\sum\limits_{i=1}^{n}(x_i - \overline{x})(y_i - \overline{y})}{\sqrt{\sum\limits_{i=1}^{n}(x_i - \overline{x})^2 \sum\limits_{i=1}^{n}(y_i - \overline{y})^2}} \, . \qquad (3.107)$$

Beispiel 3.30 (Fortsetzung): Unter der Annahme, daß die Grundgesamtheit (X, Y) einer Normalverteilung unterliegt – diese Annahme wird durch die Lage und die Form der Punktwolke in Bild 3.23 gestützt – soll aus den Daten der konkrete empirische Korrelationskoeffizient r_{XY} berechnet werden. Unter Verwendung der Meßwertpaare (x_i, y_i) $(i = 1, 2, \ldots, 312)$ ergibt sich folgender konkrete empirische Korrelationskoeffizient:

$$r_{XY} = 0.6529 \, . \quad \lhd$$

Im folgenden werden wir ein Verfahren zur Prüfung der Unabhängigkeit der beiden Größen X und Y und ein Verfahren zur Prüfung des linearen Zusammenhangs dieser Größen kennenlernen.

Prüfung der Unabhängigkeit von zwei normalverteilten Größen: Bei vielen Untersuchungen in der Praxis wird die Frage gestellt, ob zwei Merkmale X und Y, die durch Zufallsgrößen charakterisiert sind, als unabhängig angesehen werden können. Zur Prüfung dieser Frage wird das folgende Prüfverfahren angewandt:

1. $H_0 : \varrho_{XY} = 0$.

2. Vorgabe einer Irrtumswahrscheinlichkeit α.

3. Zu einer mathematischen Stichprobe (X_i, Y_i) $(i = 1, 2, \ldots, n)$ vom Umfang n aus der zweidimensionalen normalverteilten Grundgesamtheit (X, Y) wählen

wir die Prüfgröße

$$U = \frac{\hat{\varrho}_{XY}\sqrt{n-2}}{\sqrt{1 - \hat{\varrho}_{XY}^2}}, \tag{3.108}$$

die bei richtiger Nullhypothese einer Student-Verteilung mit $m = n - 2$ Freiheitsgraden unterliegt.

4. Von zweiseitiger Fragestellung ausgehend wird der kritische Bereich K aus folgender Relation bestimmt:

$$P(|U| \geq t_{1-\frac{\alpha}{2};m}|H_0) = \alpha. \tag{3.109}$$

5. Mit Hilfe einer konkreten Stichprobe (x_i, y_i) $(i = 1, 2, \ldots, n)$ vom Umfang n aus der Grundgesamtheit (X, Y) wird eine Realisierung von (3.108) errechnet:

$$u = \frac{r_{XY}\sqrt{n-2}}{\sqrt{1 - r_{XY}^2}}. \tag{3.110}$$

6. Die Entscheidung über die Nullhypothese H_0 geschieht folgendermaßen:
Ist $|u| < t_{1-\frac{\alpha}{2};m}$, so wird H_0 nicht abgelehnt; ist $|u| \geq t_{1-\frac{\alpha}{2};m}$, so wird H_0 abgelehnt.

Beispiel 3.30 (Fortsetzung):   Mit Hilfe des errechneten konkreten empirischen Korrelationskoeffizienten r_{XY} soll geprüft werden, ob der Sulfatgehalt X und der Chloridgehalt Y des Elbwassers mit einer Irrtumswahrscheinlichkeit $\alpha = 0.01$ als unabhängige Größen angesehen werden können. Dazu stellen wir die Nullhypothese $H_0 : \varrho_{XY} = 0$ auf und errechnen eine Realisierung (3.110) von (3.108):

$$u = \frac{0.6529\sqrt{310}}{\sqrt{1 - 0.6529^2}} = 15.1767.$$

Dieser Wert wird mit dem aus Tafel 2 entnommenen kritischen Wert $t_{0.995;310} = 2.58$ verglichen. Da

$$u = 15.1767 > 2.58 = t_{0.995;310}$$

ist, wird die Nullhypothese verworfen, d.h., die Abweichung des konkreten empirischen Korrelationskoeffizienten $r_{XY} = 0.6529$ vom hypothetischen Wert $\varrho_{XY} = 0$ ist signifikant, d.h. X und Y sind nicht unabhängig.   ◁

Prüfen des Korrelationskoeffizienten: Neben der oben behandelten Fragestellung, ob überhaupt ein linearer Zusammenhang zwischen den Größen X und Y vorliegt, kommt es im Falle der Ablehnung der Nullhypothese häufig darauf an, die Stärke des linearen Zusammenhanges zu testen. Es ist also zu prüfen, ob der

Korrelationskoeffizient ϱ_{XY} einer normalverteilten zweidimensionalen Grundgesamtheit (X, Y) den Wert $\varrho_{XY} = \varrho_0 \neq 0$ besitzt.

Das entsprechende Prüfverfahren lautet folgendermaßen:

1. H_0: $\varrho_{XY} = \varrho_0$.

2. Vorgabe einer Irrtumswahrscheinlichkeit α.

3. Bei einer mathematischen Stichprobe (X_i, Y_i) $(i = 1, 2, \ldots, n)$ vom Umfang n aus der zweidimensionalen normalverteilten Grundgesamtheit (X, Y) ist die Stichprobenfunktion

$$W = \frac{1}{2} \ln \frac{1 + \hat{\varrho}_{XY}}{1 - \hat{\varrho}_{XY}}, \tag{3.111}$$

bei richtiger Nullhypothese asymptotisch normalverteilt mit

$$E(W) = \mu_W = \frac{1}{2} \ln \frac{1 + \varrho_0}{1 - \varrho_0} + \frac{\varrho_0}{2(n-1)} \quad \text{und} \quad D^2(W) = \sigma_W^2 = \frac{1}{n-3}. \tag{3.112}$$

Die Prüfgröße

$$U = Z = \frac{W - \mu_W}{\sigma_W} \tag{3.113}$$

ist dann asymptotisch $N(0; 1)$-verteilt.

4. Von zweiseitiger Fragestellung ausgehend wird der kritische Bereich K aus folgender Relation bestimmt:

$$P(|U| \geq z_{1-\frac{\alpha}{2}} | H_0) = \alpha. \tag{3.114}$$

5. Mit Hilfe einer konkreten Stichprobe (x_i, y_i) $(i = 1, 2, \ldots, n)$ vom Umfang n aus der Grundgesamtheit (X, Y) wird eine Realisierung von (3.113) errechnet:

$$u = \frac{w - \mu_W}{\sigma_W}, \tag{3.115}$$

wobei $w = \frac{1}{2} \ln \frac{1 + r_{XY}}{1 - r_{XY}}$ ist.

6. Die Entscheidung über die Nullhypothese H_0 geschieht folgendermaßen: Ist $|u| < z_{1-\frac{\alpha}{2}}$, so wird H_0 nicht abgelehnt; ist $|u| \geq z_{1-\frac{\alpha}{2}}$, so wird H_0 abgelehnt.

Beispiel 3.30 (Fortsetzung): Mit einer Irrtumswahrscheinlichkeit $\alpha = 0.01$ ist zu prüfen, ob der Korrelationskoeffizient zwischen dem Sulfat- und dem Chloridgehalt des Elbwassers einen Wert $\varrho_{XY} = 0.7$ hat. Wir stellen dazu die Nullhypothese H_0: $\varrho_{XY} = 0.7$ auf und errechnen mit Hilfe von (3.111) und (3.112) eine Realisierung (3.115) der Prüfgröße (3.113):

$$w = \frac{1}{2} \ln \frac{1 + 0.6529}{1 - 0.6529} = 0.7803$$

mit:

$$\mu_W = \frac{1}{2}\ln\left(\frac{1 + 0.7}{1 - 0.7} + \frac{0.7}{622}\right) = 0.8674 \quad \text{und} \quad \sigma_W = \frac{1}{\sqrt{309}} = 0.0569.$$

Es ergibt sich:

$$u = (0.7803 - 0.8674) \cdot \sqrt{309} = -1.5311.$$

Dieser Wert wird mit dem aus Tabelle 3.6 (Seite 183) entnommenen kritischen Wert $z_{0.995} = 2.58$ verglichen. Da $|u| = 1.5311 < z_{0.995} = 2.58$ ist, wird die Nullhypothese nicht abgelehnt. $\lhd$

3.5 Aufgaben

3.1 Die Zugfestigkeit in 10 MPa einer Sorte von Stahlblechen wird untersucht. Die folgende Urliste enthält 90 Meßwerte:

49.9	48.8	51.2	50.5	50.1	48.7	50.9	51.4	50.6	50.0
49.5	48.0	49.1	45.9	47.0	50.0	46.2	48.0	49.2	47.4
50.8	50.4	49.2	45.5	47.8	47.7	48.4	49.8	46.6	46.0
47.2	46.3	48.6	47.0	46.0	48.2	46.3	48.2	47.3	47.4
47.7	44.4	45.3	43.1	47.0	48.4	46.6	47.4	45.1	46.6
48.0	47.8	42.0	45.5	47.8	45.2	44.6	42.3	43.7	45.3
46.0	43.5	45.2	43.4	47.0	46.8	46.5	47.7	48.4	48.9
48.0	48.3	50.1	46.5	47.9	48.8	45.1	48.5	51.3	47.0
49.5	49.1	44.7	49.2	44.4	49.3	48.7	44.8	47.9	46.9

Unter Verwendung einer Klasseneinteilung ist eine empirische Verteilungstafel aufzustellen und das zugehörige Histogramm anzugeben. Skizzieren Sie die konkrete empirische Verteilungsfunktion! Berechnen Sie $\overline{x}$ und s!

3.2 Man bestimme nach der Momentenmethode Schätzungen für die Parameter μ und σ der logarithmischen Normalverteilung!

3.3 In einer Werkhalle arbeiten 12 gleichartige Maschinen. Die Anzahl der durch Störungen in einer bestimmten Zeiteinheit ausgefallenen Maschinen kann als poissonverteilte Zufallsgröße X aufgefaßt werden. In $n = 220$ Zeiteinheiten wurden die Ausfälle gezählt. Das Ergebnis dieser Beobachtungen enthält folgende Tabelle:

k	0	1	2	3	4	5	6	7	8	9	10	11	12
h_k	38	66	56	27	18	7	4	2	1	1	0	0	0

(h_k Anzahl der Zeiteinheiten mit k ausgefallenen Maschinen)

Unter Verwendung der Maximum-Likelihood-Methode ist der Parameter $\lambda = E(X)$ dieser Poisson-Verteilung zu schätzen. Berechnen Sie damit die Wahrscheinlichkeit $P(X \leq 2)$! Zeigen Sie, daß die entsprechende Punktschätzfunktion für den Parameter λ erwartungstreu und konsistent ist!

3.4 Von einer exponentialverteilten Grundgesamtheit X ist der Parameter $\Theta = \lambda$ unbekannt. Mit Hilfe einer konkreten Stichprobe $x_1, x_2, \ldots, x_n$ ist nach der Maximum-Likelihood-Methode für λ ein Schätzwert zu ermitteln.

3.5 Eine konkrete Stichprobe vom Umfang 100 stamme aus einer normalverteilten Grundgesamtheit mit dem Parameter $\sigma = 2$. Die Stichprobe hat den Mittelwert $\bar{x} = 6.4$. Bestimmen Sie zu dem Konfidenzniveau 0.95 ein konkretes Konfidenzintervall für den Parameter μ!

3.6 Wie groß muß in Aufgabe 3.5 der Stichprobenumfang n gewählt werden, damit wir zu dem Konfidenzniveau 0.95 ein konkretes Konfidenzintervall mit der Länge 0.5 erhalten?

3.7 Welche konkreten Konfidenzintervalle ergäben sich in Aufgabe 3.5, wenn $n = 400$ bzw. $n = 10$ wäre?

3.8 Es wurden 5 unabhängige Messungen zur Bestimmung der Ladung eines Elektrons durchgeführt. Die Versuche lieferten folgende Resultate (in absoluten elektrostatischen Einheiten) $4.781 \cdot 10^{-10}$; $4.792 \cdot 10^{-10}$; $4.769 \cdot 10^{-10}$; $4.795 \cdot 10^{-10}$; $4.779 \cdot 10^{-10}$.
Es sind eine Schätzung für die Größe der Ladung des Elektrons und unter der Annahme, daß die Stichprobe aus einer normalverteilten Grundgesamtheit stammt, ein konkretes Konfidenzintervall mit $\alpha = 0.01$ anzugeben. (Entnommen aus [SWE].)

3.9 Für die Zufallsgröße X (Zugfestigkeit) in Aufgabe 3.1 ist zu dem Konfidenzniveau 0.95 für den Parameter μ der zugehörigen Grundgesamtheit ein konkretes Konfidenzintervall zu ermitteln.

3.10 Eine konkrete Stichprobe vom Umfang $n = 25$, die einer normalverteilten Grundgesamtheit entnommen wurde, ergibt $s^2 = 8.5$. Mit $\alpha = 0.05$ ist ein konkretes Konfidenzintervall für den Parameter σ^2 zu ermitteln.

3.11 Die Nutzungsdauer X einer Sorte von Bauteilen wird geprüft. Eine konkrete Stichprobe vom Umfang $n = 25$ ergab $\bar{x} = 2480$ Stunden und $s = 18$ Stunden. Unter der Annahme, daß X eine normalverteilte Zufallsgröße ist, sind für die Parameter μ und σ mit $\alpha = 0.05$ konkrete Konfidenzintervalle zu berechnen.

3.12 Aus der Produktion von Kugellagern wurden 150 Stück zufällig entnommen. In dieser Stichprobe sind 6 unbrauchbare. Der Ausschußprozentsatz $p \cdot 100\%$ der Gesamtproduktion ist unbekannt. Mit Hilfe der Stichprobe ist ein konkretes Konfidenzintervall für p mit $\alpha = 0.05$ zu berechnen.

3.13 An 40 Einzelteilen (Stichprobe aus einer Tagesproduktion) wird das Einhalten des Sollwertes eines Maßes geprüft. Die Stichprobe liefert den Mittelwert $\bar{x} = 22.95\mu$m und die Standardabweichung $s = 4.42\mu$m. Unter der Voraussetzung, daß die zugehörige Grundgesamtheit normalverteilt ist, ist zu testen, ob diese Stichprobe aus einer Grundgesamtheit mit $\mu_0 = 20\mu$m stammen kann. Es sei $\alpha = 0.01$.

3.14 Eine konkrete Stichprobe vom Umfang $n = 16$ aus einer normalverteilten Grundgesamtheit X ergibt die Standardabweichung $s = 3.9$. Es ist mit $\alpha = 0.05$ bei einseitiger Fragestellung zu testen, ob diese Stichprobe aus einer Grundgesamtheit mit $\sigma^2 = \sigma_0^2 = 10$ stammen kann.

3.15 Ein bestimmtes Erzeugnis wird nach zwei Verfahren hergestellt. Es wird untersucht, ob bei beiden Verfahren der Rohstoffverbrauch pro Produkt der gleiche ist. X sei der Rohstoffverbrauch bei dem ersten Verfahren und Y bei dem zweiten Verfahren. Eine Stichprobe aus X ist 3.6; 3.3; 3.9; 3.5; 3.7; 3.0; eine Stichprobe aus der Grundgesamtheit Y ist 4.5; 4.8; 4.5; 4.2; 3.5. Unter der Annahme, daß σ bei beiden Grundgesamtheiten gleich ist, ist mit $\alpha = 0.05$ die Hypothese $H_0 : E(X) = E(Y)$ zu prüfen. Weiterhin sei vorausgesetzt, daß X und Y normalverteilt sind.

3.16 In der Aufgabe 3.15 wurde die Annahme gemacht, daß $D^2(X) = D^2(Y) = \sigma^2$ ist. Testen Sie diese Annahme mit $\alpha = 0.05$.

3.17 Prüfen Sie, ob die konkrete Stichprobe vom Umfang $n = 150$ in Aufgabe 3.12 aus einer Grundgesamtheit X mit $E(X) = p_0 = 0.02$ stammen kann! Die Irrtumswahrscheinlichkeit sei 0.01.

3.18 Prüfen Sie mit einer Irrtumswahrscheinlichkeit $\alpha = 0.05$, ob die in Aufgabe 3.1 angegebene Urliste eine konkrete Stichprobe aus einer normalverteilten Grundgesamtheit sein kann!

3.19 Aus einer Grundgesamtheit (X, Y) wurde folgende konkrete Stichprobe vom Umfang 12 entnommen:

x_i	2.4	3.0	3.3	4.1	4.4	5.2	5.7	6.2	7.1	7.7	8.2	9.6
y_i	3.5	4.2	4.8	5.4	5.8	6.7	7.1	7.9	8.8	9.5	10.1	11.7

Für X und Y gelten die Voraussetzungen des Abschnittes 3.4.2. Mit Hilfe dieser konkreten Stichprobe ist
a) die empirische Regressionsgerade $y(x) = b_1 + b_2 x$,
b) mit der Irrtumswahrscheinlichkeit $\alpha = 0.05$ ein konkretes Konfidenzintervall für den Regressionskoeffizienten β_2 zu ermitteln.

3.20 Die Körpergröße X in cm und das Körpergewicht Y in kg von 20 Personen wurden gemessen. Folgende Tabelle enthält die Meßwertpaare:

x_i	166	177	176	169	168	173	176	181	180	174
y_i	57	76	71	62	62	64	73	81	77	69

x_i	167	179	170	170	171	177	181	170	178	177
y_i	58	77	61	65	64	72	79	63	76	72

Berechnen Sie den empirischen Korrelationskoeffizienten r_{XY}!

3.21 Die Unabhängigkeit zweier Zufallsgrößen X und Y wird untersucht. Eine konkrete Stichprobe vom Umfang 62 ergab den empirischen Korrelationskoeffizienten $r_{XY} = 0.20$. Testen Sie mit $\alpha = 0.05$ die Hypothese $H_0 : \varrho_{XY} = 0$!

Lösungen der Aufgaben

2.1: $A \cap B = A$, da $A \subseteq B$; $A \cup B = B$, da $A \subseteq B$;
$\overline{A}$... „Die Anzahl der intakten Meßgeräte ist von 3 verschieden";
$\overline{B}$... „Höchstens zwei von 5 Meßgeräten sind intakt".

2.2: a) $A \cap B$... „Die gezogene Zahl ist höchstens gleich 12 und gerade";
$B \cap C \cap D$... „Die gezogene Zahl ist 12 oder 18";
$B \cup D$... „Die gezogene Zahl ist mindestens gleich 8 oder ein Vielfaches von 3";
$(A \cup B) \cap D$... „Die gezogene Zahl ist ein Vielfaches von 3";
$\overline{B} \cap C$... „Die gezogene Zahl ist 2 oder 4 oder 6";
$(\overline{A} \cap B) \cap C \cap \overline{D}$... „Die gezogene Zahl ist mindestens gleich 8, gerade und kein Vielfaches von 3";

b) $F = \overline{B} \cap \overline{C}$; $G = \overline{A} \cap C$; $H = (\overline{B} \cap C) \cup (\overline{A} \cap \overline{C})$.

2.3: a) $B = (A_1 \cap A_2 \cap \overline{A}_3) \cup (A_1 \cap \overline{A}_2 \cap A_3) \cup (\overline{A}_1 \cap A_2 \cap A_3)$;
b) $C = (\overline{A}_1 \cap \overline{A}_2 \cap \overline{A}_3) \cup (A_1 \cap \overline{A}_2 \cap \overline{A}_3) \cup (\overline{A}_1 \cap A_2 \cap \overline{A}_3) \cup (\overline{A}_1 \cap \overline{A}_2 \cap A_3)$.

2.5: a) $B = A_1 \cap A_2 \cap A_3 \cap A_4$;
b) $C = (\overline{A}_1 \cap A_2 \cap A_3 \cap A_4) \cup (A_1 \cap \overline{A}_2 \cap A_3 \cap A_4)$
   $\cup (A_1 \cap A_2 \cap \overline{A}_3 \cap A_4) \cup (A_1 \cap A_2 \cap A_3 \cap \overline{A}_4)$;
c) $D = B \cup C$;
d) $E = A_1 \cup A_2 \cup A_3 \cup A_4$.

2.6: $D = (A_1 \cup A_2 \cup A_3 \cup A_4) \cap ((B_1 \cap C_1) \cup (B_2 \cap C_2))$;
$\overline{D} = (\overline{A}_1 \cap \overline{A}_2 \cap \overline{A}_3 \cap \overline{A}_4) \cup ((\overline{B}_1 \cup \overline{C}_1) \cap (\overline{B}_2 \cup \overline{C}_2))$.

2.7: a) $\frac{10!}{12!} \approx 0.0076$;   b) $\frac{3!\,10!}{12!} \approx 0.0455$.

2.8: a) $\dfrac{\binom{46}{3}}{\binom{50}{3}} \approx 0.7745$;   b) $1 - \dfrac{\binom{4}{3}}{\binom{50}{3}} \approx 0.9998$.

2.11: a) 0.0126 ; b) mindestens 2 Bauelemente.

2.12: a) 0.6200; b) 0.6263.

2.13: $\frac{7}{30}$.

2.14: a) 0.9998; b) 0.0081; c) 0.0919; d) 0.3911; e) 0.5087.

2.15:

k	0	1	2
$P(X = k)$	p^2	$2p(1-p)$	$(1-p)^2$

2.16: 1. $a = \frac{1}{2}$;   2. $F_X(t) = \begin{cases} 0 & \text{für} \ \ t < 0, \\ \frac{t}{2} & \text{für} \ \ 0 \le t < 2, \\ 1 & \text{für} \ \ 2 \le t. \end{cases}$

2.17: a) $F_X(t) = \begin{cases} \frac{1}{2}e^{-t^2} & \text{für} \ \ t < 0, \\ 1 - \frac{1}{2}e^{-t^2} & \text{für} \ \ t \ge 0; \end{cases}$

     b) $P(0 < X \le 1) = \frac{1}{2}(1 - e^{-1}) = 0.3161$.

2.18: $E(X) = 2$.

2.19: a) $F_X(t) = \begin{cases} 0 & \text{für} \ \ t < 1, \\ 1 - \frac{1}{t^4} & \text{für} \ \ t \ge 1; \end{cases}$

     b) $P(1 < X \le 2) = \frac{15}{16} = 0.9375$;

     c) $E(X) = \frac{4}{3}$;   d) $E(X^2) = 2$, $D^2(X) = E(X^2) - (E(X))^2 = \frac{2}{9}$;

     e) $P(X > \frac{4}{3}) = \frac{81}{256} = 0.3164$;

     f) $F_Y(t) = \begin{cases} 0 & \text{für} \ \ t < 0, \\ 1 - e^{-4t} & \text{für} \ \ t \ge 0. \end{cases}$

2.20: a) $E(X) = 2$; b) 0.9919 .

2.23: a) $F_X(t) = \begin{cases} 0 & \text{für} & t < -3, \\ 0.10 & \text{für} & -3 \le t < 0, \\ 0.25 & \text{für} & 0 \le t < 1, \\ 0.35 & \text{für} & 1 \le t < 2, \\ 0.60 & \text{für} & 2 \le t < 3, \\ 1 & \text{für} & t \ge 3; \end{cases}$

     b) 0.75; c) $E(X) = 1.5$; d) $D^2(X) = 3.35$.

2.24: a)

k	0	1	2	3
$P(X = k)$	0.216	0.432	0.288	0.064

     b) 0.648;

$$\text{c) } F_X(t) = \begin{cases} 0 & \text{für} & t < 0, \\ 0.216 & \text{für} & 0 \le t < 1, \\ 0.648 & \text{für} & 1 \le t < 2, \\ 0.936 & \text{für} & 2 \le t < 3, \\ 1 & \text{für} & t \ge 3; \end{cases}$$

d) 1.2; e) 0.72 .

2.25: 0.9235; 0.9868; 0.8729 .

2.26: $Q_{0.1} = Q_{0.2} = Q_{0.3} = 1$; $Q_{0.4} = Q_{0.5} = 2$.

2.27: $\dfrac{\dbinom{5}{0}\dbinom{25}{4} + \dbinom{5}{1}\dbinom{25}{3}}{\dbinom{30}{4}} = 0.8812$.

2.28: a) 0.9691; b) 99.74 % ; c) $b = 41.2$; d) $c = 0.98$; d) 94.26% .

2.29: a) 0.8413; b) $\dfrac{1.35^2}{2!} e^{-1.35} = 0.2362$.

2.30: a) 0.9773; b) $c = 25.8$.

2.31: 1252 Bauteile.

2.32: a) $\lambda = 0.181$ (Tage)$^{-1}$; b) $t_0 = 16.55$ Tage.

2.36: $F_A(t) = \begin{cases} 0 & \text{für} & t < \pi(l-a)^2, \\ \dfrac{1}{2a}\left(\sqrt{\dfrac{t}{\pi}} + a - l\right) & \text{für} & \pi(l-a)^2 \le t \le \pi(l+a)^2, \\ 1 & \text{für} & t > \pi(l+a)^2; \end{cases}$

$$f_A(t) = \begin{cases} \dfrac{1}{4a\sqrt{\pi t}} & \text{für} & \pi(l-a)^2 \le t \le \pi(l+a)^2, \\ 0 & \text{sonst.} \end{cases}$$

2.37: a), b)

$X \backslash Y$	0	1	2	3	
0	0.000 001	0.000 027	0.000 243	0.000 729	0.001 000
1	0.000 270	0.004 860	0.021 870	0	0.027 000
2	0.024 300	0.218 700	0	0	0.243 000
3	0.729 000	0	0	0	0.729 000
	0.753 571	0.223 587	0.022 113	0.000 729	1.000 000

c)

k	0	1	2	3
$P(X = k \mid Y = 1)$	0.000 121	0.021 737	0.978 143	0

2.38: $f_Z(t) = \dfrac{2t}{(1 + t^2)^2}$ für $t > 0$.

2.39: a) $E(Y|X = 180) = 81$ kg; $D^2(Y|X = 180) = 109.2$;
b) $E(Y|X = 170) = 75$ kg;

c) $f_Y(t_2|X = 180) = \dfrac{1}{10.4\sqrt{2\pi}} e^{-\frac{1}{2}\left(\frac{x - 81}{10.4}\right)^2}$;

d) $P(61 \leq Y \leq 91|X = 180) = 0.8040$.

2.40: $P((X,Y) \in B) = \frac{2}{9}$.

3.1: $\overline{x} = 47.47$; $s = 2.14$.

3.2: $\hat{\mu} = 2\ln \hat{m}_1 - \frac{1}{2}\ln \hat{m}_2$; $\hat{\sigma} = \sqrt{\ln \hat{m}_2 - 2\ln \hat{m}_1}$.

3.3: $\hat{\lambda} = 1.91$; $P(X \leq 2) = 0.700$.

3.4: $\hat{\lambda} = \frac{1}{\overline{x}}$.

3.5: $6.01 < \mu < 6.79$.

3.6: $n \approx 246$.

3.7: $6.2 < \mu < 6.6$ bzw. $5.16 < \mu < 7.64$.

3.8: $\overline{x} = 4.783 \cdot 10^{-10}$; $4.761 \cdot 10^{-10} < \mu < 4.805 \cdot 10^{-10}$.

3.9: $47.03 < \mu < 47.91$.

3.10: $5.2 < \sigma^2 < 16.4$.

3.11: $2472.6 < \mu < 2487.4$; $14 < \sigma < 25.2$.

3.12: $0.018 < p < 0.085$.

3.13: Die Hypothese $H_0 : E(X) = \mu_0 = 20$ wird abgelehnt.

3.14: Die Hypothese $H_0 : D^2(X) = \sigma_0^2 = 10$ wird nicht abgelehnt.

3.15: Die Hypothese $H_0 : E(X) = E(Y)$ wird abgelehnt.

3.16: Die Hypothese $H_0 : D^2(X) = D^2(Y)$ wird nicht abgelehnt.

3.17: Die Hypothese $H_0 : E(X) = p_0 = 0.02$ wird nicht abgelehnt.

3.18: Die Hypothese H_0: „X unterliegt einer Normalverteilung" wird nicht abgelehnt.

3.19: a) $y = 0.88 + 1.12x$; b) $1.03 < \beta_2 < 1.21$.

3.20: $r_{XY} = 0.98$.

3.21: Die Hypothese $H_0 : \varrho_{XY} = 0$ wird nicht abgelehnt.

Anhang: Tafeln

Tafel 1: Verteilungsfunktion $\Phi(t; 0, 1)$ der Standardnormalverteilung

t	.00	.01	.02	.03	.04	.05	.06	.07	.08	.09
0.0	.500000	.503989	.507978	.511966	.515953	.519939	.523922	.527903	.531881	.535856
0.1	.539828	.543795	.547758	.551717	.555670	.559618	.563559	.567495	.571424	.575345
0.2	.579260	.583166	.587064	.590954	.594835	.598706	.602568	.606420	.610261	.614092
0.3	.617911	.621720	.625516	.629300	.633072	.636831	.640576	.644309	.648027	.651732
0.4	.655422	.659097	.662757	.666402	.670031	.673645	.677242	.680822	.684386	.687933
0.5	.691462	.694974	.698468	.701944	.705401	.708840	.712260	.715661	.719043	.722405
0.6	.725747	.729069	.732371	.735653	.738914	.742154	.745373	.748571	.751748	.754903
0.7	.758036	.761148	.764238	.767305	.770350	.773373	.776373	.779350	.782305	.785236
0.8	.788145	.791030	.793892	.796731	.799546	.802337	.805105	.807850	.810570	.813267
0.9	.815940	.818589	.821214	.823814	.826391	.828944	.831472	.833977	.836457	.838913
1.0	.841345	.843752	.846136	.848495	.850830	.853141	.855428	.857690	.859929	.862143
1.1	.864334	.866500	.868643	.870762	.872857	.874928	.876976	.879000	.881000	.882977
1.2	.884930	.886861	.888768	.890651	.892512	.894350	.896165	.897958	.899727	.901475
1.3	.903200	.904902	.906582	.908241	.909877	.911492	.913085	.914657	.916207	.917736
1.4	.919243	.920730	.922196	.923641	.925066	.926471	.927855	.929219	.930563	.931888
1.5	.933193	.934478	.935745	.936992	.938220	.939429	.940620	.941792	.942947	.944083
1.6	.945201	.946301	.947384	.948449	.949497	.950529	.951543	.952540	.953521	.954486
1.7	.955435	.956367	.957284	.958185	.959070	.959941	.960796	.961636	.962462	.963273
1.8	.964070	.964852	.965620	.966375	.967116	.967843	.968557	.969258	.969946	.970621
1.9	.971283	.971933	.972571	.973197	.973810	.974412	.975002	.975581	.976148	.976705
2.0	.977250	.977784	.978308	.978822	.979325	.979818	.980301	.980774	.981237	.981691
2.1	.982136	.982571	.982997	.983414	.983823	.984222	.984614	.984997	.985371	.985738
2.2	.986097	.986447	.986791	.987126	.987455	.987776	.988089	.988396	.988696	.988989
2.3	.989276	.989556	.989830	.990097	.990358	.990613	.990863	.991106	.991344	.991576
2.4	.991802	.992024	.992240	.992451	.992656	.992857	.993053	.993244	.993431	.993613
2.5	.993790	.993963	.994132	.994297	.994457	.994614	.994766	.994915	.995060	.995201
2.6	.995339	.995473	.995604	.995731	.995855	.995975	.996093	.996207	.996319	.996427
2.7	.996533	.996636	.996736	.996833	.996928	.997020	.997110	.997197	.997282	.997365
2.8	.997445	.997523	.997599	.997673	.997744	.997814	.997882	.997948	.998012	.998074
2.9	.998134	.998193	.998250	.998305	.998359	.998411	.998462	.998511	.998559	.998605

t	.0	.1	.2	.3	.4	.5	.6	.7	.8	.9
3	.998650	.999032	.999313	.999517	.999663	.999767	.999841	.999892	.999928	.999952
4	.999968	.999979	.999987	.999991	.999995	.999997	.999998	.999999	.999999	1.00000

Tafel 2: Quantile der t-Verteilung: $t_{1-\alpha;m}$ und $t_{1-\frac{\alpha}{2};m}$ -Werte

Anzahl der Freiheits-grade	Irrtumswahrscheinlichkeit α für zweiseitige Fragestellung					
m	.10	.05	.02	.01	.002	.001
1	6.31	12.71	31.82	63.66	318.31	636.62
2	2.92	4.30	6.96	9.92	22.33	31.60
3	2.35	3.18	4.54	5.84	10.21	12.92
4	2.13	2.78	3.75	4.60	7.17	8.61
5	2.02	2.57	3.36	4.03	5.89	6.87
6	1.94	2.45	3.14	3.71	5.21	5.96
7	1.89	2.36	3.00	3.50	4.79	5.41
8	1.86	2.31	2.90	3.36	4.50	5.04
9	1.83	2.26	2.82	3.25	4.30	4.78
10	1.81	2.23	2.76	3.17	4.14	4.59
11	1.80	2.20	2.72	3.11	4.02	4.44
12	1.78	2.18	2.68	3.05	3.93	4.32
13	1.77	2.16	2.65	3.01	3.85	4.22
14	1.76	2.14	2.62	2.98	3.79	4.14
15	1.75	2.13	2.60	2.95	3.73	4.07
16	1.75	2.12	2.58	2.92	3.69	4.01
17	1.74	2.11	2.57	2.90	3.65	3.97
18	1.73	2.10	2.55	2.88	3.61	3.92
19	1.73	2.09	2.54	2.86	3.58	3.88
20	1.72	2.09	2.53	2.85	3.55	3.85
21	1.72	2.08	2.52	2.83	3.53	3.82
22	1.72	2.07	2.51	2.82	3.50	3.79
23	1.71	2.07	2.50	2.81	3.48	3.77
24	1.71	2.06	2.49	2.80	3.47	3.75
25	1.71	2.06	2.49	2.79	3.45	3.73
26	1.71	2.06	2.48	2.78	3.43	3.71
27	1.70	2.05	2.47	2.77	3.42	3.69
28	1.70	2.05	2.47	2.76	3.41	3.67
29	1.70	2.05	2.46	2.76	3.40	3.66
30	1.70	2.04	2.46	2.75	3.39	3.65
40	1.68	2.02	2.42	2.70	3.31	3.55
50	1.68	2.01	2.40	2.68	3.26	3.50
60	1.67	2.00	2.39	2.66	3.23	3.46
70	1.67	1.99	2.38	2.65	3.21	3.44
80	1.66	1.99	2.37	2.64	3.20	3.42
90	1.66	1.99	2.37	2.63	3.18	3.40
100	1.66	1.98	2.36	2.63	3.17	3.39
110	1.66	1.98	2.36	2.62	3.17	3.38
120	1.66	1.98	2.36	2.62	3.16	3.37
∞[1]	1.64	1.96	2.33	2.58	3.09	3.29
	0.05	0.025	0.01	0.005	0.001	0.0005
	Irrtumswahrscheinlichkeit α für einseitige Fragestellung					

---

[1] Für $m \to \infty$ ist die Normalverteilung Grenzverteilung der t-Verteilung. Spezielle Quantile der Normalverteilung lassen sich in dieser Zeile ablesen.

Tafel 3:   Quantile der Chi-Quadrat-Verteilung: $\chi^2_{1-\alpha;m}$-Werte

Anzahl der Freiheits- grade	α							
m	.995	.99	.975	.95	.05	.025	.01	.005
1	0.00004	0.00016	0.00098	0.00393	3.8	5.0	6.6	7.9
2	0.0100	0.0201	0.0506	0.1026	6.0	7.4	9.2	10.6
3	0.0717	0.1148	0.2158	0.3518	7.8	9.3	11.3	12.8
4	0.2070	0.2971	0.4844	0.7107	9.5	11.1	13.3	14.9
5	0.4117	0.5543	0.8312	1.1455	11.1	12.8	15.1	16.7
6	0.6757	0.8721	1.2373	1.6354	12.6	14.4	16.8	18.5
7	0.9893	1.2390	1.6899	2.1673	14.1	16.0	18.5	20.3
8	1.3444	1.6465	2.1797	2.7326	15.5	17.5	20.1	22.0
9	1.7349	2.0879	2.7004	3.3251	16.9	19.0	21.7	23.6
10	2.16	2.56	3.25	3.94	18.3	20.5	23.2	25.2
11	2.60	3.05	3.82	4.57	19.7	21.9	24.7	26.8
12	3.07	3.57	4.40	5.23	21.0	23.3	26.2	28.3
13	3.57	4.11	5.01	5.89	22.4	24.7	27.7	29.8
14	4.07	4.66	5.63	6.57	23.7	26.1	29.1	31.3
15	4.60	5.23	6.26	7.26	25.0	27.5	30.6	32.8
16	5.14	5.81	6.91	7.96	26.3	28.8	32.0	34.3
17	5.70	6.41	7.56	8.67	27.6	30.2	33.4	35.7
18	6.26	7.01	8.23	9.39	28.9	31.5	34.8	37.2
19	6.84	7.63	8.91	10.12	30.1	32.9	36.2	38.6
20	7.4	8.3	9.6	10.9	31.4	34.2	37.6	40.0
21	8.0	8.9	10.3	11.6	32.7	35.5	38.9	41.4
22	8.6	9.5	11.0	12.3	33.9	36.8	40.3	42.8
23	9.3	10.2	11.7	13.1	35.2	38.1	41.6	44.2
24	9.9	10.9	12.4	13.8	36.4	39.4	43.0	45.6
25	10.5	11.5	13.1	14.6	37.7	40.6	44.3	46.9
26	11.2	12.2	13.8	15.4	38.9	41.9	45.6	48.3
27	11.8	12.9	14.6	16.2	40.1	43.2	47.0	49.6
28	12.5	13.6	15.3	16.9	41.3	44.5	48.3	51.0
29	13.1	14.3	16.0	17.7	42.6	45.7	49.6	52.3
30	13.8	15.0	16.8	18.5	43.8	47.0	50.9	53.7
40	20.7	22.2	24.4	26.5	55.8	59.3	63.7	66.8
50	28.0	29.7	32.4	34.8	67.5	71.4	76.2	79.5
60	35.5	37.5	40.5	43.2	79.1	83.3	88.4	92.0
70	43.3	45.4	48.8	51.7	90.5	95.0	100.4	104.2
80	51.2	53.5	57.2	60.4	101.9	106.6	112.3	116.3
90	59.2	61.8	65.6	69.1	113.1	118.1	124.1	128.3
100	67.3	70.1	74.2	77.9	124.3	129.6	135.8	140.2
110	75.6	78.5	82.9	86.8	135.5	140.9	147.4	151.9
120	83.9	86.9	91.6	95.7	146.6	152.2	159.0	163.6

Anmerkung:

Für große m kann $\chi^2_{1-\alpha;m}$ mit Hilfe des Quantils $z_{1-\alpha}$ der Normalverteilung durch $m \left(1 + z_{1-\alpha}\sqrt{\frac{2}{9m}} - \frac{2}{9m}\right)^3$ approximiert werden.

Tafel 4: Quantile der F-Verteilung: $f_{1-\alpha;m_1,m_2}$-Werte für $\alpha = 0.01$

m_2	1	2	3	4	5	6	8	12	24	30	40	∞
1	4052.2	4999.5	5403.4	5624.6	5763.6	5859.0	5981.1	6106.3	6234.6	6260.6	6286.8	6365.9
2	98.50	99.00	99.17	99.25	99.30	99.33	99.37	99.42	99.46	99.47	99.47	99.50
3	34.12	30.82	29.46	28.71	28.24	27.91	27.49	27.05	26.60	26.50	26.41	26.13
4	21.20	18.00	16.69	15.98	15.52	15.21	14.80	14.37	13.93	13.84	13.75	13.46
5	16.26	13.27	12.06	11.39	10.97	10.67	10.29	9.89	9.47	9.38	9.29	9.02
6	13.75	10.92	9.78	9.15	8.75	8.47	8.10	7.72	7.31	7.23	7.14	6.88
7	12.25	9.55	8.45	7.85	7.46	7.19	6.84	6.47	6.07	5.99	5.91	5.65
8	11.26	8.65	7.59	7.01	6.63	6.37	6.03	5.67	5.28	5.20	5.12	4.86
9	10.56	8.02	6.99	6.42	6.06	5.80	5.47	5.11	4.73	4.65	4.57	4.31
10	10.04	7.56	6.55	5.99	5.64	5.39	5.06	4.71	4.33	4.25	4.17	3.91
11	9.65	7.21	6.22	5.67	5.32	5.07	4.74	4.40	4.02	3.94	3.86	3.60
12	9.33	6.93	5.95	5.41	5.06	4.82	4.50	4.16	3.78	3.70	3.62	3.36
13	9.07	6.70	5.74	5.21	4.86	4.62	4.30	3.96	3.59	3.51	3.43	3.17
14	8.86	6.51	5.56	5.04	4.69	4.46	4.14	3.80	3.43	3.35	3.27	3.00
15	8.68	6.36	5.42	4.89	4.56	4.32	4.00	3.67	3.29	3.21	3.13	2.87
16	8.53	6.23	5.29	4.77	4.44	4.20	3.89	3.55	3.18	3.10	3.02	2.75
17	8.40	6.11	5.18	4.67	4.34	4.10	3.79	3.46	3.08	3.00	2.92	2.65
18	8.29	6.01	5.09	4.58	4.25	4.01	3.71	3.37	3.00	2.92	2.84	2.57
19	8.18	5.93	5.01	4.50	4.17	3.94	3.63	3.30	2.92	2.84	2.76	2.49
20	8.10	5.85	4.94	4.43	4.10	3.87	3.56	3.23	2.86	2.78	2.69	2.42
21	8.02	5.78	4.87	4.37	4.04	3.81	3.51	3.17	2.80	2.72	2.64	2.36
22	7.95	5.72	4.82	4.31	3.99	3.76	3.45	3.12	2.75	2.67	2.58	2.31
23	7.88	5.66	4.76	4.26	3.94	3.71	3.41	3.07	2.70	2.62	2.54	2.26
24	7.82	5.61	4.72	4.22	3.90	3.67	3.36	3.03	2.66	2.58	2.49	2.21
25	7.77	5.57	4.68	4.18	3.85	3.63	3.32	2.99	2.62	2.54	2.45	2.17
26	7.72	5.53	4.64	4.14	3.82	3.59	3.29	2.96	2.58	2.50	2.42	2.13
27	7.68	5.49	4.60	4.11	3.78	3.56	3.26	2.93	2.55	2.47	2.38	2.10
28	7.64	5.45	4.57	4.07	3.75	3.53	3.23	2.90	2.52	2.44	2.35	2.06
29	7.60	5.42	4.54	4.04	3.73	3.50	3.20	2.87	2.49	2.41	2.33	2.03
30	7.56	5.39	4.51	4.02	3.70	3.47	3.17	2.84	2.47	2.39	2.30	2.01
40	7.31	5.18	4.31	3.83	3.51	3.29	2.99	2.66	2.29	2.20	2.11	1.80
50	7.17	5.06	4.20	3.72	3.41	3.19	2.89	2.56	2.18	2.10	2.01	1.68
60	7.08	4.98	4.13	3.65	3.34	3.12	2.82	2.50	2.12	2.03	1.94	1.60
70	7.01	4.92	4.07	3.60	3.29	3.07	2.78	2.45	2.07	1.98	1.89	1.54
80	6.96	4.88	4.04	3.56	3.26	3.04	2.74	2.42	2.03	1.94	1.85	1.49
90	6.93	4.85	4.01	3.53	3.23	3.01	2.72	2.39	2.00	1.92	1.82	1.46
100	6.90	4.82	3.98	3.51	3.21	2.99	2.69	2.37	1.98	1.89	1.80	1.43
110	6.87	4.80	3.96	3.49	3.19	2.97	2.68	2.35	1.96	1.88	1.78	1.40
120	6.85	4.79	3.95	3.48	3.17	2.96	2.66	2.34	1.95	1.86	1.76	1.38
∞	6.63	4.61	3.78	3.32	3.02	2.80	2.51	2.18	1.79	1.70	1.59	1.00

Anmerkung: $$f_{\alpha;m_1,m_2} = \frac{1}{f_{1-\alpha;m_2,m_1}}$$

Tafel 5: Quantile der F-Verteilung: $f_{1-\alpha;m_1,m_2}$-Werte für $\alpha = 0.05$

m_2	1	2	3	4	5	6	8	12	24	30	40	∞
1	161.4	199.5	215.7	224.6	230.2	234.0	238.9	243.9	249.1	250.1	251.1	254.3
2	18.51	19.00	19.16	19.25	19.30	19.33	19.37	19.41	19.45	19.46	19.47	19.50
3	10.13	9.55	9.28	9.12	9.01	8.94	8.85	8.74	8.64	8.62	8.59	8.53
4	7.71	6.94	6.59	6.39	6.26	6.16	6.04	5.91	5.77	5.75	5.72	5.63
5	6.61	5.79	5.41	5.19	5.05	4.95	4.82	4.68	4.53	4.50	4.46	4.36
6	5.99	5.14	4.76	4.53	4.39	4.28	4.15	4.00	3.84	3.81	3.77	3.67
7	5.59	4.74	4.35	4.12	3.97	3.87	3.73	3.57	3.41	3.38	3.34	3.23
8	5.32	4.46	4.07	3.84	3.69	3.58	3.44	3.28	3.12	3.08	3.04	2.93
9	5.12	4.26	3.86	3.63	3.48	3.37	3.23	3.07	2.90	2.86	2.83	2.71
10	4.96	4.10	3.71	3.48	3.33	3.22	3.07	2.91	2.74	2.70	2.66	2.54
11	4.84	3.98	3.59	3.36	3.20	3.09	2.95	2.79	2.61	2.57	2.53	2.40
12	4.75	3.89	3.49	3.26	3.11	3.00	2.85	2.69	2.51	2.47	2.43	2.30
13	4.67	3.81	3.41	3.18	3.03	2.92	2.77	2.60	2.42	2.38	2.34	2.21
14	4.60	3.74	3.34	3.11	2.96	2.85	2.70	2.53	2.35	2.31	2.27	2.13
15	4.54	3.68	3.29	3.06	2.90	2.79	2.64	2.48	2.29	2.25	2.20	2.07
16	4.49	3.63	3.24	3.01	2.85	2.74	2.59	2.42	2.24	2.19	2.15	2.01
17	4.45	3.59	3.20	2.96	2.81	2.70	2.55	2.38	2.19	2.15	2.10	1.96
18	4.41	3.55	3.16	2.93	2.77	2.66	2.51	2.34	2.15	2.11	2.06	1.92
19	4.38	3.52	3.13	2.90	2.74	2.63	2.48	2.31	2.11	2.07	2.03	1.88
20	4.35	3.49	3.10	2.87	2.71	2.60	2.45	2.28	2.08	2.04	1.99	1.84
21	4.32	3.47	3.07	2.84	2.68	2.57	2.42	2.25	2.05	2.01	1.96	1.81
22	4.30	3.44	3.05	2.82	2.66	2.55	2.40	2.23	2.03	1.98	1.94	1.78
23	4.28	3.42	3.03	2.80	2.64	2.53	2.37	2.20	2.01	1.96	1.91	1.76
24	4.26	3.40	3.01	2.78	2.62	2.51	2.36	2.18	1.98	1.94	1.89	1.73
25	4.24	3.39	2.99	2.76	2.60	2.49	2.34	2.16	1.96	1.92	1.87	1.71
26	4.23	3.37	2.98	2.74	2.59	2.47	2.32	2.15	1.95	1.90	1.85	1.69
27	4.21	3.35	2.96	2.73	2.57	2.46	2.31	2.13	1.93	1.88	1.84	1.67
28	4.20	3.34	2.95	2.71	2.56	2.45	2.29	2.12	1.91	1.87	1.82	1.65
29	4.18	3.33	2.93	2.70	2.55	2.43	2.28	2.10	1.90	1.85	1.81	1.64
30	4.17	3.32	2.92	2.69	2.53	2.42	2.27	2.09	1.89	1.84	1.79	1.62
40	4.08	3.23	2.84	2.61	2.45	2.34	2.18	2.00	1.79	1.74	1.69	1.51
50	4.03	3.18	2.79	2.56	2.40	2.29	2.13	1.95	1.74	1.69	1.63	1.44
60	4.00	3.15	2.76	2.53	2.37	2.25	2.10	1.92	1.70	1.65	1.59	1.39
70	3.98	3.13	2.74	2.50	2.35	2.23	2.07	1.89	1.67	1.62	1.57	1.35
80	3.96	3.11	2.72	2.49	2.33	2.21	2.06	1.88	1.65	1.60	1.54	1.32
90	3.95	3.10	2.71	2.47	2.32	2.20	2.04	1.86	1.64	1.59	1.53	1.30
100	3.94	3.09	2.70	2.46	2.31	2.19	2.03	1.85	1.63	1.57	1.52	1.28
110	3.93	3.08	2.69	2.45	2.30	2.18	2.02	1.84	1.62	1.56	1.50	1.27
120	3.92	3.07	2.68	2.45	2.29	2.18	2.02	1.83	1.61	1.55	1.50	1.25
∞	3.84	3.00	2.60	2.37	2.21	2.10	1.94	1.75	1.52	1.46	1.39	1.00

Anmerkung:
$$f_{\alpha;m_1,m_2} = \frac{1}{f_{1-\alpha;m_2,m_1}}$$

Literatur

[BAN]   *Bandemer, H.; Bellmann, A.:* Statistische Versuchsplanung. 4. Aufl. Leipzig: Teubner-Verlag 1994.

[BNH]   *Behnen, K.; Neuhaus, G.:* Grundkurs Stochastik: Eine integrierte Einführung in Wahrscheinlichkeitstheorie und Mathematische Statistik. 2. Aufl. Stuttgart: Teubner-Verlag 1987.

[BO1]   *Bosch, K.:* Elementare Einführung in die angewandte Statistik. 4. Aufl. Braunschweig: Vieweg Verlag 1987.

[BO2]   *Bosch, K.:* Elementare Einführung in die Wahrscheinlichkeitsrechnung. 5. Aufl. Braunschweig: Vieweg Verlag 1986.

[BO3]   *Bosch, K.:* Statistik-Taschenbuch. München: Oldenbourg Verlag 1992.

[DRT]   *Dinges, H.; Rost, H.:* Prinzipien der Stochastik. Stuttgart: Teubner-Verlag 1982.

[DJS]   *Dufner, J.; Jensen, U.; Schumacher, E.:* Statistik mit SAS. Stuttgart: Teubner-Verlag 1992.

[FIS]   *Fisz, M.:* Wahrscheinlichkeitsrechnung und mathematische Statistik (Übers. a. d. Poln.). 11. Aufl. Berlin: Deutscher Verlag der Wissenschaften 1988.

[GNE]   *Gnedenko, B. W.:* Lehrbuch der Wahrscheinlichkeitsrechnung (Übers. a. d. Russ.). 9. Aufl. Berlin: Akademie-Verlag 1987.

[HGD]   *Heinhold, J.; Gaede, K.:* Ingenieur-Statistik. 3. Aufl. München: Oldenbourg Verlag 1972.

[KRE]   *Krengel, U.:* Einführung in die Wahrscheinlichkeitstheorie und Statistik. 2. Aufl. Braunschweig: Vieweg Verlag 1990.

[KRI]   *Krickeberg, K.; Ziezold, H.:* Stochastische Methoden. 4. Aufl. Berlin: Springer Verlag 1995.

[LPS]   *Läuter, H.; Pincus, R.:* Mathematisch-statistische Datenanalyse. Berlin: Akademie-Verlag 1989.

[LWN]   *Lehn, J.; Wegmann, H.:* Einführung in die Statistik. 2. Aufl. Stuttgart: Teubner-Verlag 1992.

[LWR]   *Lehn, J.; Wegmann, H.; Rettig, S.:* Aufgabensammlung zur Einführung in die Statistik. Stuttgart: Teubner-Verlag 1988.

[MAI]   *Maibaum, G.:* Wahrscheinlichkeitstheorie und mathematische Statistik. 2. Aufl. Berlin: Deutscher Verlag der Wissenschaften 1980.

[MLS]   *Müller, P. H. (Hrsg.):* Lexikon der Stochastik (Wahrscheinlichkeitstheorie und Mathematische Statistik). 5. Aufl. Berlin: Akademie-Verlag 1991.

[MNS]   *Müller, P. H.; Neumann, P.; Storm, R.:* Tafeln der mathematischen Statistik. 3. Aufl. Leipzig: Fachbuchverlag 1980.

[RAO]   *Rao, C. R.:* Lineare statistische Methoden und ihre Anwendungen (Übers. a. d. Engl.). Berlin: Akademie-Verlag 1973.

[RA1]   *Rasch, D.:* Einführung in die mathematische Statistik I: Wahrscheinlichkeitsrechnung und Grundlagen der mathematischen Statistik. 3. Aufl. Berlin: Deutscher Verlag der Wissenschaften 1989.

[RA2]   *Rasch, D.:* Einführung in die mathematische Statistik II: Varianzanalyse, Regressionsanalyse und weitere Anwendungen. 2. Aufl. Berlin: Deutscher Verlag der Wissenschaften 1984.

[RAS]   *Rasch, D.:* Elementare Einführung in die mathematische Statistik. 2. Aufl. Berlin: Deutscher Verlag der Wissenschaften 1970.

[REN]   *Renyi, A.:* Wahrscheinlichkeitsrechnung mit einem Anhang über Informationstheorie. 6. Aufl. Berlin: Deutscher Verlag der Wissenschaften 1979.

[ROS]   *Rosanow, J. A.:* Wahrscheinlichkeitstheorie. (Übers. a. d. Russ.). 2. Aufl. Berlin: Akademie-Verlag 1972.

[SHS]   *Sachs, L.:* Statistische Methoden, Band 1 und 2. 6. Aufl. Berlin/Heidelberg/New York: Springer-Verlag 1988.

[SA3]   *Sachs, L.:* Angewandte Statistik. 7. Aufl. Berlin/Heidelberg/New York: Springer-Verlag 1992.

[SDB]   *Smirnow, N. W.; Dunin-Barkowski, I. W.:* Mathematische Statistik in der Technik (Übers. a. d. Russ.). 3. Aufl. Berlin: Deutscher Verlag der Wissenschaften 1973.

[STO]   *Storm, R.:* Wahrscheinlichkeitsrechnung, mathematische Statistik und statistische Qualitätskontrolle. 10. Aufl. Leipzig/Köln: Fachbuchverlag 1995.

[SWE]   *Sweschnikow, A. A.:* Wahrscheinlichkeitsrechnung und mathematische Statistik in Aufgaben (Übers. a. d. Russ.). Leipzig: Teubner-Verlag 1970.

[VET]   *Vetters, K.:* Formeln und Fakten. 2. Aufl. Stuttgart · Leipzig: Teubner-Verlag 1998.

[VTL]   *Viertl, R.:* Einführung in die Stochastik. 2. Aufl. Wien/New York: Springer-Verlag 1997.

[VIN]   *Vincze, I.:* Mathematische Statistik mit industriellen Anwendungen. Budapest: Akademiai Kiado 1971.

[WEE]   *Weber, E.:* Grundriß der biologischen Statistik. 7. Aufl. Jena: Gustav Fischer Verlag 1972.

[WEH]   *Weber, H.:* Einführung in die Wahrscheinlichkeitsrechnung und Statistik für Ingenieure. 3. Aufl. Stuttgart: Teubner-Verlag 1992.

[WEI]   *Weiß, P.:* Stochastische Modelle für Anwender. Stuttgart: Teubner-Verlag 1987.

[WEN]   *Wentzel, E. S.; Owtscharow, L. A.:* Aufgabensammlung zur Wahrscheinlichkeitsrechnung (Übers. a. d. Russ.). 2. Aufl. Berlin: Akademie-Verlag 1975.

[ZEI]   *Zeidler, E. (Hrsg.):* TEUBNER-TASCHENBUCH der Mathematik. Begründet von *Bronstein, I.N.; Semendjajew, K.A.* Leipzig: Teubner-Verlag 1996.